한식조리 CBT
기능사 필기

가장빠른합격

KB218839

시대에듀

Always with you

사람이 길에서 우연하게 만나거나 함께 살아가는 것만이

인연은 아니라고 생각합니다.

책을 펴내는 출판사와 그 책을 읽는 독자의 만남도 소중한 인연입니다.

시대에듀는 항상 독자의 마음을 헤아리기 위해 노력하고 있습니다.

늘 독자와 함께하겠습니다.

급속한 경제 성장과 국민 소득의 증대로 국민들의 생활은 풍족해진 반면, 바쁜 일과와 식생활 형태의 변화 등으로 오히려 국민 건강은 위협받고 있는 실정입니다. 풍요롭고 안락한 사회가 보장되려면 먼저 국민 전체의 건강이 보장되어야 합니다. 한 나라의 문화수준은 그 나라 국민들의 식생활에서 비교되는 만큼, 식생활과 관련하여 위생적이고 균형 있는 영양관리가 절실히 요구되며 건강한 식생활 문화를 이끌어 갈 조리기능사의 사회적 요구도 증가하고 있습니다.

본 교재는 한식조리기능사 시험에 완벽하게 대비할 수 있도록 기출유형을 철저히 분석한 핵심이론과 상시복원문제로 구성하였습니다.

첫째, 시험에 꼭 나오는 필수이론과 함께 실제 기출선지를 활용하여 괄호문제와 확인 OX문제를 구성하였습니다. 이론과 기출풀이 학습을 동시에 다잡을 수 있습니다.

둘째, 시험장에서 진짜 통째로 외워온 진통제 문제를 수록하였습니다. 어느 책에서도 보지 못한 신유형 문제학습으로 고득점 합격까지 한 번에 가능합니다.

셋째, 적중률 높은 상시복원문제 10회분을 수록하였습니다. 명쾌한 풀이와 관련 이론까지 꼼꼼하게 정리한 상세한 해설을 통해 문제의 핵심을 파악할 수 있습니다.

이 책이 한식조리기능사를 준비하는 수험생들에게 합격의 안내자로서 많은 도움이 되기를 바라면서 수험생 모두에게 합격의 영광이 함께하기를 바랍니다.

편저자 올림

시험안내

개요

한식조리의 메뉴 계획에 따라 식재료를 선정, 구매, 검수, 보관 및 저장하며 맛과 영양을 고려하여 안전하고 위생적으로 조리 업무를 수행하며 조리기구와 시설을 위생적으로 관리, 유지하여 음식을 조리, 제공하는 전문인력을 양성하기 위하여 자격제도를 제정하였다.

시행처

한국산업인력공단(www.q-net.or.kr)

자격 취득 절차

필기 원서접수	• **접수방법** : 큐넷 홈페이지(www.q-net.or.kr) 인터넷 접수 • **시험일정** : 상시 시행(월별 세부 시행계획은 전월에 큐넷 홈페이지를 통해 공고) • **응시 수수료** : 14,500원 • **응시자격** : 제한 없음
필기시험	• **시험과목** : 한식 재료관리, 음식조리 및 위생관리 • **검정방법** : 객관식 4지 택일형, 60문항(60분)
필기 합격자 발표	• **발표방법** : CBT 필기시험은 시험 종료 즉시 합격 여부 확인 가능 • **합격기준** : 100점 만점에 60점 이상
실기 원서접수	• **접수방법** : 큐넷 홈페이지 인터넷 접수 • **응시 수수료** : 26,900원 • **응시자격** : 필기시험 합격자
실기시험	• **시험과목** : 한식조리 실무 • **검정방법** : 작업형(70분 정도)
최종 합격자 발표	• **발표일자** : 회별 발표일 별도 지정 • **발표방법** : 큐넷 홈페이지 또는 전화 ARS(1666-0100)를 통해 확인
자격증 발급	• **상장형 자격증** : 수험자가 직접 인터넷을 통해 발급 · 출력 • **수첩형 자격증** : 인터넷 신청 후 우편배송만 가능 ※ 방문 발급 및 인터넷 신청 후 방문 수령 불가

CBT 필기시험 안내사항

① CBT 시험이란 인쇄물 기반 시험인 PBT와 달리 컴퓨터 화면에 시험문제가 표시되어 응시자가 마우스를 통해 문제를 풀어나가는 컴퓨터 기반의 시험을 말한다.

② 입실 전 본인 좌석을 확인한 후 착석해야 한다.

③ 전산으로 진행됨에 따라, 안정적 운영을 위해 입실 후 감독위원 안내에 적극 협조하여 응시해야 한다.

④ 최종 답안 제출 시 수정이 절대 불가하므로 충분히 검토 후 제출해야 한다.

⑤ 제출 후 점수를 확인하고 퇴실한다.

CBT 완전 정복 Tip

1 내 시험에만 집중할 것
CBT 시험은 같은 고사장이라도 각기 다른 시험이 진행되고 있으니 자신의 시험에만 집중하면 됩니다.

2 이상이 있을 경우 조용히 손을 들 것
컴퓨터로 진행되는 시험이기 때문에 프로그램상의 문제가 있을 수 있습니다. 이때 조용히 손을 들어 감독관에게 문제점을 알리며, 큰 소리를 내는 등 다른 사람에게 피해를 주는 일이 없도록 합니다.

3 연습 용지를 요청할 것
응시자의 요청에 한해 연습 용지를 제공하고 있습니다. 필요시 연습 용지를 요청하며, 미리 시험에 관련된 내용을 적어놓지 않도록 합니다. 연습 용지는 시험이 종료되면 반납해야 하므로 들고 나가지 않도록 유의합니다.

4 답안 제출은 신중하게 할 것
답안은 제한 시간 내에 언제든 제출할 수 있지만 한 번 제출하게 되면 더 이상의 문제풀이가 불가합니다. 안 푼 문제가 있는지 또는 맞게 표기하였는지 다시 한 번 확인합니다.

기타 유의사항

① 천재지변, 응시인원 증가, 감염병 확산 등 부득이한 사유 발생 시에는 시행일정을 공단이 별도로 지정할 수 있다.

② 필기시험 면제기간은 필기시험 당일 발표일로부터 2년간이다.

③ 공단 인정 신분증 미지참자는 당해 시험 정지(퇴실) 및 무효처리된다.

④ 소지품 정리시간 이후 불허물품 소지 · 착용 시는 당해 시험 정지(퇴실) 및 무효처리된다.

시험안내

출제기준(필기)

필기 과목명	주요항목	세부항목	세세항목	
한식 재료관리, 음식조리 및 위생관리	음식 위생관리	개인 위생관리	• 위생관리기준 • 식품위생에 관련된 질병	
		식품 위생관리	• 미생물의 종류와 특성 • 식품과 기생충병 • 살균 및 소독의 종류와 방법 • 식품의 위생적 취급기준 • 식품첨가물과 유해물질	
		작업장 위생관리	• 작업장 위생 위해요소 • 식품안전관리인증기준(HACCP) • 작업장 교차오염 발생요소	
		식중독 관리	• 세균성 및 바이러스성 식중독 • 화학적 식중독	• 자연독 식중독 • 곰팡이 독소
		식품위생 관계 법규	• 식품위생법령 및 관계 법규 • 농수산물 원산지 표시에 관한 법령 • 식품 등의 표시 · 광고에 관한 법령	
		공중보건	• 공중보건의 개념 • 역학 및 질병관리	• 환경위생 및 환경오염 관리 • 산업보건 관리
	음식 안전관리	개인안전 관리	• 개인 안전사고 예방 및 사후조치 • 작업 안전관리	
		장비 · 도구 안전작업	• 조리장비 · 도구 안전관리 지침	
		작업환경 안전관리	• 작업장 환경관리 • 화재예방 및 조치방법	• 작업장 안전관리 • 산업안전보건법 및 관련 지침
	음식 재료관리	식품재료의 성분	• 수분 • 지질 • 무기질 • 식품의 색 • 식품의 맛과 냄새 • 식품의 유독성분	• 탄수화물 • 단백질 • 비타민 • 식품의 갈변 • 식품의 물성
		효소	• 식품과 효소	
		식품과 영양	• 영양소의 기능 및 영양소 섭취기준	
	음식 구매관리	시장조사 및 구매관리	• 시장조사 • 식품 재고관리	• 식품 구매관리
		검수관리	• 식재료의 품질 확인 및 선별 • 조리기구 및 설비 특성과 품질 확인 • 검수를 위한 설비 및 장비 활용방법	
		원가	• 원가의 의의 및 종류	• 원가분석 및 계산

필기 과목명	주요항목	세부항목	세세항목	
한식 재료관리, 음식조리 및 위생관리	한식 기초 조리실무	조리 준비	• 조리의 정의 및 기본 조리조작 • 기본조리법 및 대량 조리기술 • 기본 칼 기술 습득 • 조리기구의 종류와 용도 • 식재료 계량방법 • 조리장의 시설 및 설비관리	
		식품의 조리원리	• 농산물의 조리 및 가공 · 저장 • 축산물의 조리 및 가공 · 저장 • 수산물의 조리 및 가공 · 저장 • 유지 및 유지 가공품 • 냉동식품의 조리 • 조미료와 향신료	
		식생활 문화	• 한국 음식의 문화와 배경 • 한국 음식의 분류 • 한국 음식의 특징 및 용어	
	한식 밥 조리	밥 조리	• 밥 재료 준비 • 밥 담기	• 밥 조리
	한식 죽 조리	죽 조리	• 죽 재료 준비 • 죽 담기	• 죽 조리
	한식 국 · 탕 조리	국 · 탕 조리	• 국 · 탕 재료 준비 • 국 · 탕 담기	• 국 · 탕 조리
	한식 찌개 조리	찌개 조리	• 찌개 재료 준비 • 찌개 담기	• 찌개 조리
	한식 전 · 적 조리	전 · 적 조리	• 전 · 적 재료 준비 • 전 · 적 담기	• 전 · 적 조리
	한식 생채 · 회 조리	생채 · 회 조리	• 생채 · 회 재료 준비 • 생채 · 회 담기	• 생채 · 회 조리
	한식 조림 · 초 조리	조림 · 초 조리	• 조림 · 초 재료 준비 • 조림 · 초 담기	• 조림 · 초 조리
	한식 구이 조리	구이 조리	• 구이 재료 준비 • 구이 담기	• 구이 조리
	한식 숙채 조리	숙채 조리	• 숙채 재료 준비 • 숙채 담기	• 숙채 조리
	한식 볶음 조리	볶음 조리	• 볶음 재료 준비 • 볶음 담기	• 볶음 조리
	김치 조리	김치 조리	• 김치 재료 준비 • 김치 담기	• 김치 조리

구성과 특징

핵심이론

시행처에서 가장 최근에 발표한 출제기준에 맞게 이론을 빠짐없이 구성하였습니다.

기출 키워드

빈출 핵심 키워드를 통해 최근 출제경향을 파악할 수 있습니다. 각 키워드와 연계된 중요이론을 놓치지 않고 학습할 수 있도록 하였습니다.

괄호문제

방금 학습한 이론에서 꼭 알아야 할 내용을 기반으로 괄호문제를 구성하였습니다. 이론의 핵심 포인트를 알고 중요 개념을 확실히 학습할 수 있도록 하였습니다.

확인 OX문제

그동안 출제되었던 기출문제의 선지를 활용하여 OX문제를 구성하였습니다. 시험에서 자주 오답으로 출제되는 선지를 풀어보며 오답의 함정에서 벗어나는 연습을 할 수 있습니다.

진통제 (진짜 통째로 외워온 문제)

비공개로 진행되는 CBT 필기시험! 시험에 직접 응시하여 시험문제를 진짜 통째로 외워왔습니다. 최신 경향까지 철저하게 대비하여 한 번에 합격할 수 있습니다.

CHAPTER 01

PART 01. 음식 위생관리

개인 위생관리

3% 출제율

출제포인트
• 개인 위생수칙
• 손 위생관리 방법
• 위생과 관련된 질병

기출 키워드

식품 취급자, 개인 위생, 위생관리, 손 씻기, 역성비누, 경구감염병, 장티푸스, 인수공통감염병

+ 괄호문제

다음 괄호 안에 알맞은 내용을 쓰시오.
① 중온균의 발육의 최적 온도는 ( )℃이다.
② 어패류의 신선도 판정 시 지표 성분은 ( ) 함량이다.

| 정답 |
① 25~37
② 트라이메틸아민(TMA)
③ 단백질

확인! OX

미생물에 대한 설명이다. 옳으면 "O", 틀리면 "X"로 표시하시오.
1. 미생물의 중 크기가 가장 작은 것은 바이러스이다. ( )
2. 미생물 증식의 3대 조건은 영양소, 수분, 온도이다. ( )

2. 미생물 증식의 3대 조건은 영양소, 수분, 온도이다.
3. 식품 1g 중 생균수가 10^4일 때, 초기부패로 판정한다. ( )

| 정답 | 1. O 2. O 3. X
| 해설 |
3. 생균수가 식품 1g당 10^7~10^8일 때, 초기부패 판정

제1절 위생관리 기준

⑥ 수소이온농도(pH)
  ㉠ 곰팡이, 효모 : 최적 pH 4~6의 약산성
  ㉡ 세균 : 최적 pH 6.5~7.5의 중성 또는 약알칼리성

3. 미생물에 의한 식품의 변질 [중요도 ★★★]

(1) 식품의 변질
① 식품을 보존하지 않고 장기간 방치하게 되면 외관이 변하고 성분이 파괴되며 향기 · 맛 등이 달라지는데, 이때 식품의 원래 특성을 잃게 되는 현상을 변질이라 한다.
② 김치 숙성에 관여하는 미생물 : *Lactobacillus plantarum*(후기 발효, 산미 생성), *Lactobacillus brevis*(후기 발효), *Leuconostoc mesenteroides*(초기 발효), *Pedio-coccus* 속 등

(2) 식품의 변질
① 부패 : 단백질 식품이 혐기성 세균에 의해 분해되어 변질되는 현상
② 후란 : 단백질 식품이 호기성 미생물에 의해 분해되어 변질되는 현상
③ 변패 : 단백질 이외의 식품(탄수화물 등)이 미생물에 의해서 변질되는 현상
④ 산패 : 유지(油脂)가 산소, 일광, 금속(Cu, Fe)에 의해 변질되는 현상
⑤ 발효 : 탄수화물이 미생물의 작용을 받아 유기산, 알코올 등을 생성하게 되는 현상

(3) 식품의 부패판정법
① 관능검사 : 색의 변화, 조직의 변화(탄력성 · 유연성), 맛의 변화, 냄새 발생으로 판정
② 생균수 측정 : 식품 1g당 10^7~10^8일 때 초기부패로 판정
③ 휘발성 염기질소량 측정 : 식품 100g당 30~40mg%일 때 초기부패로 판정
④ 트라이메틸아민(TMA) : 어류의 신선도 지표로 3~4mg%이면 초기부패로 판정
⑤ 수소이온농도(pH) : pH 6.0~6.2일 때 초기부패로 판정
⑥ 히스타민 함량 : 신선한 어류에서는 검출되지 않으며, 어류가 부패할수록 생성

진짜 통째로 외워온 문제

다음 중 어패류의 선도 평가에 이... ...분은?
① 헤모글로빈   ...이메틸아민
③ 메탄올   ...화탄소

| 해설 |
트라이메틸아민(TMA) : 생선의 비린내...
평가의 기준이 된다. 3~4mg% 이상이...

...류가 부패할수록 증가하며, 어패류의 선도...
...판정한다.

정답 ②

TEST Add+ 특별부록

01회 상시복원문제

상시복원문제
풍부한 문제풀이는 합격으로 가는 지름길입니다.
특별부록으로 기출복원문제 10회분을 준비하였습니다.

01 보리를 할맥도정하는 이유가 아닌 것은?

☑ 확인 Check!
○ □
△ □
✕ □

① 소화율을 증가시키기 위해
② 조리를 간편하게 하기 위해
③ 수분 흡수를 빠르게 하기 위해
④ 부스러짐을 방지하기 위해

03 조리장에서 식용유 사용 관련 화재 발생 시 해당하는 것은?

☑ 확인 Check!

① A급 화재
② B급 화재
③

21 화학적 산소요구량을 나타내는 것은?

☑ 확인 Check!
○ □
△ □
✕ □

① SS
② DO
③ BOD
④ COD

해설
COD는 화학적 산소요구량으로, 수중에 있는 각종 오염물질을 화학적으로 산화시키기 위해 필요한 산소의 양이다. 해양오염의 지표 및 공장폐수를 측정하는 데 사용되며, COD가 높을수록 오염된 물이다.

정답 ④

23

☑ 확인 Check!
○ □
△ □
✕ □

한 질병의 대상이 아닌 것은?

② 발진티푸스
④ 렙토스피라증

티푸스는 이가 매개하는 감염병이다.

정답 ②

22 회복기 보균자에 대한 설명으로 옳은 것은?

☑ 확인 Check!
○ □
△ □
✕ □

① 병원체에 감염되어 있지만 임상증상이 아직 나타나지 않은 상태의 사람
② 병원체를 몸에 지니고 있으나 겉으로는 증상이 나타나지 않는 건강한 사람
③ 질병의 임상증상이 회복되는 시기에도 여전히 병원체를 지닌 사람
④ 몸에 세균 등 병원체를 오랫동안 보유하고 있으면서 자신은 병의 증상을 나타내지 아니하고 다

해설
회복기 보균자는 질병에서 회복되는 시기에도 여전히 병원체를 배출하는 자를 말한다.

정답 ③

24 다음 개인 재해의 발생 원인 중 불안전한 행동(인적 요인)에 해당하 지 않는 것은? ✓신유형

☑ 확인 Check!
○ □
△ □
✕ □

① 고기 절단기의 고장
② 불안전한
③ 감독 및
④ 불안전한 조작

해설
개인 재해의 발생 원인에는 불안전한 상태(물적 결함)와 불안전한 행동(인적 요인)이 있는데, 고기 절단기의 고장은 불안전한 상태(물적 결함)에 속한다.

정답 ①

25 식품 중의 자유수의 특성이 아닌 것은?

☑ 확인 Check!
○ □

① 미생물의 생육, 증식에 이용된다.
② 식품을 냉동시키면 동결된다.
③ 물질에 대해 용매로 작용하는 물을 말한다.
④ 합수보다 밀도가 크다.

자유수의 밀도는 결합수의 밀도보다 작다.

정답 ④

확인 Check!

○, △, ✕로 풀이 난이도를 체크해 보세요. 처음 학습할 때는 모든 문제를 풀어보고, 복습 시에는 △, ✕ 표시문제 위주로 풀어보는 것을 추천합니다.

신유형

출제기준 변경으로 새로운 유형의 문제가 출제되고 있습니다. 시대에듀는 신유형 문제를 복원하여 새롭게 출제된 문제의 유형을 익혀 시험장에서 처음 보는 문제들도 모두 맞힐 수 있도록 하였습니다.

해설

제대로 한 번 익힌 해설, 열 이론 부럽지 않다! 모든 문제에 친절하고 똑똑한 해설을 담았습니다. 앞에서 표시한 △, ✕ 문제를 정확히 잡고 가세요!

최 근 출 제 경 향 을 반 영 한

출 / 제 / 비 / 율

가장 빠른 합격을 위해 출제비율이
높은 부분을 중점적으로 학습하시길
바랍니다.

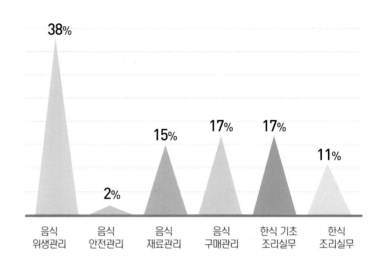

D-15 스터디 플래너

보름, 합격에 충분한 시간입니다.
시대에듀와 함께 가장 빠른 합격에 도전하세요.

D-15	D-14	D-13	D-12
PART 01 음식 위생관리 CHAPTER 01~02	PART 01 음식 위생관리 CHAPTER 03~04	PART 01 음식 위생관리 CHAPTER 05	PART 01 음식 위생관리 CHAPTER 06
D-11	**D-10**	**D-9**	**D-8**
PART 02 음식 안전관리	PART 03 음식 재료관리	PART 04 음식 구매관리	PART 05 한식 기초 조리실무
D-7	**D-6**	**D-5**	**D-4**
PART 06 한식 조리실무	상시복원문제 01~03회 풀이 및 오답노트 정리	상시복원문제 04~06회 풀이 및 오답노트 정리	상시복원문제 07~10회 풀이 및 오답노트 정리
D-3	**D-2**	**D-1**	**D-day**
상시복원문제 01~05회 풀이 2회독	상시복원문제 06~10회 풀이 2회독	오답노트 확인 & 핵심이론 총복습	당신의 합격을 응원합니다.

PART 01

음식 위생관리

개인 위생관리

출제율

출제포인트
• 개인 위생수칙
• 손 위생관리 방법
• 식품 위생과 관련된 질병

기출 키워드

식품 취급자, 개인 위생, 위생관리, 손 씻기, 역성비누, 경구감염병, 장티푸스, 인수공통감염병

제1절 위생관리 기준

1. 위생관리

(1) 위생관리의 의의

위생관리란 음료수 처리, 쓰레기, 분뇨, 하수와 폐기물 처리, 공중위생, 접객업소와 공중이용시설 및 위생용품의 위생관리, 조리, 식품 및 식품첨가물과 이에 관련된 기구·용기 및 포장의 제조와 가공에 관한 위생관리 업무를 말한다.

(2) 개인 위생수칙

① 작업장에 입실 전에 지정된 보호구(모자, 작업복, 앞치마, 신발, 장갑, 마스크 등)를 청결한 상태로 착용한다.
② 작업장 내에서는 흡연행위, 껌 씹기, 음식물 먹기 등의 행위를 금한다.
③ 작업장에서 사용하는 모든 설비 및 도구는 항상 청결한 상태로 정리, 정돈한다.
④ 모든 종업원은 작업장 내에서의 교차오염 또는 이차오염의 발생을 방지하여야 한다.
⑤ 귀걸이, 목걸이, 팔찌, 반지, 손목시계 등은 이물질 혼입의 원인이 되므로 반입을 금한다.
⑥ 작업장의 출입은 반드시 지정된 출입구를 이용해야 하며, 작업장 내에서는 지정된 이동 경로를 따라 이동한다.
⑦ 허가를 받지 않은 자는 작업장에 출입하지 않도록 한다.

2. 손 위생관리

(1) 손 씻기

손 씻기는 가장 경제적이며 효과적인 감염 예방법으로 올바른 방법으로 자주 씻어야 한다. 특히 작업장 입실, 설비청소, 걸레나 청소도구를 만진 후, 화장실을 다녀온 후, 식사 후, 신체 일부를 만지거나 긁었을 때, 살균·소독제를 만졌을 때 등 식품 작업 외 다른 작업이나 물건을 취급했을 때는 반드시 손을 씻어야 한다.

(2) 올바른 손 씻기 방법

① 팔에서 손으로 씻어 내려온다.

② 손톱 밑을 문지르면서 손가락 사이를 씻는다.

③ 왼쪽 손바닥으로 오른 손등을, 오른쪽 손바닥으로 왼 손등을 꼼꼼히 씻는다.

④ 일반비누와 역성비누를 섞어 사용하면 살균효과가 저하되므로 일반비누로 손 세척 후 역성비누 원액을 몇 방울 손에 받아 30초 이상 문지르고 흐르는 물에 비눗물을 충분히 씻는다.

진짜 통째로 외워온 문제

손 위생에 관련한 내용으로 옳지 않은 것은?

① 머리를 만진 후에는 즉시 손을 닦는다.

② 위생모를 만진 후에는 즉시 손을 닦는다.

③ 손 씻기는 정해진 시간에 한 번 손 씻는 방법에 따라 하면 된다.

④ 역성비누를 이용하여 손을 씻는다.

해설

손 위생을 위해 올바른 방법으로 가능한 수시로 손을 씻는 것이 좋다.

정답 ③

제2절 식품 위생에 관련된 질병

1. 감염병

(1) 경구감염병

① 정의 : 감염성 병원 미생물이 입, 호흡기, 피부 등을 통해 인체에 침입하는 감염병 중 음식물이나 음료수, 손, 식기, 완구류 등을 매개체로 입을 통하여 감염되는 것을 말한다.

② 경구감염병의 분류

　㉠ 세균에 의한 것 : 세균성 이질, 장티푸스, 파라티푸스, 콜레라, 디프테리아

　㉡ 바이러스에 의한 것 : 감염성 설사증, 유행성 간염, 폴리오(소아마비)

　㉢ 원생동물에 의한 것 : 아메바성 이질

① ( )감염병은 동물과 사람 간에 상호 전파되는 병원체에 의하여 발생하는 질병이다.

② 공수병의 감염원은 ( )이다.

| 정답 |

① 인수공통

② 개

진짜 통째로 외워온 문제

음료수의 오염과 가장 관련이 깊은 전염병은?

① 홍역

② 백일해

③ 발진티푸스

④ 장티푸스

해설

장티푸스는 주로 환자나 보균자의 대소변에 오염된 음식물이나 물을 섭취하면 감염된다.

정답 ④

---

(2) 인수공통감염병

① 정의 : 사람과 동물 간에 상호 전파되는 병원체에 의하여 발생하는 질병을 말한다.

② 인수공통감염병과 감염원

질병	감염원
결핵	소
탄저	소, 양, 말
Q열	소, 양
광견병(공수병)	개
페스트	쥐
야토병	산토끼, 쥐
파상열(브루셀라)	소, 돼지, 염소
돈단독	돼지

---

2. 질병을 매개하는 위생 해충

① 벼룩 : 페스트, 발진열, 재귀열 등

② 모기 : 말라리아, 일본뇌염, 황열, 사상충증, 뎅기열 등

③ 파리 : 콜레라, 파라티푸스, 이질, 장티푸스, 결핵, 디프테리아 등

④ 바퀴벌레

　㉠ 이질, 콜레라, 장티푸스, 폴리오, 파상풍, 살모넬라증 등

　㉡ 습성 : 군거성, 잡식성, 질주성, 야간활동성

⑤ 진드기 : 쯔쯔가무시증(양충병), 유행성 뇌염, 유행성 출혈 등

⑥ 이 : 발진티푸스

식품 위생과 관련된 질병에 대한 설명이다. 옳으면 "O", 틀리면 "X"로 표시하시오.

1. 인수공통감염병 중 결핵은 쥐에 의해 감염되는 병이다. ( )

2. 식품위생법상 화농성 질환자는 식품 영업에 종사하지 못한다. ( )

정답 1. X 2. O

| 해설 |

1. 결핵은 소에 의해 감염된다.

---

3. 영업에 종사하지 못하는 질병(식품위생법 시행규칙 제50조)

① 결핵(비감염성인 경우는 제외)

② 콜레라, 장티푸스, 파라티푸스, 세균성 이질, 장출혈성대장균감염증, A형감염

③ 피부병 또는 그 밖의 고름형성(화농성) 질환

④ 후천성면역결핍증

식품 위생관리

7%
출제율

출제포인트
• 미생물과 기생충병의 종류와 특성
• 살균 및 소독의 종류와 방법
• 식품첨가물과 유해물질의 특징

제1절 미생물의 종류와 특성

1. 미생물의 종류

① 곰팡이 : 분류학상 진균류로 분류되며, 자연계와 인간의 생활에서 흔히 볼 수 있다.

② 효모 : 출아법으로 증식하며, 산소의 존재와 상관없이 증식한다.

③ 스피로헤타 : 2분법으로 증식하며 나선형의 형태를 띠고 있으며, 매독의 병원체가 된다.

④ 세균 : pH 중성에서 잘 자라며 산성에서는 억제된다.

⑤ 리케차 : 2분법으로 증식하며, 발진티푸스의 병원체가 된다.

⑥ 바이러스 : 완전한 세포를 갖추지 못하여, 살아 있는 세포에만 증식한다.

※ 미생물의 크기 : 곰팡이 > 효모 > 스피로헤타 > 세균 > 리케차 > 바이러스

2. 미생물의 생육에 필요한 조건 중요도 ★★☆

① 3대 조건 : 영양소, 수분, 온도

② 영양소 : 탄소원(당질), 질소원(아미노산, 무기질소), 무기물, 비타민 등이 필요하다.

③ 수분 : 미생물의 주성분이며 생리기능을 조절하는 데 필요하다.

④ 온도 : 0℃ 이하 및 70℃ 이상에서는 생육할 수 없다.
  ㉠ 저온균 : 최적 발육온도 15~20℃(식품에 부패를 일으키는 부패균)
  ㉡ 중온균 : 최적 발육온도 25~37℃(대부분의 병원성 세균)
  ㉢ 고온균 : 최적 발육온도 50~60℃(온천수에 서식하는 온천균)

⑤ 산소

호기성 세균	산소가 있어야 발육 가능한 세균	
혐기성 세균	산소가 없어도 발육 가능한 세균	
	통성혐기성 세균	산소의 유무에 상관없이 발육하는 세균
	편성혐기성 세균	산소를 절대적으로 기피하는 세균

기출 키워드

미생물, 부패, 변질, 트라이메틸아민, 구충, 요충, 동양모양선충, 십이지장충, 무구조충, 유구조충, 간디스토마, 아니사키스충, 석탄산, 차아염소산나트륨, 식품 창고

① 중온균의 발육의 최적 온도는 ( )℃이다.

② 어패류의 신선도 판정 시 지표 성분은 ( ) 함량이다.

③ 부패는 ( ) 식품이 혐기성 세균에 의해 변질되는 현상이다.

| 정답 |
① 25~37
② 트라이메틸아민(TMA)
③ 단백질

⑥ 수소이온농도(pH)

    ㉠ 곰팡이, 효모 : 최적 pH 4~6의 약산성

    ㉡ 세균 : 최적 pH 6.5~7.5의 중성 또는 약알칼리성

3. 미생물에 의한 식품의 변질   중요도 ★★★

(1) 식품의 변질

① 식품을 보존하지 않고 장기간 방치하게 되면 외관이 변하고 성분이 파괴되며 향기·맛 등이 달라지는데, 이때 식품의 원래 특성을 잃게 되는 현상을 변질이라 한다.

② 김치 숙성에 관여하는 미생물 : *Lactobacillus plantarum*(후기 발효, 산미 생성), *Lactobacillus brevis*(후기 발효), *Leuconostoc mesenteroides*(초기 발효), *Pediococcus* 속 등

(2) 식품의 변질

① 부패 : 단백질 식품이 혐기성 세균에 의해 분해되어 변질되는 현상

② 후란 : 단백질 식품이 호기성 미생물에 의해 분해되어 변질되는 현상

③ 변패 : 단백질 이외의 식품(탄수화물 등)이 미생물에 의해서 변질되는 현상

④ 산패 : 유지(油脂)가 산소, 일광, 금속(Cu, Fe)에 의해 변질되는 현상

⑤ 발효 : 탄수화물이 미생물의 작용을 받아 유기산, 알코올 등을 생성하게 되는 현상

(3) 식품의 부패판정법

① 관능검사 : 색의 변화, 조직의 변화(탄력성·유연성), 맛의 변화, 냄새 발생으로 판정

② 생균수 측정 : 식품 1g당 $10^7 \sim 10^8$일 때 초기부패로 판정

③ 휘발성 염기질소량 측정 : 식품 100g당 30~40mg%일 때 초기부패로 판정

④ 트라이메틸아민(TMA) : 어류의 신선도 지표로 3~4mg%이면 초기부패로 판정

⑤ 수소이온농도(pH) : pH 6.0~6.2일 때 초기부패로 판정

⑥ 히스타민 함량 : 신선한 어류에서는 검출되지 않으며, 어류가 부패할수록 생성

미생물에 대한 설명이다. 옳으면 "O", 틀리면 "X"로 표시하시오.

1. 미생물의 중 크기가 가장 작은 것은 바이러스이다. ( )

2. 미생물 증식의 3대 조건은 영양소, 수분, 온도이다. ( )

3. 식품 1g 중 생균수가 10^4일 때 초기부패로 판정한다. ( )

정답 1. O 2. O 3. X

| 해설 |
3. 생균수가 식품 1g당 $10^7 \sim 10^8$일 때, 초기부패로 판정

진짜 통째로 외워온 문제

다음 중 어패류의 선도 평가에 이용되는 지표 성분은?

① 헤모글로빈

② 트라이메틸아민

③ 메탄올

④ 이산화탄소

해설

트라이메틸아민(TMA) : 생선의 비린내 성분으로, 어패류가 부패할수록 증가하며, 어패류의 선도 평가의 기준이 된다. 3~4mg% 이상이면 초기부패로 판정한다.

정답 ②

1. 채소류를 통해 감염되는 기생충 중요도 ★★★

① 중간숙주가 없다.

② 과거 채소 재배 시 분변을 비료로 사용하였고, 분변 속에 존재하는 기생충이 흙을 오염시켜 채소에 부착되기도 하였다.

③ 종류

종류	특징
회충	경구감염, 우리나라에서는 가장 감염률이 높음
구충(십이지장충)	경피감염
요충	경구감염, 집단감염, 항문·회음부 주위에 소양증 유발
편충	경구감염
동양모양선충	경구감염, 내염성

2. 어패류를 통해 감염되는 기생충 중요도 ★★★

① 중간숙주가 2개이다.

② 종류

종류	제1중간숙주	제2중간숙주
간디스토마(간흡충)	왜우렁이	민물고기(붕어, 잉어)
폐디스토마(폐흡충)	다슬기	게, 가재
요코가와흡충	다슬기	민물고기(은어)
광절열두조충(긴촌충)	물벼룩	민물고기(송어, 연어)
유극악구충	물벼룩	민물고기(가물치, 메기)
아니사키스	바다갑각류	바닷물고기(오징어, 대구)

3. 육류를 통해 감염되는 기생충 중요도 ★★★

① 중간숙주가 1개이다.

② 종류

종류	중간숙주
무구조충(민촌충)	소
유구조충(갈고리촌충)	돼지
선모충	돼지
톡소플라스마	돼지, 개, 고양이
만손열두조충	닭

+ 괄호문제

다음 괄호 안에 알맞은 내용을 쓰시오.

① 구충, 동양모양선충은 (　)를 통해 감염되는 기생충이다.
② 선모충의 중간숙주는 (　)이다.

| 정답 |
① 채소
② 돼지

확인! OX

기생충병에 대한 설명이다. 옳으면 "O", 틀리면 "X"로 표시하시오.

1. 무구조충은 돼지를 통해 감염되는 기생충이다. (　)
2. 요충은 집단감염이 잘되며, 항문 주위에 소양증이 생긴다. (　)

정답 1. X 2. O

| 해설 |
1. 무구조충의 중간숙주는 소이다.

제3절 살균 및 소독의 종류와 방법

1. 용어의 정의   중요도 ★★★

멸균	병원성 또는 비병원성 미생물 및 포자를 가진 것을 전부 사멸 또는 제거
살균	생활력을 가진 미생물을 여러 가지 물리·화학적 작용에 의해 급속히 죽이는 것
소독	병원성 미생물의 생활력을 파괴하여 죽이거나 제거하여 감염력을 없애는 것
방부	병원성 미생물의 성장을 억제하여 음식물의 부패나 발효를 방지하는 것

2. 물리적 소독방법   중요도 ★☆☆

(1) 가열멸균법

① 건열멸균법 : 유리기구나 주사바늘 등을 건열멸균기(dry oven)에 넣고 160~170℃로 30분 이상 가열하는 방법

② 화염멸균법 : 도자기류, 유리봉, 금속류 등 불에 타지 않는 물건을 소독하는 방법으로 알코올램프, 천연가스 등의 불꽃 속에서 20초 이상 가열

③ 습열멸균법

종류	소독방법	소독 대상
자비소독법	약 100℃의 끓는 물에서 15~20분간 소독	식기, 행주, 의류 등
고압증기멸균법	• 고압솥을 이용하여 121℃에서 15~20분간 소독 • 아포를 포함한 모든 균 사멸	통조림, 거즈 등
저온살균법	62~65℃에서 30분간 가열한 후 급랭	우유
초고온순간살균법	130~150℃에서 2초간 가열한 후 급랭	우유
간헐멸균법	100℃의 유통증기에서 1일 15~20분씩 3회 소독	유리그릇, 금속제품

(2) 무가열멸균법

① 자외선멸균법 : 자외선 살균력은 260~280nm에서 가장 유효하다.

② 방사선살균법 : 식품에 방사선을 방출하는 ^{60}Co, ^{137}Cs 사용, 주로 감자싹 방지를 위한 방법

③ 세균여과법 : 음료수나 액체 식품 등을 세균여과기로 걸러서 균을 제거하는 방법

확인! OX

소독 및 살균에 대한 설명이다. 옳으면 "O", 틀리면 "X"로 표시하시오.

1. 소독은 모든 미생물을 사멸시키는 것을 말한다. ( )
2. 방사선살균법은 채소에 뿌리가 나고 싹이 트는 것을 억제하는 효과가 있다. ( )

정답 1. X 2. O

| 해설 |
1. 소독은 병원성 미생물을 사멸시키는 것이다.

3. 화학적 소독방법   중요도 ★★☆

(1) 소독약품의 구비조건

① 살균력이 강하며, 사용이 간편하고 가격이 저렴할 것

② 소독 대상물에 부식성과 표백성이 없을 것

③ 용해성이 높으며 안전성이 있을 것

④ 불쾌한 냄새가 나지 않을 것

(2) 소독약품의 종류

석탄산	• 사용 농도 : 3% 수용액 • 사용 용도 : 변소(분뇨)·하수도·진개 등의 오물 소독 • 소독제의 살균력을 비교하기 위해 이용되는 소독력의 지표 • 석탄산계수 = $\dfrac{\text{소독약의 희석배수}}{\text{석탄산의 희석배수}}$
크레졸	• 사용 농도 : 3% 수용액 • 사용 용도 : 변소(분뇨)·하수도·진개 등의 오물 소독, 손 소독 • 석탄산보다 2배 강한 소독력을 가짐
역성비누(양성비누)	• 사용 농도 : 0.01~0.1%로 만들어 사용 • 사용 용도 : 손 소독, 식품 및 식기, 과일·채소 • 무색, 무취, 무자극성, 무독성 • 유기물이 존재하거나, 일반비누와 혼합하여 사용하면 살균효과가 감소함
에틸알코올	• 사용 농도 : 70% 에탄올 • 사용 용도 : 손 소독, 초자 기구, 금속 기구 등
승홍수	• 사용 농노 : 0.1% 수용액 • 사용 용도 : 주로 손·피부 소독에 사용, 금속 부식성이 있어 비금속 기구 소독 • 온도 상승에 따라 살균력도 비례하여 증가함
과산화수소	• 사용 농도 : 2.5~3.5% 수용액 • 사용 용도 : 피부나 상처 소독에 적합(특히 입 안의 상처 소독)
머큐로크롬	• 사용 농도 : 3% 수용액 • 사용 용도 : 피부 상처, 점막
생석회	• 사용 용도 : 주로 변소(분뇨)·하수도·진개 등 오물 소독 • 공기에 노출되면 살균력이 저하됨
염소, 차아염소산나트륨	• 사용 농도 : 0.2ppm(음용수), 0.4ppm(수영장) • 사용 용도 : 상수도, 수영장, 식기류, 채소, 식기, 과일, 음료수 등
폼알데하이드(기체)	• 사용 농도 : 포르말린 1~1.5% 수용액 • 사용 용도 : 실내(병원, 도서관, 거실 등)
표백분(클로르칼크, 클로르석회)	사용 용도 : 우물, 수영장 소독 및 채소·식기 소독
중성세제(합성세제)	• 사용 농도 : 0.1~0.2%(식기 세척) • 살균작용은 없고 세정력만 있음

다음 괄호 안에 알맞은 내용을 쓰시오.
① (   )기한이 경과된 식품 등은 판매하여서는 안 된다.
② 부패나 변질이 되기 쉬운 식품은 (   )시설에 보관·관리하여야 한다.

| 정답 |
① 소비
② 냉장, 냉동

제4절   식품의 위생적 취급기준

1. 식품의 보관   중요도 ★★☆

(1) 냉장·냉동식품의 관리

① 식품이 입고되면 식품명, 입고 일자, 용량 등을 기록한다. 식품의 보관·출고는 선입선출의 원칙을 지키고 냉장·냉동고 내부 용적의 70% 이상은 보관하지 않도록 한다.

② 해동된 식품은 즉시 사용하도록 하고 다시 냉동 보관하지 않는다.

(2) 식품 창고의 관리

① 보관 식품은 바닥에 닿지 않도록 하며, 식품류별로 분류하여 보관한다. 직사광선은 피하고 온도 15~25℃, 습도 65~75%를 유지하도록 통풍과 환기에 주의한다.

② 방충·방서를 철저히 한다. 단, 식품 창고에 식품이 아닌 소독제, 살충제 등은 보관하지 않도록 한다.

2. 식품 등의 위생적인 취급에 관한 기준(식품위생법 시행규칙 [별표 1])

① 식품 또는 식품첨가물을 제조·가공·사용·조리·저장·소분·운반 또는 진열할 때에는 이물이 혼입되거나 병원성 미생물 등으로 오염되지 않도록 위생적으로 취급해야 한다.

② 식품 등을 취급하는 원료보관실·제조가공실·조리실·포장실 등의 내부는 항상 청결하게 관리하여야 한다.

③ 식품 등의 원료 및 제품 중 부패·변질이 되기 쉬운 것은 냉동·냉장시설에 보관·관리하여야 한다.

④ 식품 등의 보관·운반·진열 시에는 식품 등의 기준 및 규격이 정하고 있는 보존 및 유통기준에 적합하도록 관리하여야 하고, 이 경우 냉동·냉장시설 및 운반시설은 항상 정상적으로 작동시켜야 한다.

⑤ 식품 등의 제조·가공·조리 또는 포장에 직접 종사하는 사람은 위생모 및 마스크를 착용하는 등 개인 위생관리를 철저히 하여야 한다.

⑥ 제조·가공하여 최소판매 단위로 포장된 식품 또는 식품첨가물을 허가를 받지 아니하거나 신고를 하지 아니하고 판매의 목적으로 포장을 뜯어 분할하여 판매하여서는 아니 된다. 다만, 컵라면, 일회용 다류, 그 밖의 음식류에 뜨거운 물을 부어주거나, 호빵 등을 따뜻하게 데워 판매하기 위하여 분할하는 경우는 제외한다.

⑦ 식품 등의 제조·가공·조리에 직접 사용되는 기계·기구 및 음식기는 사용 후에 세척·살균하는 등 항상 청결하게 유지·관리하여야 하며, 어류·육류·채소류를 취급하는 칼·도마는 각각 구분하여 사용하여야 한다.

⑧ 소비기한이 경과된 식품 등을 판매하거나 판매의 목적으로 진열·보관하여서는 아니 된다.

확인! OX

식품의 위생적 취급기준에 대한 설명이다. 옳으면 "O", 틀리면 "X"로 표시하시오.

1. 해동된 식재료가 사용하고 남았을 경우 다시 냉동 보관한다. (   )

2. 어류와 육류를 취급하는 칼과 도마는 구분하여 사용하여야 한다. (   )

정답 1. X   2. O

| 해설 |
1. 해동된 식재료를 재냉동할 경우 식중독을 유발할 수 있다.

1. 식품첨가물

중요도 ★★★

(1) 식품첨가물의 정의

식품을 제조·가공·조리 또는 보존하는 과정에서 감미, 착색, 표백 또는 산화방지 등을 목적으로 식품에 사용되는 물질을 말한다. 이 경우 기구·용기·포장을 살균·소독하는 데에 사용되어 간접적으로 식품으로 옮아갈 수 있는 물질을 포함한다.

(2) 식품첨가물의 구비조건

① 인체에 유해한 영향이 없어야 한다.
② 식품의 상품 가치를 향상시켜야 한다.
③ 식품에 나쁜 영향을 주지 않아야 한다.
④ 식품을 소비자에게 이롭게 할 수 있어야 한다.
⑤ 식품 자체의 영양가를 유지할 수 있어야 한다.
⑥ 식품 제조 및 가공에 꼭 필요한 것이어야 한다.
⑦ 식품 성분 등에 의해서 그 첨가물을 확인할 수 있어야 한다.
⑧ 소량으로도 사용 목적에 충분한 효과를 발휘할 수 있어야 한다.

2. 식품첨가물 종류와 용도

(1) 식품의 보존성을 높이는 첨가물

① 보존료(방부제) : 미생물의 생육을 억제하여 식품의 변질·부패를 막고 신선도를 유지시키기 위해 사용하는 첨가물
  ㉠ 데하이드로초산(dehydroacetic acid) : 치즈, 버터, 마가린 등
  ㉡ 소브산(sorbic acid) : 식육·어육가공품, 젓갈류, 장류 등
  ㉢ 안식향산(benzoic acid) : 탄산음료, 간장, 잼류 등
  ㉣ 프로피온산(propionic acid) : 빵류, 치즈류, 잼류
② 살균제(소독제) : 식품의 부패 원인균 또는 감염병 등의 병원균을 사멸시키기 위하여 사용하는 첨가물(차아염소산나트륨, 과산화초산 등)
③ 산화방지제(항산화제) : 식품 성분의 산화를 방지하기 위하여 사용하는 첨가물
  ㉠ 천연 산화방지제 : 비타민 E(토코페롤), 비타민 C(아스코브산), 고시폴, 세사몰
  ㉡ 인공 산화방지제
    • 수용성 : 에리토브산, 에리토브산나트륨
    • 지용성 : BHA(뷰틸하이드록시아니솔), BHT(다이뷰틸하이드록시톨루엔), 몰식자산프로필

① (   )는 식품의 본래의 색을 없애거나 퇴색을 방지하기 위한 식품첨가물이다.

② 호박산은 식품첨가물 중 식품의 산도·알칼리도를 조절하는 (   )에 해당한다.

| 정답 |

① 표백제

② 산도조절제(산미료)

진짜 통째로 외워온 문제

식품첨가물 중 보존료의 기능으로 가장 옳은 것은?

① 식품의 영양 강화를 위해 사용되는 첨가물

② 식품의 변질·부패를 방지하는 식품첨가물

③ 식품의 기호성과 관능을 만족시키기 위한 식품첨가물

④ 식품의 품질 유지·개량을 위한 식품첨가물

[해설]

보존료는 식품을 제조·가공·조리 또는 보존하는 과정에서 미생물의 생육을 억제하여 식품의 변질 및 부패를 방지하기 위하여 사용하는 첨가물을 말한다.

[정답] ②

(2) 식품의 기호성과 관능을 만족시키기 위한 첨가물

착색료	식품에 색을 부여하거나 복원시키는 식품첨가물 예 식용색소녹색제3호, 식용색소녹색제3호알루미늄레이크, 식용색소적색제3호, 식용색소적색제40호, 식용색소적색제40호알루미늄레이크 등 ※ 식용색소의 병용 기준 : 식용색소녹색제3호 및 그 알루미늄레이크, 식용색소적색제2호 및 그 알루미늄레이크, 식용색소적색제3호, 식용색소적색제40호 및 그 알루미늄레이크, 식용색소적색제102호, 식용색소청색제1호 및 그 알루미늄레이크, 식용색소청색제2호 및 그 알루미늄레이크, 식용색소황색제4호 및 그 알루미늄레이크, 식용색소황색제5호 및 그 알루미늄레이크를 2종 이상 병용할 경우, 각각의 식용색소에서 정한 사용량 범위 내에서 사용하여야 하고 병용한 식용색소의 합계는 규정된 식품유형별 사용량 이하이여야 한다.
발색제	식품의 색을 고정하거나 선명하게 하기 위한 첨가물 예 아질산나트륨, 질산나트륨, 질산칼륨
감미료	식품에 감미를 부여하는 첨가물 예 사카린나트륨, D-소비톨, 아스파탐, 스테비올배당체 등
향미증진제	식품의 맛 또는 향미를 증진시키는 식품첨가물 예 L-글루탐산나트륨, 나린진, 베타인, 탄닌산
산도조절제 (산미료)	식품의 산도 또는 알칼리도를 조절하는 식품첨가물 예 구연산, 주석산, 젖산, 초산, 호박산
표백제	식품의 본래의 색을 없애거나 퇴색을 방지하기 위하여 사용하는 첨가물 예 아황산나트륨, 무수아황산
착향료	식품 자체의 냄새를 없애거나 강화시키기 위해 사용되는 첨가물 예 • 천연향료 : 레몬오일, 오렌지오일, 천연과즙 등 • 합성향료 : 벤질알코올, 바닐린 등

(3) 식품의 영양 강화를 위한 첨가물

영양강화제	• 식품의 영양학적 품질을 유지하기 위해 제조공정 중 손실된 영양소를 복원하거나, 영양소를 강화시키는 식품첨가물 • 비타민류와 아미노산류, 무기염류(칼슘, 철분)가 첨가 예 5'-구아닐산이나트륨, L-글루타민, L-메티오닌

식품첨가물에 대한 설명이다. 옳으면 "O", 틀리면 "X"로 표시하시오.

1. 표백제는 식품의 보존성을 높이기 위한 식품첨가물이다.
(   )

2. 질산나트륨은 가공육제품의 육색을 안정하게 유지하기 위하여 사용된다. (   )

[정답] 1. X 2. O

| 해설 |

1. 표백제는 식품의 기호성과 관능을 만족시키기 위한 첨가물이다.

진짜 통째로 외워온 문제

색소는 포함되어 있지 않지만, 식품의 색을 안정시키는 기능을 하는 첨가물은?

① 착색제

② 표백제

③ 발색제

④ 유화제

[해설]

발색제 자체에는 색소가 없으나 식품 중의 색소 단백질과 반응하여 식품 자체의 색을 고정(안정화)시키고, 선명하게 한다.

정답 ③

(4) 식품의 품질 유지 및 개량을 위한 첨가물

밀가루 개량제	밀가루의 표백과 숙성기간을 단축시키고, 제빵 효과 및 저해 물질을 파괴시키기 위하여 사용되는 첨가물 예 과산화벤조일, 과황산암모늄, 이산화염소
피막제	과일, 채소의 신선도 유지를 위해 표면 처리하는 식품첨가물 예 초산비닐수지, 몰포린지방산염
호료 (증점제)	식품의 점착성을 증가시켜 유화안전성을 좋게 하기 위해 사용되는 첨가물 예 알긴산나트륨, 카세인나트륨
유화제	서로 혼합이 잘 되지 않는 두 종류의 액체를 유화시키기 위하여 사용하는 첨가물 예 대두인지질(레시틴), 자당지방산에스테르(지방산에스테르)
이형제	빵이 형틀에 달라붙지 않게 하고 모양을 그대로 유지하기 위해 사용하는 첨가물 예 유동파라핀

(5) 식품의 제조과정에서 필요한 첨가물

팽창제	빵이나 과자를 만들 때 가스를 발생시켜 부풀게 함으로써 연하고 맛이 좋게 하기 위해 사용하는 첨가물 예 • 인공팽창제 : 탄산수소나트륨, 탄산수소암모늄, 탄산암모늄 　 • 천연팽창제 : 이스트, 효모
소포제	식품의 제조과정에서 생기는 거품을 소멸·억제할 목적으로 사용되는 첨가물 예 규소수지(실리콘수지)
추출용제	식품의 원료 물질에서 특정한 성분을 추출하기 위해 사용되는 첨가물 예 헥산, 초산에틸
껌기초제	껌에 적당한 점성과 탄력성을 갖게 하여 그 풍미를 유지시키기 위한 첨가물 예 초산비닐수지, 에스테르검(에스터검)

+ 괄호문제

다음 괄호 안에 알맞은 내용을 쓰시오.

① ( )는 식품 제조과정에서 생기는 거품을 억제하기 위해 사용되는 식품첨가물이다.

② 식품첨가물 중 ( )는 껌 기초제면서 피막제로도 사용된다.

| 정답 |

① 소포제

② 초산비닐수지

확인! OX

식품첨가물에 대한 설명이다. 옳으면 "O", 틀리면 "X"로 표시하시오.

1. 식품의 제조과정에서 필요한 이스트, 효모는 인공팽창제에 해당한다. ( )

2. 대표적인 영양강화제에는 비타민류, 아미노산류 등이 있다. ( )

정답 1. X 2. O

| 해설 |

1. 이스트, 효모는 천연팽창제이다.

다음 괄호 안에 알맞은 내용을 쓰시오.

① 육류의 직화구이나 훈연 중에 발생하는 (   )은 발암성이 매우 강하다.
② (   ) 화합물은 아질산염과 아민류가 반응하여 생성되는 발암물질이다.

| 정답 |
① 벤조피렌
② 나이트로소(니트로소)

3. 유해물질

(1) 자연에서 생성되는 유해물질

① 공장폐수 : 공장 등에서 나오는 부패성 유기물, 폐수 등의 오염물이 하천과 바닷물에 혼입되어 해산물을 오염시키거나 유독화한다.

② 농약 : 농약은 농작물의 수확 전 일정 기간에는 사용을 금지하여 잔류되지 않도록 방지하거나, 잔류 허용량을 정하여 최종 수확물에 대한 농약 잔류량이 이에 적합하도록 노력한다.

③ 방사성 물질 : 방사성 물질은 그 발생원을 격리하거나 오염의 감시를 철저히 해야 한다. 반감기가 긴 ^{90}Sr과 ^{137}Cs이 특히 문제가 된다.

④ 합성세제 : 합성세제는 경성인 것의 사용을 금지하고, 분해가 되기 쉬운 연성세제를 사용하도록 한다.

(2) 조리 및 가공에서 생성되는 유해물질

① 메탄올(methanol) : 알코올 발효 시에 펙틴으로부터 메탄올이 생성된다. 중독증상으로 두통, 현기증, 구토가 생기고, 심할 경우 정신이상, 시신경 염증, 실명 등의 증세가 나타나고 사망에 이르기도 한다.

② 나이트로소(nitroso, 니트로소) 화합물 : 햄, 소시지 등의 제조 시에 발색제로 사용되는 아질산염과 제2급 아민이 반응하여 생성되는 발암물질이다.

③ 다환방향족 탄화수소(PAH) : 유기물질을 고온으로 가열할 때 생성되는 단백질이나 지방의 분해생성물로 태운 식품이나 훈제품에 함량이 높다. 벤조피렌 등이 문제시된다. 벤조피렌은 석유, 석탄, 목재, 식품, 담배 등을 태울 때 불완전한 연소로 생성되며 발암성이 매우 강하다.

④ 헤테로사이클릭아민(heterocyclic amine)류 : 아미노산이나 단백질의 열분해에 의하여 생성되며, 볶은 콩류와 곡류, 구운 생선과 육류 등에서 다량 발견되며, 발암성이 문제이다.

⑤ 아크릴아마이드(acrylamide) : 전분 식품 가열 시 아미노산과 당의 열에 의한 결합반응 생성물이다.

확인! OX

유해물질에 대한 설명이다. 옳으면 "O", 틀리면 "X"로 표시하시오.

1. 붕산은 유해 착색료이다.
(   )
2. 알코올 발효 시에 펙틴으로부터 메탄올이 생성된다.
(   )

정답 1. X 2. O

| 해설 |
1. 붕산은 유해 보존료이다.

작업장 위생관리

2%
출제율

출제포인트
- 식품안전관리인증기준(HACCP) 정의
- 식품안전관리인증기준(HACCP) 원칙
- 교차오염의 개선방안

제1절 작업장 위생 위해요소

생물학적 위해요소	제품에 내재하면서 인체의 건강을 해할 우려가 있는 미생물, 병원성 대장균(군), 곰팡이, 기생충, 바이러스 등
화학적 위해요소	제품에 내재하면서 인체의 건강을 해할 우려가 있는 중금속, 농약, 항생물질, 항균물질, 사용 기준 초과 또는 사용 금지된 식품첨가물 등 화학적 원인 물질
물리적 위해요소	제품에 내재하면서 인체의 건강을 해할 우려가 있는 인자 중에서 돌조각, 유리조각, 플라스틱 조각, 쇳조각 등

기출 키워드

식품안전관리인증기준(HACCP) 정의·원칙·수행절차·적용 대상·기록 보관, 교차오염

제2절 식품안전관리인증기준(HACCP)

1. 식품안전관리인증기준(HACCP)의 개요   중요도 ★★☆

(1) HACCP의 정의

식품의 원료관리 및 제조·가공·조리·소분·유통의 모든 과정에서 위해한 물질이 식품에 섞이거나 식품이 오염되는 것을 방지하기 위하여 각 과정의 위해요소를 확인·평가하여 중점적으로 관리하는 기준을 말한다.

(2) HACCP 7단계 수행절차

① 위해요소 분석(원칙 1)
② 중요관리점(CCP) 결정(원칙 2)
③ CCP 한계기준 설정(원칙 3)
④ CCP 모니터링 체계 확립(원칙 4)
⑤ 개선 조치방법 수립(원칙 5)
⑥ 검증 절차 및 방법 수립(원칙 6)
⑦ 문서화, 기록 유지방법 설정(원칙 7)

다음 괄호 안에 알맞은 내용을 쓰시오.

① 작업장 위생을 위해하는 요소는 (   )적, 화학적, 물리적 위해요소가 있다.
② HACCP 적용업소는 관계 법령에 특별히 규정된 것을 제외하고는 관련 기록을 (   )년간 보관하여야 한다.

| 정답 |
① 생물학
② 2

(3) 기록관리(식품 및 축산물 안전관리인증기준 제8조 제1항)

「식품위생법」 및 「건강기능식품에 관한 법률」, 「축산물 위생관리법」에 따른 안전관리인 증기준(HACCP) 적용업소는 관계 법령에 특별히 규정된 것을 제외하고는 이 기준에 따라 관리되는 사항에 대한 기록을 2년간 보관하여야 한다.

2. HACCP 적용 대상 식품(식품위생법 시행규칙 제62조 제1항) 중요도 ★☆☆

① 수산가공식품류의 어육가공품류 중 어묵·어육소시지
② 기타수산물가공품 중 냉동 어류·연체류·조미가공품
③ 냉동식품 중 피자류·만두류·면류
④ 과자류, 빵류 또는 떡류 중 과자·캔디류·빵류·떡류
⑤ 빙과류 중 빙과
⑥ 음료류(다류 및 커피류는 제외)
⑦ 레토르트식품
⑧ 절임류 또는 조림류의 김치류 중 김치
⑨ 코코아가공품 또는 초콜릿류 중 초콜릿류
⑩ 면류 중 유탕면 또는 곡분, 전분, 전분질원료 등을 주원료로 반죽하여 손이나 기계 따위로 면을 뽑아내거나 자른 국수로서 생면·숙면·건면
⑪ 특수용도식품
⑫ 즉석섭취·편의식품류 중 즉석섭취식품
⑬ 즉석섭취·편의식품류의 즉석조리식품 중 순대
⑭ 식품제조·가공업의 영업소 중 전년도 총 매출액이 100억원 이상인 영업소에서 제조·가공하는 식품

진짜 통째로 외워온 문제

식품안전관리인증기준(HACCP)의 설명으로 옳지 않은 것은?
① 위해요소 분석(HA)은 원료와 공정에서 발생이 가능한 생물학적·화학적·물리적 위해 요소를 분석하는 것을 말한다.
② 중요관리점(CCP)은 위해요소를 예방·제어 또는 허용 수준으로 감소시킬 수 있는 단계를 중점 관리하는 것을 말한다.
③ 모니터링(Monitoring)은 위해요소의 관리 여부를 점검하기 위하여 실시하는 관찰이나 측정 수단을 말한다.
④ HACCP에 대한 문서의 보존은 최소 3년 이상으로 한다.

해설
HACCP에 대한 기록은 관계 법령에 특별히 규정된 것을 제외하고는 2년간 보관하여야 한다.

정답 ④

확인! OX

HACCP에 대한 설명이다. 옳으면 "O", 틀리면 "X"로 표시하시오.

1. 껌류는 HACCP 적용 대상 식품이다.   (   )
2. HACCP 원칙 3은 CCP 한계 기준 설정이다.   (   )

정답 1. X 2. O

| 해설 |
1. 껌류는 HACCP의 의무적용 대상 식품에 해당하지 않는다.

1. 교차오염 정의

교차오염은 오염구역과 비오염구역 간에 사람 또는 여러 매개체를 통해 미생물이 전이되는 현상을 말한다. 즉, 오염되지 않은 식자재나 음식이 이미 오염된 음식 재료, 조리기구, 조리사와의 접촉으로 인해 오염의 전이가 발생하는 것을 말한다.

2. 교차오염의 원인 및 개선방안

(1) 교차오염의 원인

① 조리하는 사람이 손을 제대로 씻지 않았을 경우
② 조리도구를 식재료의 종류나 상태와 상관없이 같이 사용할 경우
③ 식재료에서 식재료로 옮겨가는 경우
④ 일반 구역과 청결 구역의 구획 구분이 안 된 경우

(2) 교차오염의 개선방안

① 교차오염이 발생할 가능성이 높은 나무 재질의 도마, 행주, 주방 바닥, 트렌치, 생선 취급 코너 등은 집중적으로 위생관리를 해야 한다.
② 작업장에 식품의 원재료 상태로 들여와 준비하는 것은 가공 상태로 들여와 준비하는 과정보다 교차오염이 발생할 가능성이 높으므로, 식재료의 전처리 과정에 더욱 세심한 청결 상태의 유지와 관리가 필요하다.
③ 청결도가 다른 것들이 교차되지 않도록 관리한다.
④ 칼, 도마 등 조리기구, 고무장갑, 행주, 앞치마, 작업대와 세정대는 작업과정별·용도별로 각각 구분해서 사용한다.
⑤ 식자재와 음식물이 직접 닿는 랙(rack)이나 내부 표면, 용기는 매일 세척·살균한다.
⑥ 용기는 충분히 세척하여 건조 후 사용한다.
⑦ 식품 취급 등의 작업은 물이 튀어 식품을 오염시키지 않도록 바닥으로부터 60cm 이상 높이에서 실시한다.
⑧ 작업장에 설치된 장비나 기물은 정기적으로 세척해야 한다.
⑨ 작업장이나 상온 창고의 바닥은 건조 상태를 유지하기 위해 물이 떨어지지 않게 한다.
⑩ 만일에 대비해 주방 설비의 작동 매뉴얼과 세척을 위한 설명서를 확보해 두는 것이 좋다.

+ 괄호문제

다음 괄호 안에 알맞은 내용을 쓰시오.
① ( )은 오염되지 않은 식자재가 오염된 재료나 조리기구와 접촉하여 발생하는 오염 현상을 말한다.
② 식품 취급 등의 작업은 바닥으로부터 ( )cm 이상 높이에서 실시한다.

| 정답 |
① 교차오염
② 60

확인! OX

교차오염에 대한 설명이다. 옳으면 "O", 틀리면 "X"로 표시하시오.
1. 상온 창고의 바닥은 일정 습도를 유지해야 한다. ( )
2. 청결도가 다른 것들이 교차되지 않도록 관리해야 한다. ( )

정답 1. X   2. O

| 해설 |
1. 상온 창고 바닥은 건조 상태를 유지해야 교차오염을 방지할 수 있다.

CHAPTER 04 식중독 관리

출제포인트
• 세균성, 자연독, 화학적 식중독의 원인
• 세균성, 자연독, 화학적 식중독의 종류와 특징
• 곰팡이 독소에 의한 중독

제1절 식중독의 개요 및 분류

1. 식중독의 개요

(1) 정의와 원인
① 정의 : 식중독이란 식품 섭취로 인하여 인체에 유해한 미생물 또는 유독물질에 의하여 발생하였거나 발생한 것으로 판단되는 감염성 질환 또는 독소형 질환을 말한다.
② 원인 : 비브리오, 살모넬라, 포도상구균 등의 식중독 세균에 노출된 음식물을 섭취하여 발생하며, 전체 식중독 중 세균성 식중독이 80% 이상 차지하고 있다.

(2) 식중독의 증상
① 식중독은 감염 후 잠복기 후에 증상이 나타난다.
② 구토와 복통, 설사가 가장 흔한 증상이며, 그 외에 발열, 두드러기, 근육통, 의식장애 등이 발생할 수 있다.
③ 원인 물질에 따라 증상의 정도가 다르게 나타난다.
④ 어린이는 성인보다 면역력이 약하기 때문에 증상의 정도가 더 심할 수 있어 주의해야 한다.

2. 식중독의 분류

대분류	중분류	소분류	원인균 및 물질
미생물	세균성	독소형	황색포도상구균, 클로스트리듐 보툴리눔, 클로스트리듐 퍼프린젠스, 바실러스 세레우스 등
		감염형	살모넬라, 장염 비브리오균, 병원성대장균, 캄필로박터, 여시니아, 리스테리아 모노사이토제네스
	바이러스성	공기, 접촉, 물 등의 경로로 전염	노로바이러스, 로타바이러스, 아스트로바이러스, 장관아데노바이러스, A형간염 바이러스 등
자연독		동물성 자연독에 의한 중독	복어독, 시가테라독
		식물성 자연독에 의한 중독	감자독, 버섯독
		곰팡이 독소에 의한 중독	황변미독, 맥각독, 아플라톡신 등
화학물질 (인공화합물)		고의 또는 오용으로 첨가되는 유해물질	식품첨가물
		본의 아니게 잔류, 혼입되는 유해물질	잔류 농약, 유해성 금속화합물
		제조, 가공, 저장 중에 생성되는 유해물질	지질의 산화생성물, 나이트로소아민
		기타 물질에 의한 중독	메탄올 등
		조리기구, 포장에 의한 중독	녹청(구리), 납, 비소 등

+ 괄호문제

다음 괄호 안에 알맞은 내용을 쓰시오.

① ( ) 식중독은 난류, 육류, 가금류와 그 가공품을 원인 식품으로 하는 세균성 식중독이다.

② 메탄올은 ( )적 식중독의 원인 물질이다.

| 정답 |
① 살모넬라
② 화학

제2절 세균성 및 바이러스성 식중독

1. 세균성 식중독 `중요도 ★★★`

(1) 감염형 식중독

세균이 직접적으로 식중독의 원인이 된다.

① 살모넬라 식중독

원인균	살모넬라균, 인수공통적 특성
감염경로	1차 오염된 식품, 2차 쥐·파리·바퀴벌레 등에 의한 식품의 오염
증상	급성위장염, 복통 및 발열(38~40℃)
잠복기	12~24시간(평균 18시간)
원인 식품	가금류·육류·어패류 및 그 가공품, 우유 및 유제품, 채소, 알 등
예방법	쥐·파리·바퀴벌레 등에 의한 식품오염 방지, 냉장·냉동 보관, 가열 섭취

② 장염 비브리오 식중독

원인균	비브리오균, 3~4%의 식염 농도에서 잘 자라는 호염성 세균
감염경로	1차 오염된 근해산 어패류 생식 또는 조리기구를 통해 2차 오염된 식품 섭취
증상	급성위장염
잠복기	10~18시간(평균 12시간)
원인 식품	어패류 및 그 가공품
예방법	여름철 어패류의 생식금지, 조리기구의 열탕소독, 냉장 보관, 담수에 세척

확인! OX

식중독에 대한 설명이다. 옳으면 "O", 틀리면 "X"로 표시하시오.

1. 식중독은 원인 물질에 따라 증상의 정도가 다르게 나타난다. ( )
2. 감염형 식중독은 세균이 직접적으로 식중독의 원인이 된다. ( )

`정답` 1. O 2. O

③ 병원성 대장균 식중독

원인균	병원성 대장균, 동물의 장관 내에 서식하는 세균, 흙 속에도 존재
감염경로	분변에 오염된 물, 오염된 용수로 세척한 채소 등
증상	두통, 발열, 설사, 복통 등
잠복기	EHEC 3~8일, EIEC 10~18시간, EPEC 9~12시간, ETEC 10~12시간
원인 식품	우유, 햄, 치즈, 소시지, 가정에서 만든 마요네즈
예방법	동물의 배설물이 주오염원이므로 분변오염이 되지 않도록 주의

(2) 독소형 식중독

세균이 분비하는 독소가 식중독의 원인이 된다.

① 황색포도상구균 식중독

원인균	포도상구균, 화농성 질환의 대표적인 원인균
원인 독소	엔테로톡신(enterotoxin, 장독소), 열에 강하여 일반 조리법으로 파괴되지 않음
감염경로	식품 중에 포도상구균이 증식하여 장독소를 생산하고 이를 섭취하면 식중독 발생
증상	구토, 복통, 설사 등
잠복기	1~6시간(평균 3시간으로 잠복기가 짧음)
원인 식품	유가공품(우유, 크림, 버터, 치즈)이나 조리식품(떡, 콩가루, 김밥, 도시락)
예방법	식품의 멸균, 오염 방지, 냉장 보관, 화농성 질환자의 식품 취급 금지

② 클로스트리듐 보툴리눔균 식중독

원인균	보툴리눔균
원인 독소	뉴로톡신(neurotoxin, 신경독소)은 열에 의해 파괴됨
감염경로	식품 중에 증식한 세균이 분비하는 신경독소에 의하여 발생
증상	사시·동공확대·언어장애 등 신경마비 증상, 세균성 식중독 중 가장 치사율이 높음
잠복기	12~36시간
원인 식품	살균이 불충분한 통조림·햄·소시지·병조림 등
예방법	음식물의 가열처리, 원인 식품의 위생적 보관과 가공을 철저히 해야 함

③ 바실루스 세레우스 식중독

바실루스 세레우스균에 오염된 식품을 섭취하면 이 균이 만들어내는 장독소에 의해
구토·복통이나 설사와 같은 식중독 증상이 발생한다.

(3) 기타 세균성 식중독

① 웰치균(Clostridium perfringens, 클로스트리듐 퍼프린젠스) 식중독

원인균	• A, B, C, D, E, F의 6형이 있는데, 식중독의 원인균은 A형임 • 웰치균은 편성혐기성균이며, 열에 강하고 운동성이 없다. • 발육 최적온도 : 37~45℃
감염경로	사람이나 동물의 분변, 토양, 하수 등에 분포하며 식품에 오염되어 증식
증상	복통, 설사, 구토 등
잠복기	8~20시간(평균 12시간)
원인 식품	단백질을 많이 함유한 식품(육류 및 가공품, 어패류 및 가공품, 튀김두부 등)
예방법	분변의 오염 방지, 조리된 식품은 냉장·냉동 보관

② 알레르기성 식중독

원인균	모르가니(*Proteus morganii*)균
원인 물질	• 사람이나 동물의 장내에 상주 • 알레르기를 일으키는 히스타민을 만듦
증상	안면홍조, 발진(두드러기)
잠복기	30분 전후
원인 식품	가다랑어, 고등어와 같은 붉은살 어류 및 그 가공품
예방법	항히스타민제 복용

2. 바이러스성 식중독

(1) 개념

① 바이러스는 동물, 식물, 세균 등 살아 있는 세포에 기생하는 미생물이다.

② 크기가 매우 작아 일반 광학 현미경으로 관찰할 수 없고, 세균 여과기에 제거되지 않으며 일부 바이러스는 식중독을 유발할 수 있다.

(2) 식중독을 유발하는 대표적인 바이러스

① 노로바이러스

    ㉠ 사람 장관에서만 증식하며, 물을 통해 전염되고 2차 감염이 흔하기 때문에 집단적인 발병 양상을 보인다.

    ㉡ 노로바이러스는 대부분 치료 없이 저절로 회복된다.

② 로타바이러스 : 영유아에게 겨울철 설사 질환을 일으키며 과거에는 가성 콜레라로 알려졌다.

우리나라에서 가장 많이 발생하는 식중독 유형은?

① 화학적 식중독　　　　② 자연독 식중독
③ 세균성 식중독　　　　④ 곰팡이 독소

해설
우리나라에서 가장 많이 발병하는 식중독은 식중독 세균에 노출된 음식물을 섭취하여 발생하는 세균성 식중독이다.

 ③

+ 괄호문제

다음 괄호 안에 알맞은 내용을 쓰시오.

① 웰치균은 혐기성 균주로 주로 (　)이 함유된 식품에서 발생한다.

② 히스타민과 모르가니균은 (　) 식중독과 관계있는 원인 물질이다.

| 정답 |
① 단백질
② 알레르기

확인! OX

식중독에 대한 설명이다. 옳으면 "O", 틀리면 "X"로 표시하시오.

1. 웰치균의 아포는 60℃에서 10분 정도 가열하면 사멸한다. (　)
2. 히스타민은 주로 고등어, 가다랑어 등과 같은 붉은살 어류 및 그 가공품이 원인 식품이다. (　)

정답 1. X　2. O

| 해설 |
1. 웰치균의 아포는 고온(100℃)에서 4시간 가열해도 살아남을 정도로 열에 강하다.

제3절 자연독 식중독

1. 동물성 자연독에 의한 식중독　　　　중요도 ★★☆

(1) 복어 중독

① 원인 독소 : 테트로도톡신(tetrodotoxin)
② 함유량 : 복어의 난소 > 간 > 내장 > 껍질 순으로 다량 함유, 독성이 강하고, 물에 녹지 않으며, 높은 열에 끓여도 파괴되지 않는다.
　㉠ 식용 가능한 부위 : 복어살, 복어뼈, 입, 껍질, 지느러미, 고니(이리)
　㉡ 식용 불가능한 부위 : 간장, 난소, 알, 안구, 아가미, 쓸개, 비장, 신장, 심장 등
③ 중독증상 : 식후 30분~5시간 만에 발병하며, 신경계통의 마비증상을 일으켜 수족 및 전신의 운동 마비, 호흡 및 혈관운동 마비, 지각 신경마비 등의 증상이 나타난다.
④ 치료법 : 중독 시 신속하게 위세척, 최토제를 투여하여 독을 빼내고, 호흡 촉진제를 투여한다.

(2) 조개류 중독

조개류	유독성분	특징
모시조개, 바지락, 굴, 고동	베네루핀(venerupin)	열에 안정한 간독소(끓여도 파괴되지 않음)
섭조개(검은 조개), 대합, 홍합	삭시톡신(saxitoxin)	열에 안정한 신경마비성 독소

2. 식물성 자연독에 의한 식중독　　　　중요도 ★★★

분류	유독성분
독버섯	무스카린(muscarine), 무스카리딘(muscaridine), 뉴린(neurine), 팔린(phallin), 아마니타톡신(amanitatoxin), 필즈톡신(pilztoxin), 콜린(choline) 등
감자(싹)	솔라닌(solanine)
감자(썩은 감자)	셉신(sepsin)
청매, 살구씨	아미그달린(amygdaline)
독미나리	시큐톡신(cicutoxin)
독맥(독보리)	테물린(temuline)
미치광이풀	아트로핀(atropin)
목화씨(면실유)	고시폴(gossypol)
수수	듀린(dhurrin)
피마자	리신(ricin)
오디	아코니틴(aconitine)

확인! OX

자연독 식중독에 대한 설명이다. 옳으면 "O", 틀리면 "X"로 표시하시오.

1. 아미그달린은 미숙한 매실이나 살구씨에 존재하는 유독성분이다. (   )
2. 복어독은 열에 대한 저항성이 약해 가열하면 거의 파괴된다. (   )

정답 1. O　2. X

| 해설 |
2. 복어 독소인 테트로도톡신은 열에 강하여, 끓는 물에 넣어도 파괴되지 않는다.

3. 곰팡이 독소에 의한 중독

중요도 ★★☆

(1) 아플라톡신(aflatoxin) 중독

① 땅콩, 곡류 등 탄수화물이 풍부한 식품에 아스페르길루스 플라버스(*Aspergillus flavus*) 곰팡이가 증식하여 아플라톡신 독소를 생성하여 인체에 간장독을 일으킨다.

② 수분 16% 이상, 습도 80% 이상, 온도 25~30℃인 환경에서 전분질성 곡류 중 독소가 잘 생성된다.

(2) 황변미 중독

① 저장 중인 쌀에 페니실륨(*Penicillium*) 속 곰팡이가 번식하여 쌀을 누렇게 변질시킨다.

② 시트리닌, 시트레오비리딘, 아이슬랜디톡신 등의 독소를 생성하여 신장독, 신경독, 간장독을 일으킨다.

③ 쌀 저장 시 습기가 차면 황변미 독이 생성될 수 있다.

(3) 맥각 중독

① 보리, 호밀 등 곡물에 맥각균(*Claviceps purpurea*)이 발생한다.

② 에르고톡신, 에르고메트린, 에르고타민 등의 독소를 생성하여 인체에 간장독을 일으킨다.

③ 많이 섭취할 경우 구토·복통·설사 등을 유발하고 임산부는 유산이나 조산의 위험성이 있다.

제4절 | **화학적 식중독**

---

1. 유해성 식품첨가물에 의한 식중독

유해 착색료	아우라민(auramine), 로다민 B(rhodamine B), 파라나이트로아닐린 등
유해 보존료	붕산(H_3BO_3), 폼알데하이드(formaldehyde), 승홍, 플루오린화합물 등
유해 표백제	론갈리트(rongalite), 삼염화질소(NCl_3), 형광표백제 등
유해 감미료	둘신(dulcin), 에틸렌글라이콜(ethyleneglycol), 나이트로아닐린(nitroaniline), 사이클라메이트(cyclamate) 등

2. 농약에 의한 식중독

유기인제	파라티온, 말라티온 등이 있으며, 신경마비 증상을 일으킨다.
유기염소제	DDT, BHC 등이 있으며 시력감퇴, 전신권태 등의 증상을 일으킨다.
비소화합물	비산칼슘, 비산나트륨 등이 있으며, 식욕부진, 발열, 구토, 설사, 색소침착 등의 증상을 일으킨다.

+ 괄호문제

다음 괄호 안에 알맞은 내용을 쓰시오.

① 황변미 중독을 일으키는 오염 미생물은 ( )이다.

② 아스페르길루스 플라버스가 증식하여 ( ) 독소를 생성하여 간장독을 일으킨다.

| 정답 |
① 곰팡이
② 아플라톡신

확인! OX

곰팡이 독소 중독에 대한 설명이다. 옳으면 "O", 틀리면 "X"로 표시하시오.

1. 에르고톡신은 맥각 중독을 일으키는 주요 원인 물질이다.
( )

2. 대표적인 곰팡이 독소에는 삭시톡신(saxitoxin)이 있다.
( )

정답 1. O 2. X

| 해설 |
2. 삭시톡신은 조개류 중독의 유독성분으로 자연독 식중독의 원인 물질이다.

다음 괄호 안에 알맞은 내용을 쓰시오.

① 카드뮴 중독 시 ( )병이 유발된다.
② ( )은 과일 통조림으로부터 용출되며, 다량 섭취 시 구토, 설사, 복통 등의 증상이 나타날 수 있다.

| 정답 |
① 이타이이타이
② 주석

3. 유해성 금속물질에 의한 중독

(1) 금속물질 중독 증상

금속 물질	중독 경로	중독 증상
수은(Hg)	• 콩나물 재배 시의 소독제 사용 • 수은을 포함한 공장폐수로 인한 어패류 오염	미나마타병(지각이상, 언어장애, 보행곤란)
카드뮴(Cd)	• 법랑 용기나 도자기의 안료 • 도금공장, 광산폐수에 의한 어패류와 농작물의 오염	이타이이타이병(폐기종, 단백뇨, 신장기능 장애, 골연화증)
납(Pb)	• 통조림의 땜납 • 법랑 용기나 도자기의 안료	• 구토, 구역질, 복통, 사지 마비(급성) • 피로, 지각 상실, 시력장애
비소(As)	• 순도가 낮은 식품첨가물 중 불순물로 혼입 • 법랑 용기나 도자기의 안료 • 비소제 농약	• 급성중독 : 위장장애(설사), 구토 • 만성중독 : 피부 이상 및 신경장애, 운동 마비
구리(Cu)	구리로 만든 식기, 주전자, 냄비 등의 부식	구토, 위통
주석(Sn)	주석으로 도금한 통조림 통	구토, 설사, 복통, 메스꺼움

(2) 납 중독의 특성

① 대량으로 흡수하는 급성중독보다 장기간에 걸쳐 흡수되는 만성중독이 대부분이다.
② 만성중독으로 소화기장애, 체중감소 등과 같은 증상이 나타나며, 체내에 들어온 납 대부분은 뼈 속에 축적되거나 혈액에 녹아 나오게 되는데 헤모글로빈 합성 장애에 의한 빈혈이 발생할 수 있다.
③ 얼굴빛은 창백해지고 납빛 색을 띠며, 잇몸은 흑자색으로 착색된다.

진짜 통째로 외워온 문제

납 중독에 대한 설명으로 틀린 것은?
① 대부분 만성중독이다.
② 뼈에 축적되거나 골수에 대해 독성을 나타내므로 혈액 장애를 일으킬 수 있다.
③ 손과 발에 각화증 등을 일으킨다.
④ 잇몸의 가장자리가 흑자색으로 착색된다.

(해설)
각화증은 비소에 만성중독되었을 때 나타나는 증상 중 하나이다.

정답 ③

확인! OX

화학적 식중독에 대한 설명이다. 옳으면 "O", 틀리면 "X"로 표시하시오.

1. 이타이이타이병과 관계 있는 중금속 물질은 수은(Hg)이다. ( )
2. 화학적 식중독의 원인 물질은 무스카린이다. ( )

정답 1. X 2. X

| 해설 |
1. 이타이이타이병과 관계 있는 중금속은 카드뮴(Cd)이다.
2. 무스카린은 자연독 식중독인 독버섯의 독성성분이다.

식품위생법령 및 관계 법규

출제포인트
• 식품위생법
• 농수산물의 원산지 표시 등에 관한 법률
• 식품 등의 표시·광고에 관한 법률

제1절 식품위생법

1. 총칙   중요도 ★★★

(1) 목적(법 제1조)

식품으로 인하여 생기는 위생상의 위해를 방지하고 식품영양의 질적 향상을 도모하며 식품에 관한 올바른 정보를 제공함으로써 국민 건강의 보호·증진에 이바지함을 목적으로 한다.

(2) 용어의 정의(법 제2조)

용어	정의
식품	모든 음식물(의약으로 섭취하는 것은 제외)
화학적 합성품	화학적 수단으로 원소 또는 화합물에 분해반응 외의 화학반응을 일으켜서 얻은 물질
기구	식품 또는 식품첨가물에 직접 닿는 기계·기구나 그 밖의 물건(농업과 수산업에서 식품을 채취하는 데에 쓰는 기계·기구나 그 밖의 물건 및 「위생용품 관리법」에 따른 위생용품은 제외) • 음식을 먹을 때 사용하거나 담는 것 • 식품 또는 식품첨가물을 채취·제조·가공·조리·저장·소분·운반·진열할 때 사용하는 것 ※ 소분 : 완제품을 나누어 유통을 목적으로 재포장하는 것
용기·포장	식품 또는 식품첨가물을 넣거나 싸는 것으로서 식품 또는 식품첨가물을 주고받을 때 함께 건네는 물품
공유주방	식품의 제조·가공·조리·저장·소분·운반에 필요한 시설 또는 기계·기구 등을 여러 영업자가 함께 사용하거나, 동일한 영업자가 여러 종류의 영업에 사용할 수 있는 시설 또는 기계·기구 등이 갖춰진 장소
위해	식품, 식품첨가물, 기구 또는 용기·포장에 존재하는 위험요소로서 인체의 건강을 해치거나 해칠 우려가 있는 것
영업	식품 또는 식품첨가물을 채취·제조·가공·조리·저장·소분·운반 또는 판매하거나 기구 또는 용기·포장을 제조·운반·판매하는 업(농업과 수산업에 속하는 식품 채취업은 제외)
영업자	영업허가를 받은 자나 영업신고를 한 자 또는 영업등록을 한 자
식품위생	식품, 식품첨가물, 기구 또는 용기·포장을 대상으로 하는 음식에 관한 위생
집단급식소	영리를 목적으로 하지 아니하면서 특정 다수인에게 계속하여 음식물을 공급하는 급식시설
식품이력추적관리	식품을 제조·가공단계부터 판매단계까지 각 단계별로 정보를 기록·관리하여 그 식품의 안전성 등에 문제가 발생할 경우 그 식품을 추적하여 원인을 규명하고 필요한 조치를 할 수 있도록 관리하는 것

기출 키워드

식품위생법의 목적, 조리사 면허의 결격사유, 위해 식품 등의 회수, 식품 등의 위생적인 취급에 관한 기준, 식품첨가물, 영업허가를 받아야 하는 업종, 영업승계, 식품소분업의 신고대상, 식품위생감시원의 직무, 식품위생 교육시간, 자가품질검사, 영업자 등의 준수사항, 건강진단, 위해식품 등의 회수, 위생등급, 식중독에 관한 조사 보고, 집단급식소의 설치·운영자의 준수사항, 원산지 표시 위반에 대한 처분, 소비기한, 품질유지기한

다음 괄호 안에 알맞은 내용을 쓰시오.

① 우리나라 식품위생법 등 식품위생행정 업무를 총괄 관장하는 기관은 (   )이다.
② 식품위생법에 따르면, (   )은 식품, 식품첨가물, 기구 또는 용기·포장을 대상으로 하는 음식에 관한 위생을 말한다.

| 정답 |
① 식품의약품안전처
② 식품위생

(3) 식품 등의 취급(법 제3조)

① 누구든지 판매를 목적으로 식품 또는 식품첨가물을 채취·제조·가공·사용·조리·저장·소분·운반 또는 진열할 때는 깨끗하고 위생적으로 하여야 한다.
② 영업에 사용하는 기구 및 용기·포장은 깨끗하고 위생적으로 다루어야 한다.
③ 식품, 식품첨가물, 기구 또는 용기·포장의 위생적인 취급에 관한 기준은 총리령으로 정한다.
④ 식품 등의 원료 및 제품 중 부패·변질이 되기 쉬운 것은 냉동·냉장시설에 보관·관리하여야 한다(규칙 [별표 1]).

2. 식품과 식품첨가물   중요도 ★★☆

(1) 위해식품 등의 판매 등 금지(법 제4조)

누구든지 다음의 어느 하나에 해당하는 식품 등을 판매하거나 판매할 목적으로 채취·제조·수입·가공·사용·조리·저장·소분·운반 또는 진열하여서는 아니 된다.
① 썩거나 상하거나 설익어서 인체의 건강을 해칠 우려가 있는 것
② 유독·유해물질이 들어 있거나 묻어 있는 것 또는 그러할 염려가 있는 것. 다만, 식품의약품안전처장이 인체의 건강을 해칠 우려가 없다고 인정하는 것은 제외한다.
③ 병을 일으키는 미생물에 오염되었거나 그 염려가 있어 인체의 건강을 해칠 우려가 있는 것
④ 불결하거나 다른 물질이 섞이거나 첨가된 것 또는 그 밖의 사유로 인체의 건강을 해칠 우려가 있는 것
⑤ 안전성 심사 대상인 농·축·수산물 등 가운데 안전성 심사를 받지 아니하였거나 안전성 심사에서 식용으로 부적합하다고 인정된 것
⑥ 수입이 금지된 것 또는 수입신고를 하지 아니하고 수입한 것
⑦ 영업자가 아닌 자가 제조·가공·소분한 것

확인! OX

식품위생법에 따른 '기구'에 대한 설명이다. 옳으면 "O", 틀리면 "X"로 표시하시오.

1. 기구는 식품의 조리 등에 사용하는 물건이다.   (   )
2. 농업의 농기구와 수산업의 어구는 기구에 해당한다.
                              (   )

정답 1. O 2. X

| 해설 |
2. 농업의 농기구와 수산업의 어구는 기구에 해당하지 않는다.

(2) 병든 동물 고기 등의 판매 등 금지(법 제5조)

① 누구든지 총리령으로 정하는 질병에 걸렸거나 걸렸을 염려가 있는 동물이나 그 질병에 걸려 죽은 동물의 고기·뼈·젖·장기 또는 혈액을 식품으로 판매하거나 판매할 목적으로 채취·수입·가공·사용·조리·저장·소분 또는 운반하거나 진열하여서는 아니 된다.
② 총리령으로 정하는 질병(규칙 제4조)
  ㉠ 「축산물 위생관리법 시행규칙」 별표 3 제1호 다목에 따라 도축이 금지되는 가축전염병
  ㉡ 리스테리아병, 살모넬라병, 파스튜렐라병 및 선모충증

3. 검사

(1) 출입·검사·수거 등(법 제22조)

① 식품의약품안전처장, 시·도지사 또는 시장·군수·구청장은 식품 등의 위해방지·위생관리와 영업질서의 유지를 위하여 필요하면 다음의 조치를 할 수 있다.

　㉠ 영업자나 그 밖의 관계인에게 필요한 서류나 그 밖의 자료의 제출 요구

　㉡ 관계 공무원으로 하여금 다음에 해당하는 출입·검사·수거 등의 조치

　　• 영업소에 출입하여 판매를 목적으로 하거나 영업에 사용하는 식품 등 또는 영업시설 등에 대하여 하는 검사

　　• 검사에 필요한 최소량의 식품 등의 무상 수거

　　• 영업에 관계되는 장부 또는 서류의 열람

② 식품의약품안전처장은 시·도지사 또는 시장·군수·구청장이 출입·검사·수거 등의 업무를 수행하면서 식품 등으로 인하여 발생하는 위생 관련 위해방지 업무를 효율적으로 하기 위하여 필요한 경우에는 관계 행정기관의 장, 다른 시·도지사 또는 시장·군수·구청장에게 행정응원을 하도록 요청할 수 있다. 이 경우 행정응원을 요청받은 관계 행정기관의 장, 시·도지사 또는 시장·군수·구청장은 특별한 사유가 없으면 이에 따라야 한다.

③ 출입·검사·수거 또는 열람하려는 공무원은 그 권한을 표시하는 증표 및 조사기간, 조사범위, 조사담당자, 관계 법령 등 대통령령으로 정하는 사항이 기재된 서류를 지니고 이를 관계인에게 내보여야 한다.

④ 행정응원의 절차, 비용 부담방법, 그 밖에 필요한 사항은 대통령령으로 정한다.

⑤ 출입·검사·수거 등은 국민의 보건위생을 위하여 필요하다고 판단되는 경우에는 수시로 실시한다(규칙 제19조 제1항).

진짜 통째로 외워온 문제

식품위생법규상 무상수거 대상 식품은?

① 도·소매업소에서 판매하는 식품 등을 시험 검사용으로 수거할 때
② 식품 등의 기준 및 규격 제정을 위한 참고용으로 수거할 때
③ 식품 등의 기준 및 규격 개정을 위한 참고용으로 수거할 때
④ 식품 등을 검사할 목적으로 수거할 때

[해설]
식품의약품안전처장은 검사에 필요한 최소량의 식품 등을 무상으로 수거하게 할 수 있다(식품위생법 제22조 제1항).

정답 ④

다음 괄호 안에 알맞은 내용을 쓰시오.

① 식품위생법상 국민의 보건위생을 위하여 필요하다고 판단되는 경우 영업소의 출입·검사·수거 등은 (　) 실시한다.

② 출입·검사·수거 등을 하고자 하는 공무원은 그 (　)을 표시하는 증표를 지녀야 하며 관계인에게 이를 내보여야 한다.

| 정답 |
① 필요할 때마다 수시로
② 권한

확인! OX

식품위생법상 출입·검사·수거 등에 대한 설명이다. 옳으면 "O", 틀리면 "X"로 표시하시오.

1. 행정응원의 절차, 비용 부담방법, 그 밖에 필요한 사항은 검사를 실시하는 담당 공무원이 임의로 정한다.(　)

2. 식품의약품안전처장은 검사에 필요한 최소량의 식품 등을 무상으로 수거하게 할 수 있다.　(　)

정답 1. X 2. O

| 해설 |
1. 행정응원의 절차, 비용 부담방법 등은 대통령령으로 정한다.

다음 괄호 안에 알맞은 내용을 쓰시오.

① 식품 등을 제조·가공하는 영업자가 식품 등이 기준과 규격에 맞는지 자체적으로 검사하는 것을 일컫는 식품위생법상 용어는 (　)이다.
② 식품위생법상 자가품질에 관한 기록서는 (　)간 보관하여야 한다.

| 정답 |
① 자가품질검사
② 2년

(2) 자가품질검사 의무(법 제31조)

① 식품 등을 제조·가공하는 영업자는 총리령으로 정하는 바에 따라 제조·가공하는 식품 등이 규정에 따른 기준과 규격에 맞는지를 검사하여야 한다.

② 식품 등을 제조·가공하는 영업자는 검사를 자가품질 위탁시험·검사기관에 위탁하여 실시할 수 있다.

③ 검사를 직접 행하는 영업자는 검사 결과 해당 식품 등이 국민 건강에 위해가 발생하거나 발생할 우려가 있는 경우에는 지체없이 식품의약품안전처장에게 보고하여야 한다.

④ 자가품질검사에 관한 기록서는 2년간 보관하여야 한다(규칙 제31조).

(3) 식품위생감시원(법 제32조)

① 식품위생에 관한 지도 등을 하기 위하여 식품의약품안전처, 특별시·광역시·특별자치시·도·특별자치도 또는 시·군·구에 식품위생감시원을 둔다.

② 식품위생감시원의 자격(영 제16조)

　㉠ 위생사, 식품제조기사(식품기술사·식품기사·식품산업기사·수산제조기술사·수산제조기사 및 수산제조산업기사) 또는 영양사

　㉡ 대학 또는 전문대학에서 의학·한의학·약학·한약학·수의학·축산학·축산가공학·수산제조학·농산제조학·농화학·화학·화학공학·식품가공학·식품화학·식품제조학·식품공학·식품과학·식품영양학·위생학·발효공학·미생물학·조리학·생물학 분야의 학과 또는 학부를 졸업한 사람 또는 이와 같은 수준 이상의 자격이 있는 사람

　㉢ 외국에서 위생사 또는 식품제조기사의 면허를 받거나 ㉡과 같은 과정을 졸업한 것으로 식품의약품안전처장이 인정하는 사람

　㉣ 1년 이상 식품위생행정에 관한 사무에 종사한 경험이 있는 사람

　㉤ 식품의약품안전처장(지방식품의약품안전청장을 포함), 시·도지사 또는 시장·군수·구청장은 식품위생감시원의 인력 확보가 곤란하다고 인정될 경우에는 식품위생행정에 종사하는 사람 중 소정의 교육을 2주 이상 받은 사람에 대하여 그 식품위생행정에 종사하는 기간 동안 식품위생감시원의 자격을 인정할 수 있다.

③ 식품위생감시원의 직무(영 제17조)

　㉠ 식품 등의 위생적인 취급에 관한 기준의 이행 지도

　㉡ 수입·판매 또는 사용 등이 금지된 식품 등의 취급 여부에 관한 단속

　㉢ 표시 또는 광고기준의 위반 여부에 관한 단속

　㉣ 출입·검사 및 검사에 필요한 식품 등의 수거

　㉤ 시설기준의 적합 여부의 확인·검사

　㉥ 영업자 및 종업원의 건강진단 및 위생교육의 이행 여부의 확인·지도

　㉦ 조리사 및 영양사의 법령 준수사항 이행 여부의 확인·지도

　㉧ 행정처분의 이행 여부 확인

　㉨ 식품 등의 압류·폐기 등

ⓩ 영업소의 폐쇄를 위한 간판 제거 등의 조치

ⓚ 그 밖에 영업자의 법령 이행 여부에 관한 확인·지도

진짜 통째로 외워온 문제

식품위생법상 총리령으로 정하는 식품위생검사기관이 아닌 것은?

① 식품의약품안전평가원
② 지방식품의약품안전청
③ 보건환경연구원
④ 지역 보건소

해설
위생검사 등 요청기관(식품위생법 시행규칙 제9조의2)
총리령으로 정하는 식품위생검사기관이란 식품의약품안전평가원, 지방식품의약품안전청, 보건환경연구원을 말한다.

정답 ④

4. 영업

중요도 ★★★

(1) 시설기준(법 제36조)

① 다음 영업을 하려는 자는 총리령으로 정하는 시설기준에 맞는 시설을 갖추어야 한다.

ㄱ 식품 또는 식품첨가물의 제조업, 가공업, 운반업, 판매업 및 보존업

ㄴ 기구 또는 용기·포장의 제조업

ㄷ 식품접객업

ㄹ 공유주방 운영업

② 업종별 시설기준

ㄱ 휴게음식점 또는 제과점(규칙 [별표 14]) : 객실(투명한 칸막이 또는 투명한 차단벽을 설치하여 내부가 전체적으로 보이는 경우는 제외)을 둘 수 없으며, 객석을 설치하는 경우 객석에는 높이 1.5m 미만의 칸막이(이동식 또는 고정식)를 설치할수 있다. 이 경우 2면 이상을 완전히 차단하지 아니하여야 하고, 다른 객석에서 내부가 서로 보이도록 하여야 한다.

ㄴ 일반음식점의 모범업소 지정기준(규칙 [별표 19]) : 1회용 컵, 1회용 숟가락, 1회용 젓가락 등을 사용하지 않아야 한다.

+ 괄호문제

다음 괄호 안에 알맞은 내용을 쓰시오.

① ( )은 식품 또는 식품첨가물의 완제품을 나누어 유통할 목적으로 재포장·판매하는 영업이다.

② 일반음식점의 모범업소는 ( ) 물컵·숟가락·젓가락 등을 사용하지 아니하여야 한다.

| 정답 |
① 식품소분업
② 1회용

확인! OX

식품위생법상 식품위생감시원의 직무에 대한 설명이다. 옳으면 "O", 틀리면 "X"로 표시하시오.

1. 식품위생감시원은 식품 제조방법에 대한 기준을 설정한다. ( )

2. 식품위생감시원은 영업소의 폐쇄를 위한 간판 제거 등의 조치를 한다. ( )

정답 1. X 2. O

| 해설 |
1. 식품위생감시원의 직무에 해당하지 않는다.

다음 괄호 안에 알맞은 내용을 쓰시오.

① 식품조사처리업은 (   )의 허가를 받아야 하는 업종이다.
② 단란주점영업과 (   )은 시장·군수·구청장의 허가를 받아야 하는 업종이다.

| 정답 |
① 식품의약품안전처장
② 유흥주점영업

(2) 영업의 종류(영 제21조)

① 식품소분·판매업

구분	세부 내용
식품소분업	식품 또는 식품첨가물의 완제품을 나누어 유통할 목적으로 재포장·판매하는 영업
식품판매업	• 식용얼음판매업 : 식용얼음을 전문적으로 판매하는 영업 • 식품자동판매기영업 : 식품을 자동판매기에 넣어 그대로 판매하거나 내부에서의 자동적인 혼합·처리과정을 거친 식품을 판매하는 영업. 다만, 소비기한이 1개월 이상인 완제품만을 자동판매기에 넣어 판매하는 경우는 제외한다. • 유통전문판매업 : 식품 또는 식품첨가물을 스스로 제조·가공하지 아니하고 식품 제조·가공업자 또는 식품첨가물 제조업자에게 의뢰하여 제조·가공한 식품 또는 식품첨가물을 자신의 상표로 유통·판매하는 영업 • 집단급식소 식품판매업 : 집단급식소에 식품을 판매하는 영업 • 기타 식품판매업 : 식용얼음판매업, 식품자동판매기영업, 유통전문판매업을 제외한 영업으로서 총리령으로 정하는 일정 규모 이상의 백화점, 슈퍼마켓, 연쇄점 등에서 식품을 판매하는 영업

② 식품접객업

구분	세부 내용
휴게음식점영업	주로 다류, 아이스크림류 등을 조리·판매하거나 패스트푸드점, 분식점 형태의 영업 등 음식류를 조리·판매하는 영업으로서 음주행위가 허용되지 아니하는 영업
일반음식점영업	음식류를 조리·판매하는 영업으로서 식사와 함께 부수적으로 음주행위가 허용되는 영업
단란주점영업	주로 주류를 조리·판매하는 영업으로서 손님이 노래를 부르는 행위가 허용되는 영업
유흥주점영업	주로 주류를 조리·판매하는 영업으로서 유흥종사자를 두거나 유흥시설을 설치할 수 있고 손님이 노래를 부르거나 춤을 추는 행위가 허용되는 영업
위탁급식영업	집단급식소를 설치·운영하는 자와의 계약에 따라 그 집단급식소에서 음식류를 조리하여 제공하는 영업
제과점영업	주로 빵, 떡, 과자 등을 제조·판매하는 영업으로서 음주행위가 허용되지 아니하는 영업

③ 허가를 받아야 하는 영업 및 허가관청(영 제23조)

㉠ 식품조사처리업 : 식품의약품안전처장

㉡ 단란주점영업과 유흥주점영업 : 특별자치시장·특별자치도지사 또는 시장·군수·구청장

확인! OX

식품위생법상 영업허가와 영업신고 업종에 대한 설명이다. 옳으면 "O", 틀리면 "X"로 표시하시오.

1. 유흥주점영업은 영업허가를 받아야 하는 업종이다.
　　　　　　　　　　　 (   )
2. 양곡가공업 중 도정업은 영업신고를 하여야 하는 업종이다.　　　　　 (   )

정답 1. O 2. X

| 해설 |
2. 「양곡관리법」에 따른 양곡가공업 중 도정업을 하는 경우에는 신고하지 아니한다.

진짜 통째로 외워온 문제

식품조사처리업을 하는 자가 영업을 변경하려고 할 때 허가를 받아야 하는 것은?

① 영업소 소재지
② 영업자 이름
③ 영업소 상호
④ 영업소 전화번호

해설
허가를 받아야 하는 변경사항(식품위생법 시행령 제24조)
영업을 변경할 때 허가를 받아야 하는 사항은 영업소 소재지로 한다.

정답 ①

④ 영업신고를 하여야 하는 업종(영 제25조 제1항)

특별자치시장·특별자치도지사 또는 시장·군수·구청장에게 신고를 하여야 하는 영업은 다음과 같다.

㉠ 즉석판매제조·가공업

㉡ 식품운반업

㉢ 식품소분·판매업

㉣ 식품냉동·냉장업

㉤ 용기·포장류제조업

㉥ 휴게음식점영업, 일반음식점영업, 위탁급식영업, 제과점영업

영업의 허가 및 신고를 받아야 하는 관청이 다른 것은?

① 식품운반업　　　　　　② 식품조사처리업

③ 단란주점업　　　　　　④ 유흥주점업

해설

허가를 받아야 하는 영업 및 허가관청(식품위생법 시행령 제23조)

• 식품조사처리업 : 식품의약품안전처장

• 단란주점영업과 유흥주점영업 : 특별자치시장·특별자치도지사 또는 시장·군수·구청장

① 식품운반업은 특별자치시장·특별자치도시자 또는 시장·군수·구청장에게 영업신고를 하여야 하는 영업이다(식품위생법 시행령 제25조 제1항).

 정답 ②

(3) 영업 승계(법 제39조)

영업자가 영업을 양도하거나 사망한 경우 또는 법인이 합병한 경우에는 그 양수인·상속인 또는 합병 후 존속하는 법인이나 합병에 따라 설립되는 법인은 그 영업자의 지위를 승계한다.

(4) 건강진단(법 제40조)

① 영업자 및 그 종업원은 건강진단을 받아야 한다.

② 건강진단을 받은 결과 타인에게 위해를 끼칠 우려가 있는 질병이 있다고 인정된 자는 그 영업에 종사하지 못한다.

③ 매 1년마다 1회 이상 건강진단을 받아야 한다(식품위생 분야 종사자의 건강진단 규칙 제2조).

④ 다음 질병에 걸린 사람은 영업에 종사하지 못한다(규칙 제50조).

㉠ 결핵(비감염성인 경우는 제외)

㉡ 콜레라, 장티푸스, 파라티푸스, 세균성 이질, 장출혈성대장균감염증, A형간염

㉢ 피부병 또는 그 밖의 고름형성(화농성) 질환

㉣ 후천성면역결핍증

다음 괄호 안에 알맞은 내용을 쓰시오.

① 식품운반업을 신규로 하고자 하는 경우 위생교육을 ( )시간 받아야 한다.
② 식품접객업을 신규로 하고자 하는 경우 위생교육을 ( )시간 받아야 한다.

| 정답 |
① 4
② 6

(5) 식품위생교육(법 제41조)

① 대통령령으로 정하는 영업자 및 유흥종사자를 둘 수 있는 식품접객업 영업자의 종업원은 매년 식품위생에 관한 교육을 받아야 한다.

② 영업을 하려는 자는 미리 식품위생교육을 받아야 한다.

③ 교육을 받아야 하는 자가 영업에 직접 종사하지 아니하거나 두 곳 이상의 장소에서 영업을 하는 경우에는 종업원 중에서 식품위생에 관한 책임자를 지정하여 영업자 대신 교육을 받게 할 수 있다.

④ 조리사, 영양사, 위생사 면허를 받은 자가 식품접객업을 하려는 경우에는 식품위생교육을 받지 아니하여도 된다.

⑤ 식품위생 교육시간(규칙 제52조 제2항)
　㉠ 8시간 : 식품제조·가공업, 식품첨가물제조업 및 공유주방 운영업을 하려는 자
　㉡ 6시간 : 즉석판매제조·가공업 및 식품접객업을 하려는 자, 집단급식소를 설치·운영하려는 자
　㉢ 4시간 : 식품운반업, 식품소분·판매업, 식품보존업, 용기·포장류제조업을 하려는 자

(6) 영업자 등의 준수사항(법 제44조 제1항)

① 검사를 받지 아니한 축산물 또는 실험 등의 용도로 사용한 동물은 운반·보관·진열·판매하거나 식품의 제조·가공에 사용하지 말 것

② 법을 위반하여 포획·채취한 야생생물은 식품의 제조·가공에 사용하거나 판매하지 말 것

③ 소비기한이 경과된 제품·식품 또는 그 원재료를 제조·가공·조리·판매의 목적으로 소분·운반·진열·보관하거나 이를 판매 또는 식품의 제조·가공·조리에 사용하지 말 것

④ 수돗물이 아닌 지하수 등을 먹는 물 또는 식품의 조리·세척 등에 사용하는 경우에는 「먹는물관리법」에 따른 먹는물 수질검사기관에서 총리령으로 정하는 바에 따라 검사를 받아 마시기에 적합하다고 인정된 물을 사용할 것. 다만, 둘 이상의 업소가 같은 건물에서 같은 수원을 사용하는 경우에는 하나의 업소에 대한 시험결과로 나머지 업소에 대한 검사를 갈음할 수 있다.

⑤ 위해평가가 완료되기 전까지 일시적으로 금지된 식품 등을 제조·가공·판매·수입·사용 및 운반하지 말 것

⑥ 식중독 발생 시 보관 또는 사용 중인 식품은 역학조사가 완료될 때까지 폐기하거나 소독 등으로 현장을 훼손하여서는 아니 되고 원상태로 보존하여야 하며, 식중독 원인 규명을 위한 행위를 방해하지 말 것

⑦ 손님을 꾀어서 끌어들이는 행위를 하지 말 것

⑧ 그 밖에 영업의 원료관리, 제조공정 및 위생관리와 질서유지, 국민의 보건위생 증진 등을 위하여 총리령으로 정하는 사항

확인! OX

식품위생법상 위해식품 등의 회수에 대한 설명이다. 옳으면 "O", 틀리면 "X"로 표시하시오.

1. 영업자가 식품 등의 위해와 관련이 있는 규정을 위반하여 유통 중인 해당 식품 등을 회수하고자 할 때는 보건소장에게 보고해야 한다.
　　　　　　　　(　)

2. 조리사 면허를 받은 자가 식품접객업을 하려는 경우 식품위생교육을 받지 아니하여도 된다.
　　　　　　　　(　)

정답 1. X 2. O

| 해설 |
1. 식품의약품안전처장, 시·도지사 또는 시장·군수·구청장에게 미리 보고하여야 한다.

(7) 위해식품 등의 회수(법 제45조 제1항)

① 판매의 목적으로 식품 등을 제조·가공·소분·수입 또는 판매한 영업자는 해당 식품 등이 위해와 관련 있는 규정을 위반한 사실을 알게 된 경우에는 지체 없이 유통 중인 해당 식품 등을 회수하거나 회수하는 데 필요한 조치를 하여야 한다.

② 이 경우 영업자는 회수계획을 식품의약품안전처장, 시·도지사 또는 시장·군수·구청장에게 미리 보고하여야 하며, 회수결과를 보고받은 시·도지사 또는 시장·군수·구청장은 이를 지체 없이 식품의약품안전처장에게 보고하여야 한다.

(8) 모범업소의 지정 등(제47조)

① 특별자치시장·특별자치도지사·시장·군수·구청장은 총리령으로 정하는 위생등급 기준에 따라 위생관리 상태 등이 우수한 식품접객업소(공유주방에서 조리·판매하는 업소를 포함) 또는 집단급식소를 모범업소로 지정할 수 있다.

② 시·도지사 또는 시장·군수·구청장은 ①에 따라 지정한 모범업소에 대하여 관계 공무원으로 하여금 총리령으로 정하는 일정 기간 동안 출입·검사·수거 등을 하지 아니하게 할 수 있으며, 영업자의 위생관리시설 및 위생설비시설 개선을 위한 융자 사업과 음식문화 개선과 좋은 식단 실천을 위한 사업에 대하여 우선 지원 등을 할 수 있다.

③ 특별자치시장·특별자치도지사·시장·군수·구청장은 모범업소로 지정된 업소가 그 지정기준에 미치지 못하거나 영업정지 이상의 행정처분을 받게 되면 지체 없이 그 지정을 취소하여야 한다.

④ ① 및 ③에 따른 모범업소의 지정 및 그 취소에 관한 사항은 총리령으로 정한다.

5. 조리사와 영양사   `중요도 ★★★`

(1) 조리사(법 제51조)

① 집단급식소 운영자와 대통령령으로 정하는 식품접객업자는 조리사를 두어야 한다. 다만, 다음의 어느 하나에 해당하는 경우에는 조리사를 두지 아니하여도 된다.

  ㉠ 집단급식소 운영자 또는 식품접객영업자 자신이 조리사로서 직접 음식물을 조리하는 경우

  ㉡ 1회 급식인원 100명 미만의 산업체인 경우

  ㉢ 영양사가 조리사의 면허를 받은 경우. 다만, 총리령으로 정하는 규모 이하의 집단급식소에 한정한다.

② 조리사의 직무

  ㉠ 집단급식소에서의 식단에 따른 조리업무[식재료의 전(前)처리에서부터 조리, 배식 등의 전 과정을 말함]

  ㉡ 구매식품의 검수 지원

  ㉢ 급식설비 및 기구의 위생·안전 실무

  ㉣ 그 밖에 조리 실무에 관한 사항

+ 괄호문제

다음 괄호 안에 알맞은 내용을 쓰시오.

① 총리령으로 정하는 위생등급 기준에 따라 위생관리 상태 등이 우수한 식품접객업소를 (   )로 지정할 수 있다.

② (   )·특별자치도지사·시장·군수·구청장은 총리령으로 정하는 위생등급 기준에 따라 위생관리 상태 등이 우수한 집단급식소를 모범업소로 지정할 수 있다.

| 정답 |
① 모범업소
② 특별자치시장

확인! OX

식품위생법상 집단급식소의 조리사 직무에 대한 설명이다. 옳으면 "O", 틀리면 "X"로 표시하시오.

1. 집단급식소 조리사의 직무는 구매식품의 검수 및 관리이다.   (   )

2. 집단급식소 조리사의 직무는 급식설비 및 기구의 위생·안전 실무이다.   (   )

정답 1. X 2. O

| 해설 |
1. 구매식품의 검수 및 관리는 영양사의 직무이다.

+ 괄호문제

다음 괄호 안에 알맞은 내용을 쓰시오.

① 조리사 면허 취소처분을 받고 ( )이 지나지 아니한 자는 조리사 면허를 발급받을 수 없다.

② 1회 급식인원 ( ) 미만의 산업체인 경우 영양사를 두지 아니하여도 된다.

| 정답 |

① 1년

② 100명

(2) 영양사(법 제52조)

① 집단급식소 운영자는 영양사를 두어야 한다. 다만, 다음의 어느 하나에 해당하는 경우에는 영양사를 두지 아니하여도 된다.

    ㉠ 집단급식소 운영자 자신이 영양사로서 직접 영양 지도를 하는 경우

    ㉡ 1회 급식인원 100명 미만의 산업체인 경우

    ㉢ 조리사가 영양사의 면허를 받은 경우. 다만, 총리령으로 정하는 규모 이하의 집단급식소에 한정한다.

② 영양사의 직무

    ㉠ 집단급식소에서의 식단 작성, 검식 및 배식관리

    ㉡ 구매식품의 검수 및 관리

    ㉢ 급식시설의 위생적 관리

    ㉣ 집단급식소의 운영일지 작성

    ㉤ 종업원에 대한 영양 지도 및 식품위생교육

(3) 조리사 면허의 결격사유(법 제54조)

① 「정신건강증진 및 정신질환자 복지서비스 지원에 관한 법률」에 따른 정신질환자. 다만, 전문의가 조리사로서 적합하다고 인정하는 자는 그러하지 아니하다.

② 「감염병의 예방 및 관리에 관한 법률」에 따른 감염병환자. 다만, B형간염환자는 제외한다.

③ 「마약류관리에 관한 법률」에 따른 마약이나 그 밖의 약물 중독자

④ 조리사 면허의 취소처분을 받고 그 취소된 날부터 1년이 지나지 아니한 자

진짜 통째로 외워온 문제

조리사 자격을 얻을 수 있는 자는?(단, 근거 법령 내용은 제외한다)

① 정신질환자

② 마약중독자

③ 감염병환자

④ 파산선고자

[해설]

결격사유(식품위생법 제54조)

정신질환자, 감염병환자, 약물 중독자, 조리사 면허의 취소처분을 받고 그 취소된 날부터 1년이 지나지 아니한 자는 조리사 면허를 받을 수 없다.

 정답 ④

확인! OX

식품위생법상 영양사에 대한 설명이다. 옳으면 "O", 틀리면 "X"로 표시하시오.

1. 집단급식소 운영자가 영양사로서 직접 영양 지도를 하는 경우 영양사를 두지 아니하여도 된다. ( )

2. 전문의가 조리사로서 적합하다고 인정하는 정신질환자는 조리사 면허를 받을 수 있다. ( )

정답 1. O 2. O

(4) 교육(법 제56조)

① 식품의약품안전처장은 식품위생 수준 및 자질의 향상을 위하여 필요한 경우 조리사와 영양사에게 교육(조리사의 경우 보수교육을 포함)을 받을 것을 명할 수 있다.

② 집단급식소에 종사하는 조리사와 영양사는 1년마다 교육을 받아야 한다.

③ 교육의 위탁(영 제38조 제2항) : 교육업무를 위탁받은 전문기관 또는 단체는 조리사 및 영양사에 대한 교육을 실시하고, 교육이수자 및 교육시간 등 교육실시 결과를 식품의약품안전처장에게 보고하여야 한다.

+ 괄호문제

다음 괄호 안에 알맞은 내용을 쓰시오.

① (   )은 식품위생 수준 및 자질의 향상을 위하여 필요한 경우 조리사와 영양사에게 교육을 받을 것을 명할 수 있다.
② 집단급식소에 종사하는 조리사와 영양사는 (   )마다 교육을 받아야 한다.

| 정답 |
① 식품의약품안전처장
② 1년

6. 시정명령과 허가취소 등 행정제재 중요도 ★★★

(1) 면허취소 등(법 제80조)

① 식품의약품안전처장 또는 특별자치시장·특별자치도지사·시장·군수·구청장은 조리사가 면허 결격사유에 해당하면 그 면허를 취소하거나 6개월 이내의 기간을 정하여 업무정지를 명할 수 있다.

㉠ 조리사 결격사유에 해당하게 되는 경우(반드시 취소)

㉡ 교육을 받지 아니한 경우

㉢ 식중독이나 그 밖에 위생과 관련한 중대한 사고 발생에 직무상의 책임이 있는 경우

㉣ 면허를 타인에게 대여하여 사용하게 한 경우

㉤ 업무정지기간 중에 조리사의 업무를 하는 경우(반드시 취소)

② 조리사 면허증의 반납(규칙 제82조) : 조리사가 그 면허의 취소처분을 받은 경우에는 지체 없이 면허증을 특별자치시장·특별자치도지사·시장·군수·구청장에게 반납하여야 한다.

③ 조리사에 대한 행정처분(규칙 [별표 23])

위반사항	행정처분기준		
	1차 위반	2차 위반	3차 위반
조리사 면허의 결격사유의 어느 하나에 해당하게 된 경우	면허취소		
식품위생법 제56조에 따른 교육을 받지 아니한 경우	시정명령	업무정지 15일	업무정지 1개월
식중독이나 그 밖에 위생과 관련한 중대한 사고 발생에 직무상의 책임이 있는 경우	업무정지 1개월	업무정지 2개월	면허취소
면허를 타인에게 대여하여 사용하게 한 경우	업무정지 2개월	업무정지 3개월	면허취소
업무정지기간 중에 조리사의 업무를 한 경우	면허취소		

확인! OX

집단급식소에 근무하는 영양사의 직무에 대한 설명이다. 옳으면 "O", 틀리면 "X"로 표시하시오.

1. 식품위생법상 집단급식소에 근무하는 영양사의 직무는 조리사의 보수교육이다.
(   )
2. 식품위생법상 집단급식소에 근무하는 영양사의 직무는 급식시설의 위생적 관리이다.
(   )

정답 1. X 2. O

| 해설 |
1. 식품의약품안전처장은 필요한 경우 조리사와 영양사에게 교육(조리사의 경우 보수교육을 포함)을 받을 것을 명할 수 있다.

다음 괄호 안에 알맞은 내용을 쓰시오.

① 식품위생법령상 집단급식소는 상시 1회 ( ) 이상에게 식사를 제공하는 급식소이다.
② 식품위생법상 식중독 환자를 진단한 의사는 ( )에게 이 사실을 제일 먼저 보고하여야 한다.

| 정답 |
① 50명
② 관할 특별자치시장·시장·군수·구청장

식품위생법상 조리사의 면허취소 사유에 해당하는 것은?
① 손님에게 불친절할 때
② 자주 흡연을 한 때
③ 업무정지기간 중에 조리사의 업무를 하는 경우
④ 불균형 식단을 제공한 때

해설
③ 업무정지기간 중에 조리사의 업무를 하는 경우 면허취소 사유에 해당한다(식품위생법 제80조 제1항).

정답 ③

7. 보칙

(1) 식중독에 관한 조사 보고(법 제86조)

① 다음에 해당하는 자는 지체없이 관할 특별자치시장·시장·군수·구청장에게 보고하여야 한다. 이 경우 의사나 한의사는 대통령령으로 정하는 바에 따라 식중독 환자나 식중독이 의심되는 자의 혈액 또는 배설물을 보관하는 데에 필요한 조치를 하여야 한다.
   ㉠ 식중독 환자나 식중독이 의심되는 자를 진단하였거나 그 사체를 검안한 의사 또는 한의사
   ㉡ 집단급식소에서 제공한 식품 등으로 인하여 식중독 환자나 식중독으로 의심되는 증세를 보이는 자를 발견한 집단급식소의 설치·운영자
② 특별자치시장·시장·군수·구청장은 보고를 받은 때에는 지체 없이 그 사실을 식품의약품안전처장 및 시·도지사에게 보고하고, 대통령령으로 정하는 바에 따라 원인을 조사하여 그 결과를 보고하여야 한다.
③ 식품의약품안전처장은 보고의 내용이 국민 건강상 중대하다고 인정하는 경우에는 해당 시·도지사 또는 시장·군수·구청장과 합동으로 원인을 조사할 수 있다.
④ 식품의약품안전처장은 식중독 발생의 원인을 규명하기 위하여 식중독 의심환자가 발생한 원인시설 등에 대한 조사절차와 시험·검사 등에 필요한 사항을 정할 수 있다.

(2) 집단급식소(법 제88조)

① 집단급식소를 설치·운영하려는 자는 총리령으로 정하는 바에 따라 특별자치시장·특별자치도지사·시장·군수·구청장에게 신고하여야 한다.
   ※ 집단급식소의 범위(영 제2조) : 집단급식소는 1회 50명 이상에게 식사를 제공하는 급식소를 말한다.

식품위생법령상 집단급식소에 대한 설명이다. 옳으면 "O", 틀리면 "X"로 표시하시오.
1. 병원, 사회복지시설의 급식시설은 제외한다. ( )
2. 특정 다수인에게 계속적으로 식사를 제공하는 것이다. ( )

정답 1. X 2. O

| 해설 |
1. 집단급식소에는 기숙사, 학교, 유치원, 어린이집, 병원, 사회복지시설, 산업체, 국가·지방자치단체 및 공공기관, 그 밖의 후생기관 등이 해당된다.

② 집단급식소를 설치·운영하는 자는 집단급식소 시설의 유지·관리 등 급식을 위생적으로 관리하기 위하여 다음의 사항을 지켜야 한다.
　ㄱ 식중독 환자가 발생하지 아니하도록 위생관리를 철저히 할 것
　ㄴ 조리·제공한 식품의 매회 1인분 분량을 총리령으로 정하는 바에 따라 144시간 이상 보관할 것
　ㄷ 영양사를 두고 있는 경우 그 업무를 방해하지 아니할 것
　ㄹ 영양사를 두고 있는 경우 영양사가 집단급식소의 위생관리를 위하여 요청하는 사항에 대하여는 정당한 사유가 없으면 따를 것
　ㅁ 검사를 받지 아니한 축산물 또는 실험 등의 용도로 사용한 동물을 음식물의 조리에 사용하지 말 것
　ㅂ 법을 위반하여 포획·채취한 야생생물을 음식물의 조리에 사용하지 말 것
　ㅅ 소비기한이 경과한 원재료 또는 완제품을 조리할 목적으로 보관하거나 이를 음식물의 조리에 사용하지 말 것
　ㅇ 수돗물이 아닌 지하수 등을 먹는 물 또는 식품의 조리·세척 등에 사용하는 경우에는 먹는물 수질검사기관에서 총리령으로 정하는 바에 따라 검사를 받아 마시기에 적합하다고 인정된 물을 사용할 것. 다만, 둘 이상의 업소가 같은 건물에서 같은 수원을 사용하는 경우에는 하나의 업소에 대한 시험결과로 나머지 업소에 대한 검사를 갈음할 수 있다.
　ㅈ 위해평가가 완료되기 전까지 일시적으로 금지된 식품 등을 사용·조리하지 말 것
　ㅊ 식중독 발생 시 보관 또는 사용 중인 식품은 역학조사가 완료될 때까지 폐기하거나 소독 등으로 현장을 훼손하여서는 아니 되고 원상태로 보존하여야 하며, 식중독 원인 규명을 위한 행위를 방해하지 말 것
　ㅋ 그 밖에 식품 등의 위생적 관리를 위하여 필요하다고 총리령으로 정하는 사항을 지킬 것
③ 집단급식소의 설치·운영자의 준수사항(규칙 [별표 24]) : 수돗물이 아닌 지하수 등을 먹는 물 또는 식품의 조리·세척 등에 사용하는 경우에는 「먹는물관리법」에 따른 먹는물 수질검사기관에서 다음의 구분에 따른 검사를 받아야 한다.
　ㄱ 일부 검사항목 : 1년마다(모든 항목 검사를 하는 연도의 경우를 제외) 「먹는물 수질기준 및 검사 등에 관한 규칙」에 따른 마을상수도의 검사기준에 따른 검사(잔류 염소에 관한 검사를 제외). 다만, 시·도지사가 오염의 우려가 있다고 판단하여 지정한 지역에서는 같은 규칙에 따른 먹는물의 수질기준에 따른 검사를 해야 한다.
　ㄴ 모든 항목검사 : 2년마다 「먹는물 수질기준 및 검사 등에 관한 규칙」에 따른 먹는물의 수질기준에 따른 검사

1. 목적 및 정의

(1) 목적(법 제1조)

농산물 · 수산물과 그 가공품 등에 대하여 적정하고 합리적인 원산지 표시와 유통이력 관리를 하도록 함으로써 공정한 거래를 유도하고 소비자의 알 권리를 보장하여 생산자와 소비자를 보호하는 것을 목적으로 한다.

(2) 정의(법 제2조)

① 농산물 : 농업 활동으로 생산되는 산물로서 대통령령으로 정하는 농산물
② 수산물 : 어업 활동 및 양식업 활동으로부터 생산되는 산물
③ 농수산물 : 농산물과 수산물
④ 원산지 : 농산물이나 수산물이 생산 · 채취 · 포획된 국가 · 지역이나 해역
⑤ 유통이력 : 수입 농산물 및 농산물 가공품에 대한 수입 이후부터 소비자 판매 이전까지의 유통단계별 거래명세를 말하며, 그 구체적인 범위는 농림축산식품부령으로 정함

2. 원산지 표시대상별 표시방법(규칙 [별표 4])

(1) 축산물의 원산지 표시방법

축산물의 원산지는 국내산(국산)과 외국산으로 구분하고, 다음의 구분에 따라 표시한다.

① 쇠고기
  ㉠ 국내산(국산)의 경우 "국산"이나 "국내산"으로 표시하고, 식육의 종류를 한우, 젖소, 육우로 구분하여 표시한다. 다만, 수입한 소를 국내에서 6개월 이상 사육한 후 국내산(국산)으로 유통하는 경우에는 "국산"이나 "국내산"으로 표시하되, 괄호 안에 식육의 종류 및 출생국가명을 함께 표시한다.
    예 소갈비(쇠고기: 국내산 한우), 등심(쇠고기: 국내산 육우), 소갈비(쇠고기: 국내산 육우(출생국: 호주))
  ㉡ 외국산의 경우에는 해당 국가명을 표시한다.
    예 소갈비(쇠고기: 미국산)

② 돼지고기, 닭고기, 오리고기 및 양고기(염소 등 산양 포함)
  ㉠ 국내산(국산)의 경우 "국산"이나 "국내산"으로 표시한다. 다만, 수입한 돼지 또는 양을 국내에서 2개월 이상 사육한 후 국내산(국산)으로 유통하거나, 수입한 닭 또는 오리를 국내에서 1개월 이상 사육한 후 국내산(국산)으로 유통하는 경우에는 "국산"이나 "국내산"으로 표시하되, 괄호 안에 출생국가명을 함께 표시한다.
    예 삼겹살(돼지고기: 국내산), 삼계탕(닭고기: 국내산), 훈제오리(오리고기: 국내산), 삼겹살(돼지고기: 국내산(출생국: 덴마크)), 삼계탕(닭고기: 국내산(출생국: 프랑스)), 훈제오리(오리고기: 국내산(출생국: 중국))

ⓛ 외국산의 경우 해당 국가명을 표시한다.

　　예 삼겹살(돼지고기: 덴마크산), 염소탕(염소고기: 호주산), 삼계탕(닭고기: 중국산), 훈제오리(오리고기: 중국산)

(2) 쌀(찹쌀, 현미, 찐쌀을 포함) 또는 그 가공품

쌀 또는 그 가공품의 원산지는 국내산(국산)과 외국산으로 구분하고, 다음의 구분에 따라 표시한다.

① 국내산(국산)의 경우 "밥(쌀: 국내산)", "누룽지(쌀: 국내산)"로 표시한다.

② 외국산의 경우 쌀을 생산한 해당 국가명을 표시한다.

　　예 밥(쌀: 미국산), 죽(쌀: 중국산)

3. 원산지 표시 등의 위반에 대한 처분

(1) 원산지 표시 위반에 대한 처분 등(법 제9조)

① 농림축산식품부장관, 해양수산부장관, 관세청장, 시·도지사 또는 시장·군수·구청장은 제5조(원산지 표시)나 제6조(거짓 표시 등의 금지)를 위반한 자에 대하여 다음의 처분을 할 수 있다. 다만, 제5조 제3항을 위반한 자에 대한 처분은 ⓣ에 한정한다.

ⓣ 표시의 이행·변경·삭제 등 시정명령

ⓛ 위반 농수산물이나 그 가공품의 판매 등 거래행위 금지

② 농림축산식품부장관, 해양수산부장관, 관세청장, 시·도지사 또는 시장·군수·구청장은 다음의 자가 제5조를 위반하여 2년 이내에 2회 이상 원산지를 표시하지 아니하거나, 제6조를 위반함에 따라 ①에 따른 처분이 확정된 경우 처분과 관련된 사항을 공표하여야 한다. 다만, 농림축산식품부장관이나 해양수산부장관이 심의회의 심의를 거쳐 공표의 실효성이 없다고 인정하는 경우에는 처분과 관련된 사항을 공표하지 아니할 수 있다.

ⓣ 원산지의 표시를 하도록 한 농수산물이나 그 가공품을 생산·가공하여 출하하거나 판매 또는 판매할 목적으로 가공하는 자

ⓛ 음식물을 조리하여 판매·제공하는 자

③ 공표하여야 하는 사항

ⓣ 처분 내용

ⓛ 해당 영업소 명칭

ⓔ 농수산물의 명칭

ⓔ 처분을 받은 자가 입점하여 판매한 방송채널사용사업자 또는 통신판매중개업자의 명칭

ⓜ 그 밖에 처분과 관련된 사항으로서 대통령령으로 정하는 사항

제3절 식품 등의 표시·광고에 관한 법률

1. 목적 및 정의

(1) 목적(법 제1조)

식품 등에 대하여 올바른 표시·광고를 하도록 하여 소비자의 알 권리를 보장하고 건전한
거래질서를 확립함으로써 소비자 보호에 이바지함을 목적으로 한다.

(2) 용어의 정의(식품 등의 표시기준)

① 제품명 : 개개의 제품을 나타내는 고유의 명칭
② 식품유형 : 식품의 기준 및 규격의 최소 분류 단위
③ 제조연월일 : 포장을 제외한 더 이상의 제조나 가공이 필요하지 아니한 시점
④ 소비기한 : 식품 등에 표시된 보관방법을 준수할 경우 섭취하여도 안전에 이상이
없는 기한
⑤ 품질유지기한 : 식품의 특성에 맞는 적절한 보존방법이나 기준에 따라 보관할 경우
해당 식품 고유의 품질이 유지될 수 있는 기한

2. 표시의 기준 및 표시사항

(1) 표시의 기준(법 제4조)

① 식품 등에는 다음의 구분에 따른 사항을 표시하여야 한다. 다만, 총리령으로 정하는
경우에는 그 일부만을 표시할 수 있다.

구분	표시사항

식품,
식품첨가물
또는 축산물
	• 제품명, 내용량 및 원재료명
	• 영업소 명칭 및 소재지
	• 소비자 안전을 위한 주의사항
	• 제조연월일, 소비기한 또는 품질유지기한
	• 그 밖에 소비자에게 해당 식품, 식품첨가물 또는 축산물에 관한 정보를 제공하기
	위하여 필요한 사항으로서 총리령으로 정하는 사항
	  – 식품유형, 품목보고번호
	  – 성분명 및 함량
	  – 용기·포장의 재질
	  – 조사처리 표시
	  – 보관방법 또는 취급방법
	  – 식육의 종류, 부위 명칭, 등급 및 도축장명
	  – 포장일자, 생산연월일 또는 산란일

기구 또는 용기·포장	• 재질 • 영업소 명칭 및 소재지 • 소비자 안전을 위한 주의사항 • 그 밖에 소비자에게 해당 기구 또는 용기·포장에 관한 정보를 제공하기 위하여 필요한 사항으로서 총리령으로 정하는 사항

구분	표시사항
건강기능식품	• 제품명, 내용량 및 원료명 • 영업소 명칭 및 소재지 • 소비기한 및 보관방법 • 섭취량, 섭취방법 및 섭취 시 주의사항 • 건강기능식품이라는 문자 또는 건강기능식품임을 나타내는 도안 • 질병의 예방 및 치료를 위한 의약품이 아니라는 내용의 표현 • 「건강기능식품에 관한 법률」에 따른 기능성에 관한 정보 및 원료 중에 해당 기능성을 나타내는 성분 등의 함유량 • 그 밖에 소비자에게 해당 건강기능식품에 관한 정보를 제공하기 위하여 필요한 사항으로서 총리령으로 정하는 사항

② 표시의무자, 표시사항 및 글씨크기·표시장소 등 표시방법에 관하여는 총리령으로 정한다.

③ 표시가 없거나 표시방법을 위반한 식품 등은 판매하거나 판매할 목적으로 제조·가공·소분·수입·포장·보관·진열 또는 운반하거나 영업에 사용해서는 아니 된다.

(2) 영양성분의 표시방법(식품 등의 표시기준 [별지 1])

① 공통사항 : 영양성분 함량이 없는 경우에는 그 영양성분의 명칭과 함량을 표시하지 않거나, 영양성분 함량을 "없음" 또는 "–"로 표시하여야 한다.

② 영양성분별 세부 표시방법

  ⊙ 열량 : 열량의 단위는 킬로칼로리(kcal)로 표시하되, 그 값을 그대로 표시하거나 그 값에 가장 가까운 5kcal 단위로 표시하여야 한다. 이 경우 5kcal 미만은 "0"으로 표시할 수 있다.

  ⓒ 나트륨 : 나트륨의 단위는 밀리그램(mg)으로 표시하되, 그 값을 그대로 표시하거나, 120mg 이하인 경우에는 그 값에 가장 가까운 5mg 단위로, 120mg을 초과하는 경우에는 그 값에 가장 가까운 10mg 단위로 표시하여야 한다. 이 경우 5mg 미만은 "0"으로 표시할 수 있다.

진짜 통째로 외워온 문제

식품 등의 표시·광고에 관한 법률에 따른 식품의 표시사항이 아닌 것은?

① 식품유형 및 영양성분
② 상표, 로고
③ 용기·포장의 재질
④ 소비기한 또는 품질유지기한

(해설)
② 상표, 로고는 식품 등의 표시·광고에 관한 법률에 따른 표시사항이 아니다.

정답 ②

＋ 괄호문제

다음 괄호 안에 알맞은 내용을 쓰시오.

① 식품 등의 표시기준상 열량 표시에서 (　)kcal 미만을 "0"으로 표시할 수 있다.

② 식품 등의 표시기준상 나트륨 표시에서 5mg 미만은 "(　)"으로 표시할 수 있다.

| 정답 |
① 5
② 0

확인! OX

식품 등의 표시기준상 용어의 정의에 대한 설명이다. 옳으면 "O", 틀리면 "X"로 표시하시오.

1. 소비기한은 제품의 제조일로부터 소비자에게 판매가 허용되는 기한이다. (　)
2. 품질유지기한은 식품의 특성에 맞는 적절한 보존방법이나 기준에 따라 보관할 경우 해당 식품 고유의 품질이 유지될 수 있는 기한이다. (　)

정답 1. X 2. O

| 해설 |
1. 소비기한은 식품 등에 표시된 보관방법을 준수할 경우 섭취하여도 안전에 이상이 없는 기한이다.

CHAPTER 06 공중보건

10%
출제율

출제포인트
• 환경위생 및 환경오염 관리
• 역학 및 질병관리
• 산업보건관리

제1절 공중보건의 개념

1. 공중보건의 개념

`중요도 ★★☆`

(1) 공중보건의 개념

① 세계보건기구(WHO)의 건강의 정의 : 건강이란 신체적·정신적 및 사회적 안녕의 완전 상태이며 단지 질병이나 허약의 부재 상태만을 뜻하는 것이 아니다.

② 건강의 3요소 : 환경, 유전, 개인의 행동 및 습관

③ 공중보건의 목적 : 질병예방, 생명연장, 건강증진

④ 공중보건의 대상

    ㉠ 개인이 아닌 지역사회의 인간집단이며 최소단위는 지역사회이다.

    ㉡ 공중보건 사업을 하기 위한 최소단위는 지역사회로 시·군·구가 해당된다.

(2) 보건 수준의 평가지표

① 한 지역사회나 국가의 보건 수준을 나타내는 보건지표로 영아사망률, 모성사망률, 평균수명, 비례사망률(PMI) 등이 있다.

② 영아사망률 : 출생 후 1년 이내(365일 미만) 사망자 수를 해당 연도의 출생아 수로 나눈 수치를 1,000분비로 나타낸 것으로 국제적으로 국민보건 수준을 가늠하는 중요한 지표로 사용된다.

③ 영아 사망의 3대 원인 : 폐렴 및 기관지염, 장염 및 설사, 신생아 고유 질환 및 사고

2. 인구와 보건

중요도 ★☆☆

(1) 인구구성

구분	유형	세부 내용
피라미드형	인구증가형, 후진국형	출생률은 높고 사망률은 낮음
종형	인구정체형, 이상형	출생률과 사망률이 낮음(14세 이하가 65세 이상 인구의 2배 정도)
항아리형	인구감소형, 선진국형	평균수명이 높고 출생률이 낮아 인구가 감소함
별형	인구유입형, 도시형	생산층 인구의 도시 전입으로 20~50대 인구가 증가함
표주박형	인구유출형, 농촌형	생산층 인구의 거주지 이전으로 20~50대 인구가 감소함

(2) 보건행정

① 정의 : 공중보건의 목적을 달성하기 위해서 행하는 기술 행정으로, 효율적인 보건행정을 위해서 보건법 확립과 보건교육, 봉사에 주력해야 한다.

② 보건정책의 목적

　㉠ 출산 및 자녀양육을 위한 사회적 기반 조성

　㉡ 국민 건강 증진을 위한 사전적 서비스 강화

　㉢ 아동·장애인 등 취약계층 지원 강화

　㉣ 미래사회 변화에 대한 사회적 서비스 확대

③ 보건행정의 분류

　㉠ 모자보건 : 모성 및 영유아의 생명과 건강을 보호하고 건전한 자녀의 출산과 양육을 도모함으로써 국민보건 향상에 이바지함을 목적으로 한다.

　㉡ 학교보건 : 학생 및 교직원을 대상으로 학교보건사업, 학교급식, 건강교육, 학교체육 등을 다루며, 교육부에서 담당한다.

　㉢ 산업보건 : 산업체 근로자를 대상으로 노동부에서 담당한다. 작업 환경의 질적 향상과 근로자의 복지시설 관리 및 안전교육 등을 통해서 직업병을 예방하는 데 그 목적이 있다.

+ 괄호문제

다음 괄호 안에 알맞은 내용을 쓰시오.

① 공중보건 사업의 최소 단위는 (　　)이다.

② (　　)은 보건 수준을 나타내는 대표적인 지표이다.

| 정답 |

① 지역사회

② 영아사망률

확인! OX

공중보건학의 목표에 대한 설명이다. 옳으면 "O", 틀리면 "X"로 표시하시오.

1. 공중보건학의 목적은 질병예방, 생명연장, 건강증진이다.
　　　　　　　　　　(　　)

2. WHO가 정의한 건강이란 육체적, 정신적, 사회적으로 모두 완전한 상태를 말한다.
　　　　　　　　　　(　　)

정답 1. O　2. O

다음 괄호 안에 알맞은 내용을 쓰시오.

① (   )은 열작용을 갖는 특징이 있어 일명 열선이라고도 하는 복사선이다.
② (   )은 자외선 중 살균효과를 가지는 파장이다.

│ 정답 │
① 적외선
② 건강선

제2절 환경위생 및 환경오염 관리

1. 일광

중요도 ★★☆

(1) 적외선

① 자외선, 가시광선에 비해서 파장이 길다.
② 복사열을 운반하므로 열선이라고도 하며 기상의 기온을 좌우한다(온열).
③ 적외선은 태양광선 외에도 전기로, 난로 등의 발광체에서도 방사된다.
④ 파장 범위는 7,800Å 이상으로, 일반적인 감지기 등에 사용되는 근적외선의 파장 범위는 780~1,400nm이다.
⑤ 피부에 흡수되어서 피부온도를 상승시키고 혈관 확장, 홍반 등의 영향을 미친다.
⑥ 장시간 쬐면 두통, 현기증, 열경련, 열사병, 백내장의 원인이 된다.

(2) 자외선

① 일광 중 파장이 가장 짧으며, 인체에 유익하므로 건강선(Dorno-ray)이라고도 한다.
② 2,600~2,800Å에서 살균작용이 가장 강하다.
③ 피부에 적당한 자외선은 비타민 D의 형성을 촉진하여 구루병을 예방하고, 피부결핵 및 관절염 치료에 효과가 있다.
④ 신진대사 촉진, 적혈구 생성 촉진, 혈압 강하 등의 작용을 한다.
⑤ 피부에 홍반, 색소침착, 부종, 수포, 피부 박리, 피부암 등이 나타날 수 있다.
⑥ 눈에 결막염, 설안염, 백내장 등을 발생시킬 수 있다.
⑦ 자외선의 파장에 따른 작용

파장	세부 내용
2,000~3,100Å	살균작용이 있어 미생물을 3~4시간 내에 사멸시킨다.
2,800Å	비타민 D를 형성, 구루병을 예방한다.
2,900~3,200Å	• 건강선(Dorno-ray)이라고 하며, 피부의 모세혈관을 확장시켜 홍반을 일으킨다. • 표피의 기저 세포층에 존재하는 멜라닌(melanin) 색소를 증대시켜 색소침착을 가져온다. • 피부암, 일시적인 시력장애를 유발하고, 강한 자외선에 조사되면 설맹, 설안염, 각막염, 결막염을 일으킨다.
3,300Å	혈액의 재생기능을 촉진, 신진대사를 항진시킨다.
3,000~4,000Å	광화학적 반응으로 스모그(smog)를 발생시켜 대기오염을 발생시킨다.

2. 공기 및 대기오염 중요도 ★★☆

(1) 공기

① 공기의 조성 : 질소 78%, 산소 21%, 아르곤 0.94%, 이산화탄소 0.03%, 기타 네온, 헬륨, 메탄, 크립톤 등 미량 원소가 함유되어 있다.

② 공기의 성분과 특징

구분	세부 내용
산소(O_2)	• 대기 중의 약 21%이다. • 산소의 양이 10% 이하가 되면 호흡곤란, 7% 이하가 되면 질식사한다.
이산화탄소(CO_2)	• 대기 중의 약 0.03%이다. • 실내 공기오염(오탁)의 지표로 위생학적 허용기준은 0.1%(1,000ppm)이다.
일산화탄소(CO)	• 물체의 불완전 연소 시에 발생하는 무색, 무취, 무미, 무자극성 기체로 맹독성이 있다. • 주배출원은 자동차 배기가스이다.
질소(N_2)	• 대기 중의 약 78%이다. • 정상 기압에서는 인체에 해가 없지만 이상 기압 시에 영향을 받는다.
아황산가스(SO_2)	• 황이 연소할 때 발생하는 기체로, 황과 산소의 화합물이다. • 무색의 달걀 썩는 냄새가 나며, 유황화물의 연소로 인한 대기오염이 산성비의 원인이 되고 있다. • '이산화황'이라고도 하며, 석유를 정제할 때 원유에 함유되어 있는 황이 산화되어 공중에 방출된다. • 호흡곤란, 식물의 황사 및 고사 현상, 금속 부식 등에 영향을 준다.

③ 공기의 자정작용

㉠ 산화작용 : 산소(O_2), 오존(O_3), 과산화수소(H_2O_2) 등의 산화작용

㉡ 희석작용 : 공기 자체의 확산과 이동에 의한 희석작용

㉢ 세정작용 : 눈, 비에 의해 공기 중의 가스나 부유분진 제거

㉣ 살균작용 : 자외선에 의한 살균작용

㉤ 교환작용 : 식물의 탄소동화 작용에 의한 CO_2와 O_2의 교환작용

④ 군집독

㉠ 정의 : 다수인이 밀집해 있는 곳의 실내공기가 물리·화학적 조성의 변화로 불쾌감, 권태, 두통, 현기증, 식욕저하, 구토 등의 이상 현상을 일으키는 것

㉡ 원인 : 고온, 고습, 무기류 상태에서 유해가스 및 취기 등에 의해 복합적으로 발생한다.

㉢ 군집독의 예방방법으로는 환기가 가장 좋다.

+ 괄호문제

다음 괄호 안에 알맞은 내용을 쓰시오.

① ( )는 습도와 온도의 영향에 의해 인체가 느끼는 불쾌감을 지수화한 것이다.

② 4대 온열인자는 기온, ( ), 기류, 복사열이다.

| 정답 |
① 불쾌지수
② 기습

(2) 온열 조건

① 3대 감각온도(기후의 3대 요소) : 기온, 기습, 기류

② 4대 온열인자 : 기온, 기습, 기류, 복사열

구분	세부 내용
기온(온도)	• 실내 지상 지상 1.5m, 실외 지상 1.2~1.5m에서의 건구온도 • 실내의 쾌감온도 : 18±2℃ • 최고 기온은 오후 2시경, 최저 기온은 일출 30분 전이다.
기류 (공기의 흐름)	• 쾌적 기류 : 일반적으로 1m/s 전후의 기류가 있는 것이 좋으며, 무풍인 상태에서 고온·고습하면 체열 발산이 이루어지지 않아 견디기 힘든 불쾌감을 느낀다. • 불감 기류 : 주로 0.2~0.5m/s 정도의 피부로 느낄 수 없는 기류로서 신진대사, 특히 생식선 발육을 촉진시키며 한랭에 대한 저항력을 강화시킨다. • 카타온도계 : 불감 기류와 같은 미풍을 측정하도록 되어 있는 온도계
기습(습도)	• 일정 온도의 공기 중에 포함되어 있는 수증기의 상태 • 쾌적한 습도는 40~70% 정도로, 습하면 피부질환, 건조하면 호흡기 질환, 온도와 습도가 높으면 불쾌감을 느낀다.
복사열	발열체로부터 직접적으로 발산되는 열이다.

③ 온열지수

  ㉠ 기온(온도), 기습(습도), 기류의 3인자가 종합적으로 인체에 주는 온감을 나타내기 위한 지수이다.

  ㉡ 불쾌지수(DI) : 습도와 온도의 영향에 의해 인체가 느끼는 불쾌감을 지수화한 것으로, 불쾌지수 70 이상에서 불쾌감을 느끼기 시작하여 불쾌지수 80 이상이면 모든 사람이 불쾌감을 느낀다.

④ 기온역전 현상 : 상부 기온이 하부 기온보다 높아지는 현상이다. 기온역전 현상이 발생하면 대기오염 물질의 확산이 이루어지지 못하게 되므로 대기오염의 피해를 가중시키게 된다.

(3) 대기오염

① 대기오염 물질

  ㉠ 1차 오염물질

    • 입자상 물질(부유입자, aerosol) : 먼지(dust), 매연(smoke), 훈연(fume), 미스트(mist), 안개(fog), 연무(haze), 분진(particulate) 등

    • 가스상 물질 : 아황산가스(SO_2), 황화수소(H_2S), 질소산화물(NOx), 일산화탄소(CO), 이산화탄소(CO_2), 암모니아(NH_3), 플루오린화(불화)수소(HF) 등

  ㉡ 2차 오염물질(광화학 산화물)

    • 배출된 오염물질이 대기 중에서 자외선의 영향을 받아 광화학 반응 등을 일으켜 생성된 오염물질

    • 케톤, PAN(Peroxy Acetyl Nitrate), 알데하이드(aldehyde), 옥시던트(oxidant), 오존(O_3) 등

확인! OX

공기와 대기오염에 대한 설명이다. 옳으면 "O", 틀리면 "X"로 표시하시오.

1. 기온, 기습, 기류는 온열의 3요소이다. ( )

2. 상부 기온이 하부 기온보다 높을 때 기온역전 현상이 발생한다. ( )

정답 1. O 2. O

② 대기오염의 피해 및 질병

    ㉠ 피해 : 생활환경의 악화, 인체·동식물에 대한 피해, 재산 및 경제적인 손실 등

    ㉡ 질병 : 만성 기관지염, 천식성 기관지염, 폐기종, 인후두염, 호흡기계 질병 등

③ 방지 대책 : 양질의 연료 사용과 완전 연소의 지향, 집진시설의 개선, 대기오염 방지시설의 정비 및 환경오염 관련 방지법 강화 등

3. 상하수도 처리 및 수질오염 중요도 ★★☆

(1) 물의 자정작용

① 물리적 작용 : 희석, 확산, 혼합, 여과, 침전, 흡착작용

② 화학적 작용 : 중화, 응집, 산화, 환원작용

③ 생물학적 작용 : 호기성 미생물에 의한 유기물질 분해작용

(2) 수인성 감염병

① 발생 : 물은 수인성 질병의 감염원 역할을 한다. 즉, 세균이 수중에서는 증가하지 않고 감소하지만 완전히 사멸하기까지는 감염력을 가짐으로써 발생된다.

② 질환

    ㉠ 병원체 질환 : 장티푸스, 파라티푸스, 세균성 이질, 콜레라, 소아마비 등

    ㉡ 기생충 질환 : 폐디스토마, 간디스토마, 긴촌충, 회충, 편충, 구충 등

③ 수인성 감염병의 특징

    ㉠ 유행 지역과 음료수 사용 지역이 일치한다.

    ㉡ 환자가 폭발적으로 발생한다.

    ㉢ 치명률, 발병률이 낮다.

    ㉣ 2차 감염률이 낮다.

    ㉤ 모든 계층과 연령에서 발생한다.

    ㉥ 동일 음료수 사용을 금지 또는 개선함으로써 피해를 줄일 수 있다.

(3) 상·하수도

① 상수도

    ㉠ 수원 : 천수(비, 눈, 우박 등 강우), 지표수(하천, 호수), 지하수(천층수, 심층수, 복류수, 용천수)

    ㉡ 도수 : 수원의 취수시설에서 취수한 원수를 정수장까지 끌어오는 것으로, 도수로를 이용하여 도수한다.

ⓒ 정수

과정	세부 내용
침사	물 속의 흙, 모래를 밀도 차이를 이용하여 가라앉힌다.
침전	• 보통침전 : 유속을 느리게 하거나, 정지시켜 부유물을 침전시킨다. • 약품침전 : 응집제를 주입하여 침전시킨다.
여과	• 침전지, 여과지를 이용하여 세균, 부유물 등 미세입자의 여과작용이 이루어진다. • 완속사여과법과 급속사여과법이 있다.

소독	• 일반적으로 염소소독법을 사용한다.
	• 염소소독의 장단점
	  – 장점 : 강한 살균력과 잔류효과, 조작의 간편성, 경제성
	  – 단점 : 강한 냄새, 트라이할로메테인(THM ; Trihalomethane) 생성에 의한 독성
	    (잔류 염소량은 0.2ppm 유지)

ⓔ 송수, 배수, 급수 : 정수지에서 배수지로, 배수지에서 가정·학교·사업장으로 살균, 소독된 물이 송수로를 통해 이동된다.

ⓜ 상수처리 과정 : 수원 → 취수 → 도수 → 정수[침사, 침전, 여과, 소독] → 송수 → 배수 → 급수

② 완속사여과법과 급속사여과법

구분	완속사여과법	급속사여과법
여과 속도	3~5m/day	120~150m/day
예비 처리	보통침전법(중력침전)	약품침전
제거율	98~99%	95~98%
부유물질 제거	모래층 표면	–
경상비	적음	많음
건설비	많음	적음
모래층 청소	사면대치	역류세척
면적	광대한 면적 필요	좁은 면적도 가능
특징	세균제거율이 높음	탁도, 색도가 높은 물이 좋고 수면 동결이 쉬워야 함

③ 하수도

ⓖ 하수도의 종류 : 합류식, 분류식, 혼합식

ⓛ 하수처리 과정 : 예비처리 → 본처리 → 오니처리

구분		세부 내용
예비처리		• 하수 중의 부유물과 고형물을 제거하고 토사 등을 침전시킨다. • 스크린 설치, 보통침전법, 약품침전법
본처리	호기성 처리	• 호기성균의 활동에 의하여 유기물을 산화시키는 방법 • 살수여상법, 활성오니법, 회전원판법, 산화지법
	혐기성 처리	• 무산소 상태에서 유기물을 분해하는 과정이다. • 메탄발효법, 부패조, 임호프조 방식이 있다. • 하수처리 방법 중에서 처리의 부산물로 메탄가스 발생이 많다. • 분뇨, 폐수처리 등에 주로 사용되며 대표적인 시설로는 혐기성 소화조가 있다.
오니처리		• 하수처리의 마지막 과정으로 본처리 과정에서 발생한 슬러지를 탈수 및 소각하는 과정을 말한다. • 육상투기법, 해상투기법, 소각법, 퇴비화법, 소화법, 사상건조법

ⓒ 하수의 위생검사

구분	세부 내용
생물학적 산소요구량 (BOD)	• 하수 중의 유기물이 미생물에 의해 분해되는 데 필요한 용존산소의 소비량을 측정하여 하수의 오염도를 알아내는 방법 • 물속의 유기물질을 20℃에서 5일 동안 분해·산화하는 데 필요한 산소의 양 • BOD의 수치가 높은 것은 하수의 오염도가 높다는 의미이다.
화학적 산소요구량 (COD)	• 수중에 있는 각종 오염물질을 화학적으로 산화시키기 위해서 필요한 산소의 양 • 해양이나 호수에 흘러 들어온 유해물질을 함유한 공장폐수의 오염도를 알고자 할 때 이용
용존산소량 (DO)	• 물의 오심상태를 나타내는 항목의 하나로 물속에 녹아 있는 산소의 양을 말한다. • 맑은 하천은 보통 7~10ppm 정도를 포함한다.

④ 대장균 : 수질의 분변오염의 지표균으로, 대장균 검출로 다른 미생물이나 분변오염을
추측할 수 있고 검출방법이 간편하고 정확하다.

(4) 수질오염

① 수질오염원

  ㉠ 자연적 원인 : 홍수, 화산활동의 결과

  ㉡ 인위적 원인 : 생활하수, 산업폐수, 농경하수(화학 비료, 농약), 축산폐수, 광산폐
  수 등

② 피해 및 질병

  ㉠ 피해 : 자연환경 악화, 농작물 고사 및 곡물 오염, 어패류 사멸, 상수원의 오염
  및 공업용수의 오염 등

  ㉡ 질병

   • 미나마타병 : 수은 중독으로 인한 다양한 신경학적 증상과 징후를 특징으로
   하는 증후군으로, 1956년 일본의 미나마타 시에서 메틸수은이 포함된 조개·어
   류를 먹은 주민들에게 집단적으로 발생했다.

   • 이타이이타이병 : 일본에서 발생한 이타이이타이병은 카드뮴 오염에 의한 것으
   로, 뼈의 주성분인 칼슘대사에 장애를 가져와 뼈를 연화시킨다.

   • 가네미유증 : 1968년 일본에서 PCB로 오염된 가네미회사의 식용유에 의하여
   발생한 공해병으로 식용유로 음식을 만들어 먹은 사람에게 발진이 생기고 간장
   장애에 의한 탈력감, 구토, 권태감 등이 나타났다. 중독환자에게서 태어난 아이의
   피부는 검은 빛을 띠었다.

③ 부영양화 현상

  ㉠ 천수나 호수의 유기물, 영양염류의 농도가 높아진다.

  ㉡ 공장폐수, 생활하수, 농축산 폐수 등의 유기물질이 대량 유입되어 수중에 생존하는
  조류가 이상 번식하여 발생하는 수질오염을 말한다.

+ 괄호문제

다음 괄호 안에 알맞은 내용을 쓰
시오.

① (　　)는 일반적으로 유기물질
을 20℃에서 (　　)간 안정화시
키는 데 소비한 산소량을 말
한다.

② (　　)은 하수처리 방법 중에서
처리의 부산물로 메탄가스
발생이 많다.

| 정답 |
① BOD, 5일
② 혐기성 처리법

확인! OX

대장균에 대한 설명이다. 옳으면
"O", 틀리면 "X"로 표시하시오.

1. 대장균은 수질의 분변오염 지
표균이다.　　　　　　(　　)

2. 대장균 검출로 다른 미생물
이나 분변오염을 추측할 수
있다.　　　　　　　　(　　)

정답 1. O 2. O

＋괄호문제

다음 괄호 안에 알맞은 내용을 쓰
시오.

① (   )은 부영양화된 바닷물 속
에서 플랑크톤의 번식으로
인해 바닷물 표면이 붉게 변
하는 현상이다.

② (   )은 호수나 하천에서 부영
양화된 물속에 식물성 플랑
크톤이나 녹조류가 대량으
로 늘어나 녹색으로 보이는
현상이다.

| 정답 |
① 적조현상
② 녹조현상

④ 적조현상

  ㉠ 부영양화된 바닷물 속에서 플랑크톤이 번식하여 바닷물 표면이 붉게 변하는 현상을
말한다.

  ㉡ 적조는 해류와 조류의 소통이 원활하지 않고 일조량, 수온, 염분, 영양염류 등
적조생물의 대량번식에 알맞은 해양환경이 조성되어 나타난다.

  ㉢ 플랑크톤이 어패류의 아가미에 붙어 호흡을 방해하고 물속의 산소를 고갈시켜
어패류가 질식사한다.

⑤ 녹조현상

  ㉠ 호수나 하천에서 부영양화된 물속에 식물성 플랑크톤이나 녹조류가 대량으로 늘어
나 녹색으로 보이는 현상을 말한다.

  ㉡ 발생 원인

    • 질산염이나 인산염 같은 무기 영양염류가 물속에 다량 유입될 때 녹조가 발생한다.

    • 일조량이 많고 수온이 올라갈수록 광합성이 활발해져 녹조류나 규조류, 남조류가
급속도로 증가해 녹조를 유발한다.

    • 유속이 느려지면 유입된 영양염류가 빠져나가지 못하고 축적되며, 수온도 빠르게
올라 조류의 증식을 가속한다.

⑥ 방지 대책 : 하수시설 정비와 하수처리장의 확충, 하수처리 기술의 개발, 산업폐수
처리시설의 확충, 법적 규제 강화 등

⑦ 중금속 오염

  ㉠ 카드뮴이나 수은 등의 중금속 오염 가능성이 가장 큰 식품은 어패류이다.

  ㉡ 공장폐수나 생활하수가 제대로 정화되지 않고 배출되면 중금속 등이 하천에 노출되
어 수질오염을 일으키며, 특히 하천 바닥에 서식하고 있는 어패류에 중금속이
침투되고 이러한 어패류를 먹는 포식자의 체내에 중금속이 축적되어 화학물질에
의한 식중독 증상을 일으킬 수 있다.

확인! OX

수질오염에 대한 설명이다. 옳으
면 "O", 틀리면 "X"로 표시하시오.

1. 인산염은 녹조를 일으키는
부영양화 현상과 가장 밀접
한 관계가 있다.　(　)
2. 통조림은 카드뮴이나 수은
등의 중금속 오염 가능성이
가장 큰 식품이다.　(　)

정답 1. O 2. X

| 해설 |
2. 어패류는 카드뮴이나 수은 등
의 중금속 오염 가능성이 가장
큰 식품이다.

4. 오물처리

(1) 분뇨처리

① 분뇨처리의 목표 : 소화기계의 감염병 관리, 기생충 질병관리, 세균성 감염관리, 하수의 오염방지

② 분뇨처리법 : 소화처리법(변소, 운반, 종말 처리), 화학처리법, 습식산화법

③ 퇴비로 사용할 때 충분한 부숙기간을 거치는데 여름은 1개월, 겨울은 3개월이 필요하다.

④ 분뇨의 비위생적인 처리로 인해 소화기계 감염병이나 기생충 질환 등에 노출될 수 있다.

(2) 진개(쓰레기)처리

① 도시 생활 쓰레기 중 가장 많은 부분을 차지하는 것이 음식물 쓰레기로, 수거비용이 전체 쓰레기 처리비용 중에서 가장 많은 부분을 차시한다.

② 처리방법

구분	세부 내용
소각법	• 세균을 사멸시킬 수 있는 가장 위생적인 방법 • 건설비용 및 소각경비가 많이 들고 소각 시 발생하는 매연으로 인한 대기오염이 단점이다.
비료화법	농촌 또는 농촌 주변의 도시에서 진개를 4~5개월 발효시켜 퇴비로 이용하는 방법
매립법	• 저지대, 웅덩이, 산골짜기 등에 쓰레기를 버린 후 복토하는 방법 • 매립 시 파리, 쥐의 서식이 없도록 하고 화재 발생이나 수질오염이 없어야 한다. • 진개의 두께는 1~2m가 적당하고(3m 이상이면 통기가 불량) 매립 후 최종 복토는 0.6~1m가 적당하다.
투기법 (노천폐기법)	비위생적인 방법으로 바다나 지면에 그대로 투기하는 것

③ 오물(진개)의 종류

㉠ 주개(제1류) : 주방에서 나오는 동·식물성 쓰레기

㉡ 가연성 진개(제2류) : 종이, 나무, 고무

㉢ 불연성 진개(제3류) : 금속, 도기, 식기, 토사류

㉣ 재활용성 진개(제4류) : 플라스틱류, 병류 등

진짜 통째로 외워온 문제

생활쓰레기의 분류 중 부엌에서 나오는 동식물성 유기물은?

① 재활용성 진개
② 가연성 진개
③ 주개
④ 불연성 진개

해설
주개란 가정이나 음식점, 호텔 등의 주방에서 배출되는 식품의 쓰레기로 악취의 원인이 되고 부패하기 쉽다.

정답 ③

+ 괄호문제

다음 괄호 안에 알맞은 내용을 쓰시오.

① ( )은 세균을 사멸시킬 수 있는 가장 위생적인 쓰레기 처리방법이다.

② 쓰레기 처리법 중 ( )은 땅 속에 묻고 흙으로 덮는 방법이다.

| 정답 |
① 소각법
② 매립법

확인! OX

오물의 종류에 대한 설명이다. 옳으면 "O", 틀리면 "X"로 표시하시오.

1. 가연성 진개는 종이, 나무, 고무이다. ( )
2. 재활용성 진개는 금속, 도기, 식기, 토사류이다. ( )

정답 1. O 2. X

| 해설 |
2. 재활용성 진개는 플라스틱류, 병류 등이다.

다음 괄호 안에 알맞은 내용을 쓰시오.

① (   )은 감염병의 병원체를 내포하고 있어 감수성 숙주에게 병원체를 전파시킬 수 있는 근원이 되는 모든 것을 의미한다.
② 예방접종이 감염병 관리상 갖는 의미는 (   )의 관리이다.

| 정답 |
① 감염원
② 감수성 숙주

제3절 역학 및 질병관리

1. 역학 중요도 ★★★

(1) 역학 일반

① 역학의 정의 : 인간집단에서 발생·존재하는 질병의 분포 및 유행 경향을 밝히고 그 원인을 규명함으로써 그 질병의 관리와 예방을 강구할 수 있도록 하는 데 목적을 둔 학문이다.

② 감염병의 3대 원인

　㉠ 감염원(병원체, 병원소)

　　• 감염병의 병원체를 내포하고 있어 감수성 숙주에게 병원체를 전파시킬 수 있는 근원이 되는 모든 것을 말한다.

　　• 종국적인 감염원으로 병원체가 생활·증식하면서 다른 숙주에 전파될 수 있는 상태로 저장되는 장소이다.

　　• 환자, 보균자, 접촉자, 매개동물이나 곤충, 토양, 오염식품, 오염식기구, 생활용구 등

　㉡ 환경(전염경로) : 감염원으로부터 병원체가 전파되는 과정으로 직접적으로 영향을 미치는 경우보다는 간접적으로 영향을 미치는 경우가 많다.

　㉢ 숙주의 감수성

　　• 감수성은 어떤 세균이나 바이러스에 감염될 수 있는 성질이다.

　　• 감염병이 전파되었어도 병원체에 대한 저항력이나 면역성이 있으므로 개개인의 감염에는 차이가 있다.

③ 보균자 : 자각적·타각적으로 증상이 없으나 병원체를 배출함으로써 다른 사람에게 병을 전파할 수 있는 자

　㉠ 회복기(병후) 보균자 : 질병의 임상증상이 회복되는 시기에도 여전히 병원체를 배출하는 자(질병 : 장티푸스, 세균성 이질, 디프테리아)

　㉡ 잠복기 보균자 : 감염성 질환의 잠복기간 중에 병원체를 배출하는 감염자(질병 : 디프테리아, 홍역, 백일해, 유행성이하선염, 수막구균성 수막염)

　㉢ 건강보균자 : 감염에 의한 증상이 전혀 없고 건강자와 다름없지만 병원체를 보유하는 보균자로, 공중보건상 감염병 관리 면에서 가장 중요하고 어려운 자(질병 : 디프테리아, 폴리오, 일본뇌염)

④ 감수성 숙주

　㉠ 감수성 숙주는 감염된 환자가 아닌 감염 위험성을 가진 환자이다.

　㉡ 예방접종은 감염성 질병을 예방하기 위한 활동이므로 감수성 숙주를 관리하는 것이다.

(2) 감염병

① 감염병 발생과정

발생과정	세부 내용
병원체	세균(박테리아), 바이러스, 리케차, 기생충 등
병원소	인간, 동물, 토양, 매개 곤충
병원소로부터 병원체의 탈출	호흡기 탈출, 소화기 탈출, 비뇨기 탈출, 개방병소 탈출, 기계적 탈출
병원체 전파	직접전파, 간접전파, 공기전파 등
병원체 침입	새로운 숙주로의 호흡기계 침입, 소화기계 침입, 피부점막 침입
감수성 숙주의 감염	• 체내에 병원체가 침입하더라도 병원체에 대한 저항력이나 면역이 있을 때는 감염되지 않는다. • 감수성이 있을 때 감염된다. ※ 감수성 : 침입한 병원체에 대하여 감염이나 발병을 저지할 수 없는 상태

② 숙주의 감수성지수

ⓐ 감수성지수(접촉감염지수) : 미감염자에게 병원체가 침입하였을 때 발병하는 비율

ⓑ 감수성 지수가 높은 두창, 홍역은 전염이 잘 된다.

ⓒ 두창, 홍역(95%) > 백일해 > 성홍열 > 디프테리아 > 소아마비(0.1%)

질병	지수(%)	질병	지수(%)
천연두(두창)	95	백일해	60~80
성홍열	40	디프테리아	10
폴리오(소아마비)	0.1	홍역	95

③ 전파 경로에 따른 감염병

ⓐ 직접 전파

• 직접 접촉 : 접촉, 성교 등에 의한 전파 → 피부병, 매독, 풍진 등

• 직접 비말접촉 : 재채기, 기침, 대화로 배출되는 비말이 직접 코, 입, 결막 등의 점막에 닿아 전파 → 결핵, 백일해, 인플루엔자, 디프테리아, 성홍열 등

• 병원체 접촉 : 신체의 일부가 직접 토양, 퇴비 등에 생존하는 병원체에 접촉되어 전파 → 파상풍, 탄저, 렙토스피라증, 구충증 등

ⓑ 간접 전파

• 공기를 통한 전파 : 먼지나 비말핵에 의한 전파

• 절족동물 매개전파 : 파리, 모기, 이, 빈대, 벼룩이나 무척추동물에 의해 병원체가 운반

• 개달물 매개전파 : 의복, 손수건, 식기, 침구 등에 의해 감염

④ 인체 침입 장소에 따른 감염병

ⓐ 호흡기계 침입

• 직접전파(비말), 공기매개전파(비말핵), 개달물

• 대화, 기침, 재채기로 코, 비강, 기도 등을 통해 전파된다.

• 디프테리아, 백일해, 결핵, 천연두, 홍역, 풍진, 성홍열, 유행성이하선염, 인플루엔자 등

+ 괄호문제

다음 괄호 안에 알맞은 내용을 쓰시오.

① 디프테리아, 인플루엔자, 결핵은 ( )과 관계가 깊다.

② 비말감염이 가장 잘 이루어질 수 있는 조건은 ( )이다.

| 정답 |

① 비말감염

② 군집

확인! OX

감염병의 전파경로에 대한 설명이다. 옳으면 "O", 틀리면 "X"로 표시하시오.

1. 피부병, 매독, 풍진 등은 직접 접촉, 성교 등에 의해 전파된다. ( )

2. 개달물에 의한 매개전파는 파리, 모기, 이, 빈대나 무척추동물에 의해 병원체가 운반된다. ( )

정답 1. O 2. X

| 해설 |

2. 개달물에 의한 매개전파는 의복, 손수건, 식기, 침구 등에 의해 감염된다.

ⓒ 소화기계 침입

- 경구침입
- 분변이나 토물에 의해서 소화기계 감염병이나 기생충 질환의 병원체가 체외로 배설
- 콜레라, 장티푸스, 파라티푸스, 세균성 이질, 폴리오, 유행성 간염 등

ⓒ 절족동물 매개 침입 : 페스트(벼룩), 발진티푸스(이), 발진열(벼룩), 유행성 출혈열(진드기), 일본뇌염(모기), 말라리아(모기) 등

ⓒ 경피 침입

- 신체의 일부가 직접 토양이나 퇴비를 접촉하거나 육체적 접촉(성병)을 통해 감염
- 십이지장충, 파상풍, 나병, 매독 등

(3) 법정감염병

① 법정감염병의 종류(감염병의 예방 및 관리에 관한 법률 제2조)

구분	병명
제1급 감염병	• 생물테러감염병 또는 치명률이 높거나 집단 발생의 우려가 커서 발생 또는 유행 즉시 신고하여야 하고, 음압격리와 같은 높은 수준의 격리가 필요한 감염병 • 에볼라바이러스병, 마버그열, 라싸열, 크리미안콩고출혈열, 남아메리카출혈열, 리프트밸리열, 두창, 페스트, 탄저, 보툴리눔독소증, 야토병, 신종감염병증후군, 중증급성호흡기증후군(SARS), 중동호흡기증후군(MERS), 동물인플루엔자 인체감염증, 신종인플루엔자, 디프테리아
제2급 감염병	• 전파가능성을 고려하여 발생 또는 유행 시 24시간 이내에 신고. 격리가 필요한 감염병 • 결핵, 수두, 홍역, 콜레라, 장티푸스, 파라티푸스, 세균성 이질, 장출혈성대장균감염증, A형간염, 백일해, 유행성이하선염, 풍진, 폴리오, 수막구균 감염증, b형헤모필루스인플루엔자, 폐렴구균 감염증, 한센병, 성홍열, 반코마이신내성황색포도알균(VRSA) 감염증, 카바페넴내성장내세균목(CRE) 감염증, E형간염
제3급 감염병	• 그 발생을 계속 감시할 필요가 있어 발생 또는 유행 시 24시간 이내에 신고하여야 하는 감염병 • 파상풍, B형간염, 일본뇌염, C형간염, 말라리아, 레지오넬라증, 비브리오패혈증, 발진티푸스, 발진열, 쯔쯔가무시증, 렙토스피라증, 브루셀라증, 공수병, 신증후군출혈열, 후천성면역결핍증(AIDS), 크로이츠펠트-야콥병(CJD) 및 변종크로이츠펠트-야콥병(vCJD), 황열, 뎅기열, 큐열, 웨스트나일열, 라임병, 진드기매개뇌염, 유비저, 치쿤구니야열, 중증열성혈소판감소증후군(SFTS), 지카바이러스 감염증, 매독
제4급 감염병	• 제1급 감염병부터 제3급 감염병까지의 감염병 외에 유행 여부를 조사하기 위하여 표본감시 활동이 필요한 감염병 • 인플루엔자, 회충증, 편충증, 요충증, 간흡충증, 폐흡충증, 장흡충증, 수족구병, 임질, 클라미디아감염증, 연성하감, 성기단순포진, 첨규콘딜롬, 반코마이신내성장알균(VRE) 감염증, 메티실린내성황색포도알균(MRSA)감염증, 다제내성녹농균(MRPA) 감염증, 다제내성아시네토박터바우마니균(MRAB) 감염증, 장관감염증, 급성호흡기감염증, 해외유입기생충감염증, 엔테로바이러스감염증, 사람유두종바이러스 감염증

감염병예방법에 따른 제2급 감염병은?

① 콜레라
② 말라리아
③ 후천성면역결핍증(AIDS)
④ 페스트

[해설]
②, ③은 제3급 감염병이고, ④는 제1급 감염병이다.

[정답] ①

---

② 신고 및 보고(감염병의 예방 및 관리에 관한 법률 제11조)

　㉠ 의사, 지과의사 또는 한의사는 다음에 해당하는 사실(표본감시 대상이 되는 제4급 감염병으로 인한 경우는 제외)이 있으면 소속 의료기관의 장에게 보고하여야 하고, 해당 환자와 그 동거인에게 질병관리청장이 정하는 감염 방지방법 등을 지도하여야 한다.

　　• 감염병 환자 등을 진단하거나 그 사체를 검안한 경우
　　• 예방접종 후 이상 반응자를 진단하거나 그 사체를 검안한 경우
　　• 감염병 환자 등이 제1급 감염병부터 제3급 감염병까지에 해당하는 감염병으로 사망한 경우
　　• 감염병 환자로 의심되는 사람이 감염병 병원체 검사를 거부하는 경우

　㉡ 다만, 의료기관에 소속되지 아니한 의사, 치과의사 또는 한의사는 그 사실을 관할 보건소장에게 신고하여야 한다.

　㉢ 신고 기간

구분	신고 기간	신고 대상
제1급 감염병	즉시	발생, 사망, 병원체 검사 결과
제2, 3급 감염병	24시간 이내	

(4) 예방접종 감염병

① 필수예방접종 감염병의 종류(감염병의 예방 및 관리에 관한 법률 제24조 제1항)
디프테리아, 폴리오, 백일해, 홍역, 파상풍, 결핵, B형간염, 유행성이하선염, 풍진, 수두, 일본뇌염, b형헤모필루스인플루엔자, 폐렴구균, 인플루엔자, A형간염, 사람유두종바이러스 감염증, 그룹 A형 로타바이러스 감염증, 그 밖에 질병관리청장이 감염병의 예방을 위하여 필요하다고 인정하여 지정하는 감염병(장티푸스, 신증후군출혈열)

② 정기예방접종

구분	연령	예방접종
기본접종	4주 이내	BCG(결핵)
	2, 4, 6개월	소아마비(폴리오), DPT ※ D(디프테리아), P(백일해), T(파상풍)
	12~15개월	MMR(홍역, 유행성이하선염, 풍진)
	12~23개월	일본뇌염
추가접종	15~18개월, 4~6세	DPT
	4~6세	소아마비(폴리오), MMR
	24~35개월, 6세, 12세	일본뇌염

2. 감염병 관리   중요도 ★★☆

(1) 감염병 예방 대책

① 감염원

ㄱ 환자의 조기 발견, 격리 및 치료, 보균자 조사

ㄴ 격리가 필요한 감염병 : 에볼라바이러스병, 한센병, 결핵, 페스트, 콜레라, 디프테리아, 장티푸스, 세균성 이질 등

ㄷ 격리하지 않아도 되는 감염병 : 공수병, 파상풍, 유행성 일본뇌염, 파상열, 발진티푸스, 양충병 등

ㄹ 검역 : 외래 감염병의 국내 침입 방지 → 콜레라, 페스트, 황열

② 감염경로 : 환경위생, 개인위생, 소독 철저(살균, 해충 구제)

③ 숙주의 감수성 : 건강관리, 저항력 증진, 예방접종

(2) 감염경로별 원인과 대책

구분	원인	대책
호흡기 계통	환자와의 직접 접촉 (대화, 기침, 재채기 등에 의해 감염)	예방접종 실시
소화기 계통	환자와의 간접 접촉 (환자의 분변이나 토물에 의해 감염)	환경위생 철저
비뇨기 계통	환자의 비뇨 분비물에 의해 감염	하수도를 완비하고 위생적인 변소로 개량
매개동물에 의한 전파	기계적 전파, 생물학적 전파	매개체인 쥐, 파리, 바퀴벌레 등을 구제
개방 병소	환자의 상처 또는 농창에 의한 감염	소독 철저, 청결 유지

(3) 면역

① 선천적 면역 : 태생기의 태반 혈행을 통하여 모체의 면역체가 태아에게 전달되어 생기는 면역, 즉 비특이성 저항력을 토대로 하는 면역(종속면역, 인종면역, 개인의 특이성)

② 후천적 면역

구분		세부 내용
능동면역	자연능동면역	• 질병 감염 후 얻은 면역 • 두창, 소아마비 등
	인공능동면역	• 예방접종 후 얻은 면역 • 생균백신 : 홍역, 수두, 결핵, 황열, 폴리오(경구), 탄저, 두창, 광견병 등 • 사균백신 : 파라티푸스, 장티푸스, 콜레라, 백일해, 일본뇌염, 폴리오, B형간염 등 • 순화독소(toxoid) : 디프테리아, 파상풍 등
수동면역	자연수동면역	모체의 태반 또는 모유에 의하여 면역항체를 받는 상태
	인공수동면역	동물의 면역 혈청, 회복기 환자의 면역혈청 등 인공 제제를 접종하여 획득한 면역

＋괄호문제

다음 괄호 안에 알맞은 내용을 쓰시오.

① 질병 감염 후 얻은 면역을 (   )이라 한다.
② 특정 직업에 종사하는 사람에게 불량한 환경조건 및 근로조건이 복합적으로 작용하여 나타나는 질병을 (   )이라 한다.

| 정답 |
① 자연능동면역
② 직업병

제4절   산업보건관리

1. 산업보건   중요도 ★★☆

(1) 산업보건과 산업재해

① 산업보건 : 근로자의 건강과 행복을 전제로 근로자들이 건강한 심신으로 높은 작업 능률을 유지하면서 일할 수 있고, 생산성을 높이기 위하여 근로 및 생활 조건을 어떻게 정비해 나갈 것인가를 연구하는 과학이자 기술이며, 이를 실천하는 데 그 목적이 있다.

② 산업재해 : 산업현장에서 예기치 않았던 돌발적인 사고 발생으로, 인명 피해와 막대한 경제적 손실을 가져오고 생산 능률을 감소시킨다.

③ 산업재해의 원인

㉠ 환경 요인 : 시설물의 미비와 불량, 부적절한 공구, 조명 불량, 고온, 저온, 소음, 진동, 유해가스 등

㉡ 인적 요인 : 작업 미숙, 불량한 복장, 허약한 체력 등

(2) 직업병 관리

① 직업병의 정의 : 특정한 직업에 종사하는 사람에게 불량한 환경조건과 부적당한 근로조건이 복합적으로 작용하여 특정한 질병이 나타나는 것

확인! OX

산업재해의 원인에 대한 설명이다. 옳으면 "O", 틀리면 "X"로 표시하시오.

1. 부적절한 공구, 조명 불량 등은 인적 요인에 해당된다.
(   )

2. 고온, 저온, 소음, 진동 등은 환경 요인에 해당된다.
(   )

정답 1. X 2. O

| 해설 |
1. 부적절한 공구, 조명 불량 등은 환경 요인이다.

다음 괄호 안에 알맞은 내용을 쓰시오.

① ( )은 유리규산의 분진 흡입으로 폐에 만성섬유증식을 유발하는 질병이다.
② 초기 청력장애 시 직업성 난청을 조기 발견할 수 있는 주파수는 ( )이다.

| 정답 |
① 규폐증
② 4,000Hz

② 직업병의 종류

요인	직업병
이상고온 (열중증)	• 열허탈증 : 말초신경의 이상으로 혈액순환계가 정상 기능을 발휘하지 못하여 혈관신경의 부조절, 심박출량의 감소, 피부혈관의 확장, 탈수 등이 일어난다. • 열경련증 : 과다한 발한으로 인한 체내의 수분과 염분의 손실로 생긴다. • 열사병 : 체온조절의 부조화로 일어나며, 체온이 상승한다. • 열쇠약증 : 고온 작업 시 비타민 B_1의 결핍으로 발생하는 만성적인 열 소모로 발생된다.
이상저온	동상, 참호족염, 동창 능
이상기압	• 고기압 : 잠함병 → 이상 고압 환경에서의 작업으로 질소 성분이 체외로 배출되지 않고 체내에 용류하여 질소 기포를 형성, 신체 각 부위에 공기 색전증을 일으킨다. • 저기압 : 고산병, 항공병
불량조명	안정피로, 근시, 안구진탕증 등
자외선 및 적외선	피부 및 눈의 장애
방사선	조혈기능 장애, 피부점막의 궤양과 암 형성, 생식기능 장애, 백내장 등
소음	난청, 스트레스
분진	진폐증(탄광부), 규폐증(땅을 파고 돌을 깨는 사람), 석면폐증(조선소, 건축관계근로자)
중금속 중독	• 납(Pb) 중독 : 무기연의 경우 안면 창백 현상, 사지의 신경 마비 등이며, 유기연의 경우 빈혈, 불면증, 체온 저하, 혈압 저하 등을 일으킨다. • 수은(Hg) 중독 : 미나마타병의 원인 물질로 언어장애, 지각이상, 보행곤란 등을 일으킨다. • 크로뮴(Cr) 중독 : 비염, 기관지염, 인두염, 비중격천공증의 증세가 있다. • 카드뮴(Cd) 중독 : 이타이이타이병의 원인 물질로 폐기종, 신장장애, 골연화, 단백뇨 등의 4대 증세가 있다. • 비소(As) 중독 : 흑피증을 일으킨다.

③ 직업성 난청

　㉠ 원인 : 소음의 특성, 음압(dB)의 수준, 개인의 감수성, 노출시간의 분포

　㉡ 건강한 사람의 가청음역은 20~20,000Hz이며 초기 청력장애 시 직업성 난청을 조기 발견할 수 있는 주파수는 약 4,000Hz이다.

(3) **직업병 예방대책**

① 환경관리 : 작업환경을 철저하게 관리하여 유해물질이 발생하는 것을 방지한다.
② 작업조건 : 작업조건이 근로자에게 적정한지 조사하고 부적당한 점이 있으면 이를 시정 개선한다.
③ 근로자의 권리 : 근로자의 채용 시 신체검사 및 정기 건강진단을 실시하고, 유해 업무에는 반드시 보호구를 사용하게 함으로써 위험에 직접 노출되는 일이 없도록 한다.

교육은 우리 자신의 무지를 점차 발견해 가는 과정이다.

– 윌 듀란트 –

PART 02

음식 안전관리

개인 안전관리와 장비 · 도구 안전작업

1%
출제율

출제포인트
- 개인 안전사고 예방 및 사후 조치
- 작업 안전관리
- 조리장비 · 도구 안전 작업

기출 키워드

개인 안전사고 예방, 재해 발생 원인, 응급 상황 시 행동, 일상점검, 정기점검, 긴급점검

제1절 개인 안전사고 예방 및 사후 조치

1. 개인 안전사고 예방

(1) 안전사고 예방법

① 위험요인 제거 : 위험요인의 근원을 없앤다.

② 위험요인 차단 : 위험요인을 차단하기 위한 안전방벽을 설치한다.

③ 오류 예방 : 위험 사건을 초래할 수 있는 인적 · 기술적 · 조직적 오류를 예방한다.

④ 오류 교정 : 위험 사건을 초래할 수 있는 인적 · 기술적 · 조직적 오류를 교정한다.

⑤ 심각도 제한 : 위험사건 발생 이후 재발 방지를 위하여 대응 및 개선 조치를 취한다(위험발생 경감, 사고피해 경감).

(2) 개인 안전관리 점검표 작성

구분	점검 내용
인간(man)	• 심리적 원인 : 망각, 걱정거리, 무의식 행동, 위험감각, 지름길 반응, 생략행위, 억측판단, 착오 등 • 생리적 원인 : 피로, 수면부족, 신체기능, 알코올, 질병, 노화 등 • 사회적 원인 : 직장 내 인간관계, 리더십, 팀워크, 커뮤니케이션 등
매체(media)	• 작업정보의 부적절 • 작업자세, 작업동작의 결함 • 작업방법의 부적절 • 작업공간 및 작업환경 조건의 불량
기계(machine)	• 기계 · 설비의 설계상의 결함 • 위험방호의 불량 • 안전의식의 부족(인간공학적 배려에 대한 이해 부족) • 표준화의 부족 • 점검정비의 부족
관리(management)	• 관리조직의 결함 • 규정 · 매뉴얼의 불이행 • 안전관리 계획의 불량 • 교육 · 훈련의 지도 관리 부족 • 적성배치의 불충분 • 건강관리의 불량 등

2. 재해 발생 원인 분석과 안전 수칙 교육

(1) 재해 발생 원인 분석

① 사고의 원인이 되는 물적 결함 상태를 조사한다.

⊙ 불안전한 상태 : 사고의 직접 원인으로 기계설비의 불안전한 상태

ⓒ 불안전한 상태는 일반적으로 물적 결함으로 나타나게 된다.

ⓒ 안전사고 요인이 될 수 있는 기계설비, 시설 및 환경의 불안전한 상태를 조사한다.

② 개인의 불안전한 행동을 조사한다.

⊙ 불안전한 행동 : 사고의 직접 원인으로 인적 요인에 의해 나타난다.

ⓒ 불안전한 행동의 분류 : 기계・기구 잘못 사용, 운전 중인 기계장치 손실, 불안전한 속도 조작, 감독 및 연락 불충분, 유해・위험물 취급 부주의, 불안전한 상태 방치, 불안전한 자세 동작

(2) 안전 수칙 교육

① 관리자의 역할로 현장을 자주 방문하고 모범적인 행동을 한다.

② 부하직원과 진실된 신뢰 관계를 형성한다.

③ 부하직원에게 안전보건 관련 계획, 의사결정에 참여하게 한다.

④ 안전에 대한 적극적인 태도를 유지하는 것이 중요하다.

3. 응급처치

(1) 응급 상황 발생 시 행동 수칙

① 행동하기 전에 마음을 평안하게 하고 내가 할 수 있는 행동계획을 세운다.

② 응급 상황이 발생하면 현장 상황이 먼저 안전한가를 확인한다.

③ 현장 상황을 파악한 후 전문 의료기관(119)에 전화로 응급 상황을 알린다.

④ 신고 후 응급환자에게 필요로 하는 응급처치를 시행하고 전문 의료원이 도착할 때까지 환자를 지속적으로 돌본다.

(2) 응급처치 시 꼭 지켜야 할 확인 사항

① 응급처치 현장에서의 자신의 안전을 확인한다.

② 환자에게 자신의 신분을 밝힌다.

③ 최초로 응급처치를 시행하기 전 환자의 생사 여부를 판정하지 않는다.

④ 응급환자를 처치할 때 원칙적으로 의약품을 사용하지 않는다.

⑤ 응급처치는 어디까지나 응급처치로 그치고 전문 의료요원의 처치에 맡긴다.

(3) 응급 상황 시 행동 단계

현장조사(check) → 119 신고(call) → 처치 및 도움(care)

① 신경질, 시력 또는 청력의 결함은 주방 내 안전사고 요인 중 (　)에 해당한다.
② 시설물의 노후화에 의한 붕괴는 주방 내 안전사고 요인 중 (　)에 해당한다.

| 정답 |
① 인적 요인
② 물적 요인

제2절　작업 안전관리

1. 주방 내 안전관리

(1) 주방 내 안전사고 요인

요인		세부 내용
인적 요인	정서적 요인	선천적·후천적 소질 요인(과격한 기질, 신경질, 시력 또는 청력의 결함, 근골박약, 지식 및 기능의 부족, 중독증, 각종 질환 등)
	행동적 요인	개인의 부주의 또는 무모한 행동에서 오는 요인(독단적 행동, 불완전한 동작과 자세, 미숙한 작업방법, 안전장치 등의 점검 소홀, 결함이 있는 기계·기구 사용 등)
	생리적 요인	사람이 피로하게 되면 심적 태도가 교란되고 동작을 세밀하게 제어하지 못하므로 실수를 유발하게 되어 사고의 원인이 된다.
물적 요인		• 각종 기계, 장비 또는 시설물에서 오는 요인 • 자재의 불량이나 결함, 안전장치 또는 시설의 미비, 각종 시설물의 노후화에 의한 붕괴, 화재 등
환경적 요인	주방의 환경적 요인	• 조리실의 고온, 다습한 환경조건에서 조리 시 발생하는 고열과 복합적으로 작용하여 땀띠 등 피부질환을 유발시킨다. • 조리 종사원들은 발목에서 20cm 정도 오는 장화를 착용하기 때문에 무좀이나 검은 발톱, 아킬레스 건염 등의 질병이 발생할 수 있다.
	주방의 물리적 요인	• 조리작업장의 바닥은 물을 사용하기 때문에 미끄러울 뿐만 아니라 다습한 환경으로 인해 항상 물기가 있어 낙상사고의 원인이 된다. • 조리 종사원들은 바닥이 젖은 상태, 기름이 있는 바닥, 시야가 차단된 경우, 낮은 조도로 인해 어두운 경우, 매트가 주름진 경우 등으로 인해 넘어지기 쉽다.
	주방의 시설요인	• 조리실 바닥의 청소와 소독 시에 호스로 물을 사용하기 때문에 전기 누전의 위험이 있다. • 대부분의 감전 사고는 전기설비의 고장으로 발생한다.

(2) 주방 내 안전사고 유형
① 절단, 찔림과 베임(주방에서 가장 많이 발생하는 사고)
② 화상과 데임
③ 미끄러짐
④ 끼임
⑤ 전기 감전 및 누전
⑥ 유해 화합물로 인한 피부질환

(3) 칼의 안전관리
① 칼에 대한 사용안전
　㉠ 칼을 사용할 때는 정신을 집중하고 안정된 자세로 작업에 임한다.
　㉡ 칼로 캔을 따거나 기타 본래 목적 이외에 사용하지 않는다.
　㉢ 칼을 떨어뜨렸을 때 잡으려 하지 않고, 한 걸음 물러서서 피한다.
② 칼에 대한 이동안전 : 주방에서 칼을 들고 다른 장소로 옮겨갈 때는 칼끝을 정면으로 두지 않으며 지면을 향하게 하고 칼날을 뒤로 가게 한다.

주방 내 안전사고 요인에 대한 설명이다. 옳으면 "O", 틀리면 "X"로 표시하시오.
1. 조리작업장 바닥의 물기는 낙상사고의 원인이다. (　)
2. 장화를 착용하는 조리종사원들은 무좀, 아킬레스 건염 등 질병이 발생하기 쉽다. (　)

정답 1. O　2. O

③ 칼에 대한 보관안전

　　㉠ 칼을 보이지 않는 곳에 두거나 물이 든 싱크대 등에 담가 놓지 않는다.

　　㉡ 칼을 사용하지 않을 때는 안전함에 넣어서 보관한다.

진짜 통째로 외워온 문제

식음료 업장에서 낙상을 예방하기 위한 조치로 가장 적절하지 않은 것은?

① 기름을 이용한 조리 후에는 바닥을 깨끗하게 닦는다.
② 작업 중 배수가 잘 되도록 하여 바닥을 건조하게 한다.
③ 반드시 방수 안전장화를 착용한다.
④ 식품 재료를 바닥에 떨어뜨리지 않는다.

〔해설〕

작업장에서의 낙상사고를 예방하기 위해서는 작업 전후, 작업 중에 수시로 청소하여 바닥을 깨끗하게 유지하고 정리정돈을 철저히 해서 통로와 작업장 바닥에 장애물이 없도록 조치한다.

〔정답〕 ③

제3절　조리장비·도구 안전 작업

1. 조리장비·도구 안전관리 지침

(1) 조리도구의 종류

① 조리도구

　㉠ 준비도구 : 재료손질과 조리준비에 필요

　　〔예〕 앞치마, 머릿수건, 양수바구니, 야채바구니, 가위 등

　㉡ 조리기구 : 준비된 재료의 조리과정에 필요

　　〔예〕 솥, 냄비, 팬 등

　㉢ 보조도구 : 준비된 재료의 조리과정에 필요

　　〔예〕 주걱, 국자, 뒤집개, 집게 등

② 식사도구 : 식탁에 올려서 먹기 위해 사용

　〔예〕 그릇, 용기, 쟁반류, 상류, 수저 등

③ 정리도구 : 도구를 세척하고 보관하기 위해 사용

　〔예〕 수세미, 행주, 식기건조대, 세제 등

+ 괄호문제

다음 괄호 안에 알맞은 내용을 쓰시오.

① 조리도구 중에서 앞치마, 머릿수건, 가위 등은 (　)에 해당한다.
② 조리도구 중에서 수세미, 행주, 세제 등은 (　)에 해당한다.

│정답│

① 준비도구
② 정리도구

확인! OX

칼의 안전관리에 대한 설명이다. 옳으면 "O", 틀리면 "X"로 표시하시오.

1. 칼로 캔을 따거나 기타 본래의 목적 이외에 사용하지 않는다. (　)
2. 칼을 사용하지 않을 때는 물이 든 싱크대에 담가 놓는다. (　)

〔정답〕 1. O　2. X

│해설│

2. 칼을 사용하지 않을 때는 안전함에 넣어서 보관한다.

다음 괄호 안에 알맞은 내용을 쓰시오.

① ( )는 식재료를 필요한 형태로 얇게 썰 수 있는 장비이다.
② ( )는 재료를 혼합하여 갈아내는 기계이다.

| 정답 |
① 음식 절단기
② 육절기

(2) 조리장비 · 도구 안전관리

장비	용도	점검법
음식 절단기	각종 식재료를 필요한 형태로 얇게 썰 수 있는 장비	• 전원 차단 후 기계를 분해하여 중성세제와 미온수로 세척하였는지 확인 • 건조시킨 후 원상태로 조립하고 안전장치 작동에서 이상이 없는지 확인
튀김기	튀김요리에 이용	• 사용한 기름이 식으면 다른 용기에 기름을 받아내고 오븐클리너로 골고루 세척했는지 확인 • 기름때가 심한 경우 온수로 깨끗이 씻어 내고 마른 걸레로 물기를 완전히 제거하였는지 확인 • 받아둔 기름을 다시 유조에 붓고 전원을 넣어 사용
육절기	재료를 혼합하여 갈아내는 기계	• 전원을 끄고 칼날과 회전봉을 분해하여 중성세제와 미온수로 세척하였는지 확인 • 물기 제거 후 원상태로 조립 후 전원을 넣고 사용
제빙기	얼음을 만들어 내는 기계	• 전원을 차단하고 기계를 정지시킨 후 뜨거운 물로 제빙기의 내부를 구석구석 녹였는지 확인 • 중성세제로 깨끗하게 세척하였는지 확인 • 마른 걸레로 깨끗하게 닦은 후 20분 정도 지난 후 작동
식기 세척기	각종 기물을 짧은 시간에 대량 세척	• 탱크의 물을 빼고 세척제를 사용하여 브러시로 깨끗하게 세척했는지 확인 • 모든 내부 표면, 배수로, 여과기, 필터를 주기적으로 세척하고 있는지 확인
그리들	철판으로 만들어진 면철로 대량으로 구울 때 사용	• 그리들 상판온도가 80℃가 되었을 때 오븐클리너를 분사하고 밤솔 브러시로 깨끗하게 닦았는지 확인 • 뜨거운 물로 오븐클리너를 완전하게 씻어내고 다시 비눗물을 사용해서 세척하고 뜨거운 물로 깨끗이 헹구어 냈는지 확인 • 세척이 끝난 면철판 위에 기름칠을 하였는지 확인

(3) 안전장비류의 취급관리

① 일상점검 : 주방관리자가 매일 조리기구 및 장비를 사용하기 전에 육안으로 이상 여부와 보호구의 관리실태 등을 점검하고 그 결과를 기록·유지한다.

② 정기점검 : 안전관리책임자는 매년 1회 이상 정기적으로 이상 여부와 보호구의 성능 유지 여부 등을 점검하고 그 결과를 기록·유지한다.

③ 긴급점검 : 관리주체가 필요하다고 판단될 때 실시하는 정밀점검 수준의 안전 점검
  ㉠ 손상점검 : 재해나 사고에 의해 비롯된 구조적 손상 등에 대하여 긴급히 시행하는 점검
  ㉡ 특별점검 : 결함이 의심되는 경우나 사용제한 중인 시설물의 사용 여부 등을 판단하기 위해 실시하는 점검

확인! OX

조리장비와 도구의 안전관리를 위한 점검에 대한 설명이다. 옳으면 "O", 틀리면 "X"로 표시하시오.

1. 관리주체가 필요하다고 판단될 때 실시하는 정밀점검 수준의 안전점검은 긴급점검이다. ( )
2. 사용제한 중인 시설물의 사용 여부 등을 판단하기 위해 실시하는 점검은 손상점검이다. ( )

정답 1. O 2. X

| 해설 |
2. 결함이 의심되는 경우나 사용제한 중인 시설물의 사용 여부 등을 판단하기 위해 실시하는 점검은 특별점검이다.

작업환경 안전관리

출제포인트
• 작업장 환경관리와 안전관리
• 화재 예방과 관리 및 대처
• 산업안전보건법 및 관련 지침

기출 키워드

작업장의 온도·습도, 조리작업
장의 권장 조도, 조리장의 입지
조건, 작업장 안전관리, 법정 안
전교육, 화재 예방, 화재 발생 시
대처 요령, 소화기 관리, K급 화재

제1절 작업장 환경관리와 안전관리

1. 작업장 환경관리

중요도 ★☆☆

(1) 작업장 주변 정리정돈

① 작업장 주위의 통로나 작업장은 항상 청소한 후 작업한다.

② 사용한 장비·도구는 적합한 보관장소에 정리해 두어야 한다.

③ 굴러다니기 쉬운 것은 받침대를 사용하고 가능한 묶어서 적재 또는 보관한다.

④ 적재물은 사용시기, 용도별로 구분하여 정리하고, 먼저 사용할 것은 하부에 보관한다.

⑤ 부식 및 발화 가연제 또는 위험물질은 별도로 구분하여 보관한다.

(2) 작업장의 온도·습도관리

① 작업장 온도는 겨울엔 18.3~21.1℃ 사이, 여름엔 20.6~22.8℃ 사이를 유지한다.

② 오븐 근처의 냄비, 튀김기 등 고열이 발생하는 기계 근처의 온도관리를 철저히 한다.

③ 적정한 상대습도는 40~60% 정도이다.

(3) 작업장 내 조명관리와 미끄럼 및 오염관리

① 조리작업장의 권장 조도는 143~161lx이다.

② 작업장은 백열등이나 색이 향상된 형광등이 사용된다.

③ 칼, 가위 등 날카로운 조리기구들은 미끄럼 사고로 인해 심각한 재해를 초래할 수 있으므로, 주방 공간 설정 시 가장 유념해서 시공해야 한다.

2. 작업장 안전관리

(1) 안전관리 지침서 작성

① 직접적인 대책 : 작업 환경의 개선, 기계·설비의 개선, 작업방법의 개선 등

② 간접적인 대책 : 조직·관리 기준의 개선, 교육 실시, 건강의 유지 증진 등

다음 괄호 안에 알맞은 내용을 쓰시오.

① 작업자의 손을 보호하고 조리위생을 개선하기 위해 (　)을 착용한다.
② 법정 안전교육 시 (　)는 채용 시 교육을 1시간 이상 받아야 한다.

| 정답 |
① 위생장갑
② 일용근로자

(2) 작업장 안전관리

① 작업 시 반드시 사용 목적에 맞는 안전보호구를 착용한다.
② 개인 안전보호구(안전화, 위생장갑, 안전마스크, 위생모)를 착용한다.
③ 작업자의 손을 보호하고 조리위생을 개선하기 위해 위생장갑을 착용한다.
④ 화재의 원인이 될 수 있는 곳을 점검하고 화재진압기를 배치, 사용한다.
⑤ 유해, 위험, 화학물질은 유해물질안전보건자료를 비치하고 취급방법을 숙지한다.

(3) 법정 안전교육 실시(산업안전보건법 시행규칙 [별표 4])

교육과정	교육대상		교육시간
정기교육	사무직 종사 근로자		매 반기 6시간 이상
	그 밖의 근로자	판매업무에 직접 종사하는 근로자	매 반기 6시간 이상
		판매업무에 직접 종사하는 근로자 외의 근로자	매 반기 12시간 이상
채용 시 교육	일용근로자 및 근로계약기간이 1주일 이하인 기간제근로자		1시간 이상
	근로계약기간이 1주일 초과 1개월 이하인 기간제근로자		4시간 이상
	그 밖의 근로자		8시간 이상
작업내용 변경 시 교육	일용근로자 및 근로계약기간이 1주일 이하인 기간제근로자		1시간 이상
	그 밖의 근로자		2시간 이상
특별교육	일용근로자 및 근로계약기간이 1주일 이하인 기간제근로자 : 특별교육 대상 작업(타워크레인 신호업무는 제외)에 종사하는 근로자에 한정한다.		2시간 이상
	일용근로자 및 근로계약기간이 1주일 이하인 기간제근로자를 제외한 근로자 : 특별교육 대상 작업에 종사하는 근로자에 한정한다.		• 16시간 이상(최초 작업에 종사하기 전 4시간 이상 실시하고 12시간은 3개월 이내에서 분할하여 실시 가능) • 단기간 작업 또는 간헐적 작업인 경우에는 2시간 이상

제2절　화재 예방과 대처

1. 화재 예방   중요도 ★☆☆

(1) 화재의 분류

구분	세분 내용
A급 화재	보통화재(일반화재)를 말하며, 목재, 섬유류, 종이, 나무 플라스틱처럼 다 타고 난 이후에 재를 남기는 화재이다.
B급 화재	유류화재를 말하며, 인화성 액체 및 고체의 유지류 등의 화재를 말한다.
C급 화재	전기화재를 말하며, 변압기, 전기다리미, 두꺼비집 등 전기기구에 전기가 통하고 있는 기계나 기구 등에서 발생하는 화재이다.
K급 화재	• 식용유 화재는 일반 유류화재와는 달리 자연 발화로 발생하기 때문에 발화점 이상에서 화염이 발생하면 온도가 더욱 빠르게 상승한다. • K급 화재를 제어하기 위해서는 표면 연소원을 차단하는 비누화 작용 및 식용유 자체의 온도를 발화점 이하로 빠르게 하강시켜 주는 냉각작용이 동시에 필요하다.

확인! OX

안전한 작업환경에 대한 설명이다. 옳으면 "O", 틀리면 "X"로 표시하시오.

1. 적정한 상대습도는 40~60% 정도이다.　(　)
2. 조리작업장의 권장 조도는 50~100lx 정도이다.　(　)

정답 1. O　2. X

| 해설 |
2. 조리작업장의 권장 조도는 143~161lx이다.

(2) 화재 예방

① 화재 원인 점검과 화재진압기 배치
　　㉠ 인화성 물질 적정 보관 여부를 점검한다.
　　㉡ 소화기구의 화재안전기준에 따른 소화전함, 소화기 비치 및 관리, 소화전함 관리상
　　　태를 점검한다.
　　㉢ 정기적으로 화재 예방에 대한 교육을 실시한다.
　　㉣ 뜨거운 오일이나 유지 등 화염원 근처에 물건을 적재하지 않는다.
　　㉤ 전기 사용 지역은 물과 접촉할 가능성이 가급적 적은 곳으로 정하는 것이 좋다.

② 화재 발생 시 대피 방안 확보
　　㉠ 출입구 및 복도, 통로 등에 적재물 비치 여부를 점검한다.
　　㉡ 비상통로 확보상태, 비상조명등 예비 전원 작동상태를 점검한다.
　　㉢ 자동 확산 소화용구 설치의 적합성 등에 대해 점검한다.

(3) 소화기 관리

① 소화기 내용연수는 10년이며, 한국소방산업기술원에서 실시한 성능 확인 검사를 통해
　1회에 한하여 3년 연장사용이 가능하다.

② 소화기 성능을 확인하는 방법은 소화기의 지시압력계를 통해 확인할 수 있다. 녹색
　부분에 바늘이 위치해 있어야 한다.

③ 소화기 용기가 변형, 손상, 부식된 것이 있는지 확인하고, 안전핀이 고정되어 있고
　견고한지도 확인해야 한다.

④ 분말이 굳지 않도록 한 달에 1~2회 정도 흔들어준다. 분말이 굳은 정도는 소리로
　알 수 있다.

⑤ 이상이 있거나 노후된 소화기는 폐소화기 수거 · 재활용 업체 등 전문 업체에 의뢰하거
　나, 구청 홈페이지를 이용하거나, 직접 방문하여 신고 후 폐기한다(소화기 크기별로
　배출 수수료가 발생).

(4) 소화기 사용법

① 분말소화기
　　㉠ 소화기를 불이 난 곳으로 옮긴 후 손잡이 부분의 봉인 줄을 제거하고 안전핀을
　　　뽑는다.
　　㉡ 바람을 등지고 서서 노즐을 빼서 잡고 불쪽으로 향하게 한다.
　　㉢ 가까이 접근하여 손잡이를 힘껏 움켜쥔다.
　　㉣ 빗자루로 쓸 듯이 분말(소화약제)을 골고루 쏜다.

+ 괄호문제

다음 괄호 안에 알맞은 내용을 쓰시오.

① 식용유 등 기름이 사용되는 주방에는 주방 전용 ( )를 사용해야 한다.

② 소화기 사용 시 바람을 ( ) 서서 불쪽으로 향하여 빗자루로 쓸 듯이 분말을 골고루 쏜다.

| 정답 |
① K급 소화기
② 등지고

확인! OX

소화기 관리에 대한 설명이다. 옳으면 "O", 틀리면 "X"로 표시하시오.

1. 소화기 내용연수는 10년이며, 성능 확인 검사를 통해 2회에 한하여 3년 연장사용이 가능하다. ( )

2. 분말이 굳지 않도록 분기당 1~2회 정도 흔들어준다. ( )

정답 1. X 2. X

| 해설 |
1. 성능 확인 검사를 통해 1회에 한하여 3년 연장사용이 가능하다.
2. 분말이 굳지 않도록 한 달에 1~2회 정도 흔들어준다.

② 주방 전용 K급 소화기

㉠ 식용유 등 기름이 사용되는 주방에는 주방 전용 K급 소화기를 사용해야 한다. 일반 분말소화기를 사용하면 재발화할 가능성이 높고 물을 뿌리면 잘 꺼지지 않고 오히려 화재가 확산될 수 있다.

㉡ 음식점·다중이용업소 등의 주방에는 K급 소화기 비치가 의무화됐다. 주방을 의미하는 영어(kitchen)에서 앞 글자를 따온 K급 소화기는 식용유 표면에 산소를 차단하는 유막과 거품을 만들어 질식소화 효과가 있고 냉각효과도 커서 재발화도 방지한다.

진짜 통째로 외워온 문제

01 조리장에 비치된 소화기가 '정상'일 때 가리키는 눈금은?

① 노란색　　② 적색
③ 녹색　　④ 흰색

해설
소화기 눈금이 녹색에 위치해야 정상이다.

02 조리장에서 식용유 사용 관련 화재 발생 시 해당하는 것은?

① A급 화재　　② B급 화재
③ C급 화재　　④ K급 화재

해설
K급 화재에 해당한다. 식용유 화재는 일반 유류화재와는 달리 자연 발화로 발생하기 때문에 발화점 이상에서 화염이 발생하면 온도가 더욱 빠르게 상승한다.

정답 01 ③　02 ④

2. 화재 발생 시 대처 요령

① 화재 시 경보를 울리고, 큰 소리로 주위에 알린다.
② 화재의 원인을 제거한다.
③ 소화기나 소화전을 사용하여 불을 끈다.
④ 몸에 불이 붙었을 경우 제자리에서 바닥에 구른다.

제3절 산업안전보건법 및 관련 지침

1. 산업안전보건법

(1) 산업안전보건법의 목적(법 제1조)

산업 안전 및 보건에 관한 기준을 확립하고 그 책임의 소재를 명확하게 하여 산업재해를 예방하고 쾌적한 작업환경을 조성함으로써 노무를 제공하는 사람의 안전 및 보건을 유지·증진함을 목적으로 한다.

(2) 용어의 정의(법 제2조)

용어	정의
산업재해	노무를 제공하는 사람이 업무에 관계되는 건설물·설비·원재료·가스·증기·분진 등에 의하거나 작업 또는 그 밖의 업무로 인하여 사망 또는 부상하거나 질병에 걸리는 것
중대재해	산업재해 중 사망 등 재해 정도가 심하거나 다수의 재해자가 발생한 경우로서 고용노동부령으로 정하는 재해
근로자	직업의 종류와 관계없이 임금을 목적으로 사업이나 사업장에 근로를 제공하는 사람
사업주	근로자를 사용하여 사업을 하는 자
근로자대표	근로자의 과반수로 조직된 노동조합이 있는 경우에는 그 노동조합을, 근로자의 과반수로 조직된 노동조합이 없는 경우에는 근로자의 과반수를 대표하는 자
안전보건진단	산업재해를 예방하기 위하여 잠재적 위험성을 발견하고 그 개선대책을 수립할 목적으로 조사·평가하는 것
작업환경측정	작업환경 실태를 파악하기 위하여 해당 근로자 또는 작업장에 대하여 사업주가 유해인자에 대한 측정계획을 수립한 후 시료를 채취하고 분석·평가하는 것

(3) 일반건강진단(법 제129조)

① 사업주는 상시 사용하는 근로자의 건강관리를 위하여 일반건강진단을 실시하여야 한다.

② 사업주는 특수건강진단기관 또는 「건강검진기본법」에 따른 건강검진기관에서 일반건강진단을 실시하여야 한다.

③ 일반건강진단의 주기·항목·방법 및 비용, 그 밖에 필요 사항은 고용노동부령으로 정한다.

(4) 건강진단에 관한 근로자의 의무(법 제133조)

근로자는 규정에 따라 사업주가 실시하는 건강진단을 받아야 한다.

+ 괄호문제

다음 괄호 안에 알맞은 내용을 쓰시오.

① (   )는 임금을 목적으로 사업이나 사업장에 근로를 제공하는 사람이다.

② (   )의 목적은 산업 안전 및 보건에 관한 기준을 확립하고 산업재해를 예방하는 것이다.

| 정답 |
① 근로자
② 산업안전보건법

확인! OX

산업안전보건법상 용어의 정의에 대한 설명이다. 옳으면 "O", 틀리면 "X"로 표시하시오.

1. 산업재해는 노무를 제공하는 사람이 작업 또는 업무로 인하여 사망 또는 부상하거나 질병에 걸리는 것이다. (   )

2. 중대재해는 산업재해 중 사망 등 재해 정도가 심하거나 다수의 재해자가 발생한 경우로서 고용노동부령으로 정하는 재해이다. (   )

정답 1. O   2. O

PART **03**

음식 재료관리

11%
출제율

출제포인트
• 자유수와 결합수의 비교
• 탄수화물의 분류와 특성
• 식품의 맛과 성분

제1절 식품재료 성분의 종류

1. 수분

중요도 ★☆☆

(1) 식품 중에 함유된 수분의 종류

유리수(자유수)	결합수
• 식품 중에 유리 상태로 존재	• 식품 중 유기물과 결합되어 분자 일부분 형성
• 미생물의 생육과 번식에 이용됨	• 미생물의 생육과 번식에 이용되지 못함
• 식품을 건조시키면 쉽게 증발됨	• 식품을 건조시켜도 증발되지 않음
• 0℃ 이하에서는 동결됨	• 0℃ 이하에서도 동결되지 않음
• 용질에 대해 용매로 작용함	• 용질에 대해 용매로 작용하지 못함
• 식품 변질에 영향을 줌	• 유리수보다 밀도가 큼
	• 100℃ 이상에서 가열해도 제거되지 않음

(2) 수분활성도(Aw ; Activity of Water)

① 임의의 온도에서 식품이 나타내는 수증기압을 그 온도의 순수한 물의 최대 수증기압으로 나눈 것이다.

② 수분활성도(Aw) = $\dfrac{\text{식품이 나타내는 수증기압}(P)}{\text{순수한 물의 최대 수증기압}(P_0)}$

③ 순수한 물의 수분활성도는 1이다.

④ 미생물은 수분활성도가 낮으면 생육이 억제된다.

⑤ 수분활성도 : 과실·채소·어패류 0.90~0.98, 곡류·콩류 0.60~0.64, 육류 0.92~0.97

※ 미생물의 생육 최적 수분활성도 : 세균 0.94~0.99, 효모 0.88, 곰팡이 0.80

01 수분활성도에 관한 설명으로 틀린 것은?

① 곰팡이의 생육과 번식이 가능한 수분활성도는 0.70~0.95 정도이다.

② 수분활성도와 수분함량은 일반적으로 같다.

③ 일반 식품의 수분활성도는 항상 1보다 작다.

④ Aw의 값이 작을수록 미생물의 이용이 쉽지 않다.

[해설]

• 수분활성도는 식품 중의 수분함량이 아니라, 임의의 온도에서 식품이 나타내는 수증기압을 그 온도에서 순수한 물의 최대 수증기압으로 나눈 값이다.

• 미생물의 생육 최적 수분활성도 : 세균 0.94~0.99, 효모 0.88, 곰팡이 0.80

02 자유수의 특성이 아닌 것은?

① 미생물의 생육, 증식에 이용된다.

② 식품을 냉동시키면 동결된다.

③ 용질에 대해 용매로 작용하는 물을 말한다.

④ 결합수보다 밀도가 크다.

[해설]

자유수의 밀도는 결합수의 밀도보다 작다.

[정답] 01 ② 02 ④

다음 괄호 안에 알맞은 내용을 쓰시오.

① ( )는 어떤 임의의 온도에서 식품이 나타내는 수증기압을 그 온도에서 순수한 물의 최대 수증기압으로 나눈 것이다. 채소, 과일 등은 높고, 곡류는 낮은 특성이 있다.

② 곰팡이, 세균, 효모의 증식에 필요한 최저 수분활성도를 높은 순서부터 나열하면 ( ) - ( ) - ( )이다.

| 정답 |

① 수분활성도

② 세균, 효모, 곰팡이

2. 탄수화물

중요도 ★★☆

(1) 탄수화물의 특성과 기능

① 탄소(C), 수소(H), 산소(O)로 구성된다.

② 탄수화물은 크게 소화되는 당질과 소화되지 않는 섬유소로 나뉜다.

③ 대사과정에 비타민 B_1이 반드시 필요하다.

④ 하루 총 열량의 65% 섭취가 적당하며, 다량 섭취 시 간과 근육에 글리코겐으로 저장된다.

(2) 탄수화물의 분류

① 단당류 : 가수분해에 의해 더 이상 분해되지 않는 탄수화물이다.

포도당(glucose)	• 동물체에는 글리코겐(glycogen) 형태로 저장 • 식물성 식품에 광범위하게 분포(포도 및 과실)
과당(fructose)	당류 중 가장 단맛이 강하고 과일, 꽃 등에 유리 상태로 존재
갈락토스(galactose)	포유동물의 유즙에 존재하며, 해조류나 두류에 다당류 형태로 존재
만노스(mannose)	6개 탄소 원자가 포함된 단당류이며 곤약, 감자, 백합 뿌리 등에 존재

확인! OX

결합수의 특징에 대한 설명이다. 옳으면 "O", 틀리면 "X"로 표시하시오.

1. 전해질을 잘 녹여 용매로 작용한다. ( )

2. 식품에서 미생물의 번식과 발아에 이용되지 못한다. ( )

[정답] 1. X 2. O

| 해설 |

1. 용질에 대해 용매로 작용하지 못한다.

+ 괄호문제

다음 괄호 안에 알맞은 내용을 쓰시오.

① 당류의 성분인 포도당, 과당, 맥아당, 설탕 중에서 단맛이 가장 강한 것은 ( )이고, 가장 약한 것은 ( )이다.

② 해조류에서 추출한 성분으로, 푸딩, 양갱 등의 젤화제로 쓰이고 아이스크림의 안정제로 사용되는 것은 ( )이다.

| 정답 |
① 과당, 맥아당
② 한천

---

② 이당류 : 수용성이며 단맛이 나는 두 분자의 단당류가 결합된 당류이다.

자당 (설탕, 서당 ; sucrose)	• 포도당과 과당이 결합된 당 • 단맛이 강한 표준 감미료이며, 사탕수수나 사탕무에 함유 • 전화당(포도당 : 과당 = 1 : 1로 섞여 있는 상태)
맥아당 (엿당 ; maltose)	• 포도당 두 분자가 결합된 당 • 엿기름에 많고 소화・흡수가 빠름
젖당 (유당 ; lactose)	• 포도당과 갈락토스가 결합된 당 • 당류 중 단맛이 가장 약함 • 유산균, 젖산균의 살균작용과 정장작용에 도움을 줌

※ 감미도가 강한 순서 : 과당 > 전화당 > 설탕(서당) > 포도당 > 맥아당(엿당) > 갈락토스 > 유당(젖당)

③ 다당류 : 단맛이 없으며 불용성인 다수의 단당류가 결합된 당류이다.

전분 (녹말 ; starch)	• 다수의 포도당으로 구성된 당 • 냉수에는 잘 녹지 않고, 열탕에 의해 팽윤・용해되어 풀처럼 됨 • 단맛은 거의 없고, 식물의 뿌리, 줄기, 잎 등에 존재
글리코겐 (glycogen)	동물체의 저장 탄수화물로 간, 근육, 조개류에 많이 함유
섬유소(cellulose)	체내에 분해효소가 없어 소화되지 않으나 정장작용을 촉진시켜 변비를 예방
펙틴(pectin)	• 세포 사이, 세포막에 존재하고 감귤류의 껍질에 많이 함유 • 젤(gel)화시키는 성질 때문에 잼, 젤리 제조에 이용
키틴(chitin)	새우, 게 껍질에 함유
이눌린(inulin)	과당의 결합체로 우엉, 돼지감자에 함유
아가(한천 ; agar)	우뭇가사리와 같은 홍조류의 세포성분으로 양갱, 젤리 제조에 이용
알긴산(alginic acid)	미역 등 갈조류의 세포막 성분으로 냉동 과자의 안정제로 쓰임

진짜 통째로 외워온 문제

다음 중 이당류에 속하는 것은?

① 설탕(sucrose) ② 전분(starch)
③ 과당(fructose) ④ 갈락토스(galactose)

[해설]

탄수화물의 분류
• 단당류 : 포도당, 과당, 갈락토스
• 이당류 : 맥아당(엿당), 설탕(서당, 자당), 유당(젖당)
• 다당류 : 전분(녹말), 글리코겐, 섬유소, 펙틴

정답 ①

확인! OX

탄수화물에 대한 설명이다. 옳으면 "O", 틀리면 "X"로 표시하시오.

1. 탄수화물은 탄소, 수소, 산소, 질소로 구성되어 있다.
( )

2. 탄수화물 중에서 맥아당, 설탕, 유당은 이당류에 속한다.
( )

정답 1. X 2. O

| 해설 |
1. 탄소, 수소, 산소로 구성되어 있다.

3. 지질

중요도 ★★☆

(1) 지질의 특성과 기능

① 탄소(C), 수소(H), 산소(O)로 구성된다.

② 물에 녹지 않고 유기용매[에테르(에터), 벤젠, 클로로폼, 사염화탄소 등]에 녹는다.

③ 필수지방산과 지용성 비타민 A, D, E, K의 흡수를 도와준다.

④ 지방조직과 세포막·호르몬 등의 구성성분으로 생리작용에 관여한다.

(2) 지질의 분류

① 단순지질(중성지방) : 지방산과 글리세롤이 결합한 에스테르[에터(지방, 왁스)]

② 복합지질 : 단순지질에 다른 화합물이 결합된 지질(인지질 = 단순지질 + 인, 당지질 = 단순지질 + 당)

③ 유도지질 : 단순지질과 복합지질의 가수분해로 생성되는 물질(스테로이드 콜레스테롤, 에르고스테롤, 스콸렌 등)

(3) 지방산의 분류

① 포화지방산

㉠ 이중결합이 없고 상온에서 고체로 존재한다.

㉡ 동물성 지방에 많이 함유되어 있다(스테아르산, 팔미트산 등).

② 불포화지방산

㉠ 이중결합이 있고 상온에서 액체로 존재한다.

㉡ 식물성 유지 또는 어류에 많이 함유되어 있다(올레산, 리놀레산, 리놀렌산, 아라키돈산 등).

③ 필수지방산(비타민 F)

㉠ 성장에 필수적인 것으로 비타민 F라고도 하며, 체내에서 합성되지 않아 식품으로 섭취해야 하는 지방산이다(리놀레산, 리놀렌산, 아라키돈산).

㉡ 대두유, 옥수수유, 식물성유와 생선의 간유에 다량 함유되어 있다.

㉢ 결핍증 : 피부염, 성장지연 등이 나타난다.

(4) 아이오딘가(요오드)가에 의한 분류

유지 100g 중에 첨가되는 아이오딘(요오드)의 g수에 의한 분류를 말하며, 불포화지방산을 많이 함유할수록 아이오딘값이 높다.

① 건성유(아이오딘가 130 이상) : 들깨, 아마인유, 호두기름 등

② 반건성유(아이오딘가 100~130) : 참기름, 대두유, 면실유, 유채기름 등

③ 불건성유(아이오딘가 100 이하) : 땅콩기름, 동백기름, 올리브유 등

+ 괄호문제

다음 괄호 안에 알맞은 내용을 쓰시오.

① 왁스, 인지질, 지방산, 단백지질 중 유도지질은 ( )이다.

② 중성지방의 구성성분은 지방산과 ( )이다.

| 정답 |

① 지방산

② 글리세롤

확인! OX

지방에 대한 설명이다. 옳으면 "O", 틀리면 "X"로 표시하시오.

1. 동식물에 널리 분포되어 있으며 보통 물에 잘 녹지 않고 유기용매에 녹는다. ( )

2. 포화지방산은 이중결합을 가지고 있는 지방산이다. ( )

정답 1. O 2. X

| 해설 |

2. 포화지방산은 이중결합을 가지고 있지 않다.

(5) 지질의 유화(emulsion)

① 수중유적형(O/W) : 물에 기름이 분산되어 있는 형태(우유, 아이스크림, 생크림, 마요네즈)

② 유중수적형(W/O) : 기름 중에 물이 분산되어 있는 형태(버터, 마가린)

진짜 통째로 외워온 문제

건성유에 대한 설명으로 옳은 것은?
① 고도의 불포화지방산 함량이 많은 기름이다.
② 포화지방산 함량이 많은 기름이다.
③ 공기 중에 방치해도 피막이 형성되지 않는 기름이다.
④ 대표적인 건성유는 올리브유와 낙화생유가 있다.

해설
식물성유(기름)의 종류
• 건성유(아이오딘가 130 이상) : 들깨유, 아마인유, 호두기름 등
• 반건성유(아이오딘가 100~130) : 참기름, 대두유, 면실유, 유채기름 등
• 불건성유(아이오딘가 100 이하) : 땅콩기름, 동백기름, 올리브유 등

정답 ①

4. 단백질　　중요도 ★★☆

(1) 단백질의 특성과 기능

① 탄소(C), 수소(H), 산소(O), 질소(N)로 구성되어 있고 황(S), 인(P) 등도 함유하고 있다.
② 수많은 아미노산의 펩타이드 결합(CO-NH)으로 이루어져 있다.
③ 질소 함량이 평균 16%이며, 식품 중의 질소 함량에 6.25를 곱하면 단백질의 양이 된다.
④ 성장을 담당하고 체조직을 구성하며 체내 수분함량, pH 조절 등 생리적 조절을 담당한다.

(2) 단백질의 분류

① 영양학적 분류

완전단백질	• 생명 유지, 성장에 필요한 모든 필수아미노산이 충분히 들어 있는 단백질 • 달걀, 우유 등의 모든 동물성 단백질, 콩 단백질
부분적 불완전단백질	• 동물 성장, 생육에 필요한 필수아미노산을 모두 함유하고 있으나 아미노산 함량이 부족한 단백질 • 식물성 단백질인 쌀의 오리제닌, 보리의 홀데인
불완전단백질	• 생명 유지 또는 성장에 필요한 충분한 양의 필수아미노산을 갖고 있지 못하며 불완전단백질만으로는 동물의 성장과 유지가 어려움 • 젤라틴, 옥수수의 제인

② 구성성분에 따른 분류

단순단백질	• 아미노산으로만 구성된 단백질 • 알부민, 글로불린류, 글루테닌류, 프롤라민, 히스톤
복합단백질	• 단백질과 비단백질 성분으로 구성된 복합형 단백질 • 단백질, 인단백질, 당단백질, 지단백질
유도단백질	• 단백질이 열, 산, 알칼리 등의 작용으로 변성되거나 분해된 단백질 • 1차 유도단백질 : 콜라겐을 물과 가열할 때 얻어지는 젤라틴, 프로테인 등 • 2차 유도단백질 : 프로테오스(proteose), 펩톤, 펩타이드, 아미노산 등

③ 필수아미노산 : 체내에서 합성될 수 없으므로 음식물로 섭취해야 한다.

    ㉠ 성인에게 필요한 필수아미노산 : 아이소류신, 류신, 라이신, 트레오닌, 발린, 트립

      토판, 페닐알라닌, 메티오닌, 히스티딘(8가지로 보는 경우 히스티딘 제외)

    ㉡ 성장기 아동·회복기 환자 등에게 필요한 필수아미노산 : 성인 필수아미노산 9가지

      + 아르지닌

④ 아미노산의 보강 : 불완전한 단백질을 영양학적으로 보완시키는 것

    예) 쌀(라이신 부족) + 콩(라이신 풍부) = 콩밥(단백질 공급이 완전한 형태)

진짜 통째로 외워온 문제

된장, 간장 제조 시 누룩곰팡이에서 생산된 어떤 성분의 분해효소가 발효시키는가?

① 무기질   ② 단백질

③ 비타민   ④ 탄수화물

해설

된장, 간장 등 장류 제조에는 누룩곰팡이균에서 생산된 단백질 분해효소가 관여한다.

정답 ②

＋ 괄호문제

다음 괄호 안에 알맞은 내용을 쓰시오.

① 치즈, 달걀, 생선은 ( ) 급원 식품이다.

② 신체의 근육이나 혈액을 합성하는 구성영양소는 ( )이다.

| 정답 |

① 단백질

② 단백질

확인! OX

필수아미노산에 대한 설명이다. 옳으면 "O", 틀리면 "X"로 표시하시오.

1. 체내에서 합성될 수 없으므로 음식물로 섭취해야 한다.
                        ( )

2. 아이소류신, 류신, 라이신, 글루타민산 등이 해당된다.
                        ( )

정답 1. O   2. X

| 해설 |

2. 글루타민산은 필수아미노산이 아니다.

5. 무기질

(1) 무기질의 특성과 기능

① 식품에 함유된 무기질의 종류에 따라 산성 식품, 알칼리성 식품으로 나뉜다.
  ㉠ 산성 식품 : 인, 황, 염소를 함유한 식품 → 곡류, 육류, 어패류, 달걀류
  ㉡ 알칼리성 식품 : 나트륨, 칼슘, 칼륨, 마그네슘을 함유한 식품 → 채소, 과일, 우유, 기름, 굴 등
② 산과 염기의 평형을 유지하고 생리적 반응을 위한 촉매제로 이용된다.
③ 세포의 삼투압을 조절하고 신경의 자극 전달에 필수적이다.

(2) 무기질의 종류

종류	특징	결핍증	급원식품
칼슘 (Ca)	• 골격, 치아 구성 • 비타민 K와 함께 혈액 응고에 관여 • 비타민 D와 섭취 시 칼슘 흡수 촉진	골다공증, 골격 · 치아 발육 불량	우유 및 유제품, 멸치, 뼈째 먹는 생선
인 (P)	• 인지질, 핵단백질의 구성성분 • 칼슘과 함께 뼈, 치아 구성 • 칼슘 : 인 권장 섭취비율 = 1 : 1(성인), 2 : 1(성장기 어린이)	골격 · 치아 발육 불량	곡류, 우유, 치즈
나트륨 (Na)	• 수분균형 유지, 삼투압 조절 • 산과 염기의 평형 유지, 근육수축에 관여	과잉증 : 고혈압, 심장병 유발	소금, 간장, 된장
칼륨 (K)	• 삼투압 조절, 수분균형 유지 • 신경 자극 전달	전신 경련, 의식 저하, 근무력증	백미, 김치, 돼지고기, 우유
철 (Fe)	헤모글로빈(혈색소) 구성성분	철분결핍성 빈혈	간, 난황, 육류, 녹황색 채소류
플루오린 (F)	골격, 치아를 단단하게 함	우치(충치) (과잉증 : 반상치)	해조류
아이오딘 (I)	• 갑상선 호르몬(티록신) 구성성분 • 유즙 분비 촉진	갑상선종, 크레틴병 (과잉증 : 바세도우씨병, 말단 비대증, 갑상선 기능 항진증)	해조류, 미역, 다시마
코발트 (Co)	• 비타민 B_{12} 구성성분 • 헤모글로빈 생성에 필요 • 조혈작용, 효소작용의 활성화	빈혈, 전신권태	쌀, 콩

진짜 통째로 외워온 문제

알칼리성 식품에 해당하는 이온이 아닌 것은?

① Na
② Ca
③ Cl
④ Mg

해설
알칼리성 식품은 나트륨, 칼슘, 칼륨, 마그네슘을 함유한 식품이다.

정답 ③

6. 비타민

중요도 ★★★

(1) 비타민의 특성과 기능

① 인체 내에서 미량으로 필요하지만 없어서는 안 될 필수 물질이다.

② 에너지나 신체 구성물질로 사용되지 않는다.

③ 대부분 체내에서 합성되지 않으므로 음식을 통해서 공급되어야 한다.

④ 여러 결핍증을 예방하고 대사작용의 조절물질로 이용된다.

(2) 지용성 비타민의 종류

종류	특징	결핍증	급원식품
비타민 A (레티놀)	• 상피세포 보호, 눈 기능 발달 • 식물성 식품에는 카로틴이 포함되어 있어 동물의 몸에 들어오면 비타민 A로 작용함	야맹증, 안구 건조증	간, 난황, 버터, 시금치, 당근
비타민 D (칼시페롤)	• 골격, 치아 발육 • 식품에서 섭취하지 않아도 햇빛의 자외선에 의해 인체 내에서 합성됨 • 비타민 D의 기원 : 에르고스테롤 →(자외선) 에르고스칼시페롤	구루병	건조식품 (말린 생선, 버섯)
비타민 E (토코페롤)	• 항산화 작용, 노화 방지 • 지질 섭취 시 흡수율이 좋아짐	노화 촉진(사람), 불임증(동물)	곡물의 배아, 식물성유, 푸른잎 채소
비타민 K_1 (필로퀴논)	• 혈액응고에 관여해 지혈작용 • 장내세균에 의해 인체 내에서 합성	혈액응고 지연	녹색 채소, 토마토, 콩, 달걀

(3) 수용성 비타민의 종류

종류	특징	결핍증	급원식품
비타민 B_1 (티아민)	• 탄수화물 대사작용에 필수적임 • 당질을 다량 섭취하는 한국인에게 꼭 필요함 • 알리신(마늘의 매운맛 성분)에 의해 흡수율 증가	각기병	돼지고기, 곡류의 배아
비타민 B_2 (리보플라빈)	• 성장 촉진작용 • 피부점막 보호	구순염, 구각염	우유, 간, 고기, 씨눈
비타민 B_6 (피리독신)	• 항피부염 인자로서 단백질 대사작용 및 지방합성에 관여 • 열에는 안정적이나 빛에는 분해됨	피부염	간, 효모, 곡류 배아
비타민 B_{12} (시아노코발라민)	• 성장 촉진작용, 조혈작용 • Co(코발트), P(인) 함유	악성빈혈	살코기, 선지
나이아신 (니코틴산)	• 탄수화물 대사작용 증진, 펠라그라 피부염 예방 • 필수아미노산인 트립토판 60mg으로 나이아신 1mg 생성	펠라그라 (설사, 피부병, 우울증)	닭고기, 생선, 유제품, 땅콩, 두류
비타민 C (아스코브산)	• 체내 산화 · 환원작용에 관여 • 세포질 성장을 촉진시키는 단백질 대사에 작용 • 물에 잘 녹고 열에 쉽게 파괴됨 → 조리 시 가장 많이 손실되는 영양소 • 아스코비나제(ascorbinase) : 비타민 C 파괴효소로 당근, 무, 오이 등에 함유	괴혈병	신선한 채소, 과일

+ 괄호문제

다음 괄호 안에 알맞은 내용을 쓰시오.

① 지용성 비타민인 ( )는 식품에서 섭취하지 않아도 자외선에 의해 인체 내에서 합성되며, 결핍 시 구루병 증세를 보인다.

② 비타민 ( )는 성장 촉진 및 조혈작용에 관여하며, 결핍 시 악성빈혈 증세를 보인다.

| 정답 |

① 비타민 D

② B_{12}

확인! OX

비타민 결핍증세에 대한 설명이다. 옳으면 "O", 틀리면 "X"로 표시하시오.

1. 비타민 A가 결핍되면 야맹증, 안구 건조증 등의 증세를 보인다. ( )

2. 비타민 B_1의 결핍증에는 괴혈병이 있다. ( )

정답 1. O 2. X

| 해설 |

2. 비타민 B_1의 결핍증은 각기병이다.

+ 괄호문제

다음 괄호 안에 알맞은 내용을 쓰시오.

① 안토시안 색소는 산성에서 적색, 알칼리에서 (   )으로 변색된다.

② 오이피클 제조 시 오이의 녹색이 녹갈색으로 변하는 이유는 (   )이 생겨서이다.

| 정답 |

① 청색

② 페오피틴

진짜 통째로 외워온 문제

다음 중 신체에 열량을 공급하는 급원식품은?

① 생강   ② 설탕

③ 시금치   ④ 고춧가루

해설

시금치는 단백질, 비타민, 철분, 칼슘, 마그네슘 등의 영양소가 풍부하다.

정답 ③

제2절   식품의 색·갈변·맛·냄새

---

1. 식품의 색소   중요도 ★★☆

(1) 식물성 색소

① 클로로필

ㄱ 식물체 잎, 줄기의 녹색 색소로 마그네슘(Mg) 함유

ㄴ 산성(식초 첨가) → 녹갈색(페오피틴)

ㄷ 알칼리[탄산수소나트륨(중조) 첨가] → 진한 녹색

② 플라보노이드

ㄱ 수용성의 색소로서 옥수수, 밀가루, 양파 등에 함유

ㄴ 산성 → 흰색(연근, 우엉을 하얗게 조리하기 위해 식초물에 담금)

ㄷ 알칼리 → 진한 황색[밀가루 반죽에 탄산나트륨(소다)을 넣고 빵을 찌면 진한 황색이 됨]

③ 안토시안

ㄱ 꽃, 딸기 등의 적색 색소와 포도, 가지, 검정콩 등의 자색 색소

ㄴ 산성(식초물) → 선명한 적색

ㄷ 중성 → 보라색

ㄹ 알칼리[탄산나트륨(소다) 첨가] → 청색

ㅁ 생강은 담황색이지만 산성에서 분홍색으로 색깔 변화가 일어나는 안토시안 색소를 함유

④ 카로티노이드

ㄱ 황색, 오렌지색, 적색의 색소 → 당근, 토마토, 고추, 고구마, 감 등에 함유

ㄴ 담황색, 진한 오렌지색 → 난황에 함유된 색소(카로티노이드)

ㄷ 산이나 알칼리에 변화 받지 않고 기름에 녹음

확인! OX

식품의 색에 대한 설명이다. 옳으면 "O", 틀리면 "X"로 표시하시오.

1. pH 3 이하의 산성에서 검정콩의 색깔은 적색이다.
                                    (   )

2. 신선한 육류를 공기 중에 놓으면 마이오글로빈이 옥시마이오글로빈이 되면서 선홍색이 된다.   (   )

정답 1. O   2. O

(2) 동물성 색소

① 마이오글로빈(myoglobin)

ㄱ 신선한 생육의 적색

ㄴ 공기에 닿으면 선홍색(옥시마이오글로빈), 산화되면 암갈색(메트마이오글로빈)이 됨

ㄷ 가열에 의해 회갈색(헤마틴)이 됨

② 헤모글로빈(hemoglobin)

ㄱ 혈액색소(Fe 함유)

ㄴ 수육 가공 시 질산칼륨이나 아질산칼륨을 첨가하면 선홍색 유지 가능

③ 헤모시아닌(hemocyanin)

ㄱ 문어, 오징어 등의 연체류에 포함(Cu 함유)되어 있는 파란색 색소

ㄴ 익히면 적지색으로 변함

④ 아스타잔틴(astaxanthin)

ㄱ 피조개의 붉은살

ㄴ 새우, 게, 가재 등에 포함되어 있는 흑색·청록색의 색소

ㄷ 가열 및 부패에 의해 아스타신(astacin)의 붉은색으로 변함

완두콩을 조리할 때 정량의 황산구리를 첨가하면 생기는 효과로 맞는 것은?

① 비타민이 보강된다.

② 무기질이 보강된다.

③ 냄새를 보유할 수 있다.

④ 녹색을 보유할 수 있다.

해설
완두콩은 황산구리를 적당량 넣어 물에 삶으면 푸른빛이 고정된다.

정답 ④

2. 식품의 갈변

중요도 ★★★

(1) 효소적 갈변

① 식품이 산화되면서 페놀화합물 이산화효소인 페놀옥시다제에 의해 갈색 색소인 멜라닌으로 변한다.

② 사과, 배, 가지, 감자, 고구마, 밤, 바나나, 홍차, 우엉 등에서 일어난다.

③ 레몬, 밀감 등 신맛이 많이 나는 과일은 환원성 물질인 비타민 C 함량이 많아서 쉽게 갈변되지 않는다.

④ 방지법

   ㉠ 열처리 : 데쳐서(블랜칭 ; blanching) 효소를 불활성화시킨다.

   ㉡ 산 이용 : pH 3 이하로 조절한다.

   ㉢ 당 또는 염류 첨가 : 껍질을 벗긴 배·사과를 설탕물, 소금물에 담근다.

   ㉣ 산소 제거 : 공기를 제거하여 보관하거나 이산화탄소, 질소가스를 주입한다.

   ㉤ 공기 접촉 차단 : 감자에 있는 수용성 효소인 타이로시나제(타이로시네이스 ; tyrosinase)는 공기와 결합해 갈변하므로 물에 담가 둔다.

   ㉥ 구리, 철분 등에 의해 갈변현상이 촉진되므로 구리나 철로 만든 칼 대신 스테인리스 칼을 사용한다.

(2) 비효소적 갈변

① 마이야르 반응(메일라드 반응 ; maillard reaction)

   ㉠ 포도당이나 설탕이 아미노산과 만나 갈색 물질인 멜라노이딘을 형성하는 반응

   ㉡ 분유, 간장, 된장, 누룽지, 케이크, 쿠키, 오렌지 주스 등의 갈변작용

② 캐러멜화 반응

   ㉠ 당류를 고온(180~200℃)으로 가열하면 적갈색을 띤 점조성 물질로 변하는 현상

   ㉡ 간장, 소스, 합성청주, 약식 등 식품 가공에 이용

③ 아스코브산(ascorbic acid)의 반응 : 감귤류의 가공품인 오렌지 주스나 과채류 가공식품 등에서 일어나는 갈변반응

진짜 통째로 외워온 문제

사과를 깎아 방치했을 때 나타나는 갈변현상과 관계없는 것은?

① 산화효소
② 섬유소
③ 산소
④ 페놀류

해설

채소나 과일의 껍질을 벗겨 방치하면, 상처받은 조직이 공기 중에 노출돼 페놀화합물 이산화효소인 페놀옥시다제에 의해 갈색 색소인 멜라닌으로 전환되어 갈변현상이 발생한다.

정답 ②

3. 식품의 맛과 냄새 중요도 ★☆☆

(1) 식품의 기본적인 맛(Henning의 4원미)

① 단맛(맛을 느끼는 최적온도 20~50℃)
   ㉠ 포도당, 과당, 맥아당 등의 단당류, 이당류
   ㉡ 천연 감미료 : 당류, 당알코올, 아미노산 및 펩타이드
   ㉢ 인공 감미료 : 아스파탐

② 짠맛(맛을 느끼는 최적온도 30~40℃) : 염화나트륨(소금)

③ 신맛(맛을 느끼는 최적온도 5~25℃) : 식초산, 구연산(감귤류, 살구), 주석산(포도), 개미산

④ 쓴맛(맛을 느끼는 최적온도 40~50℃) : 카페인(커피), 데오브로민(코코아), 타닌 (tannin : 차류), 테인(theine : 차류), 후물론(맥주), 쿠쿠르비타신(cucurbitacin : 오이의 녹색 꼭지 부분), 나린진(naringin : 감귤류의 과피)

(2) 보조적인 맛

① 감칠맛 : 여러 맛의 성분이 혼합되어 조화된 맛
   ㉠ 이노신산 : 가다랑어 말린 것(가다랑어포), 멸치
   ㉡ 글루타민산 : 다시마, 된장
   ㉢ 시스테인, 라이신 : 육류, 어류
   ㉣ 호박산 : 조개류
   ㉤ 핵산 계열 조미료 : 5′-GMP(표고버섯, 송이버섯 등 함유), 5′-IMP(소고기, 돼지고기 등 함유), 5′-XMP[GMP 생성효소 작용에 의해 구아노신 5′-GMP(글루탐산, 피로인산 등)로 전환]

② 매운맛(맛을 느끼는 최적온도 50~60℃) : 미각신경을 자극할 때 형성되며 통각에 가까움

③ 떫은맛
   ㉠ 단백질의 응고작용으로 발생
   ㉡ 타닌 성분 : 미숙한 과일에 포함되어 있는 떫은맛의 폴리페놀 성분(인체 내에서 변비 유발)

④ 아린맛
   ㉠ 쓴맛과 떫은맛이 혼합된 맛
   ㉡ 죽순, 토란, 고사리에서 느낄 수 있는 맛

⑤ 식품의 특수성분 : 캡사이신(고추), 세사몰(참기름), 알리신(마늘), 차비신(후추), 진저론(생강), 쇼가올(생강), 시니그린(겨자), 트라이메틸아민(생선 비린내 성분), 알릴 아이소싸이오사이아네이트(와사비)

다음 괄호 안에 알맞은 내용을 쓰시오.

① 쓴 약을 먹은 직후 물을 마시면 단맛이 나는 것처럼 느끼게 되는 현상은 맛의 (　)현상이라고 한다.

② 온도가 상승하면 매운맛은 (　)한다.

| 정답 |
① 변조
② 증가

(3) 맛의 여러 가지 현상

① 맛의 대비현상(강화현상)

　㉠ 서로 다른 두 가지 맛이 작용하여 주된 맛 성분이 강해지는 현상

　㉡ 단팥죽에 약간의 소금을 첨가하면 단맛이 증가

② 맛의 변조현상

　㉠ 한 가지 맛을 느낀 직후 다른 맛을 느끼지 못하는 현상

　㉡ 오징어를 먹은 직후 밀감을 먹으면 쓰게 느껴지고, 쓴 약을 먹은 직후 물을 마시면 물맛이 달게 느껴짐

③ 미맹현상 : PTC(Phenylthiocarbamide)라는 화합물에 대하여 쓴맛을 느끼지 못하는 현상

④ 맛의 상쇄현상

　㉠ 정미 성분이 다른 두 종류의 성분을 혼합함으로써 각각의 맛은 느껴지지 않고 조화된 맛으로 느껴지는 현상

　㉡ 커피와 설탕, 지나친 신맛의 과일과 설탕

⑤ 맛의 억제현상

　㉠ 서로 다른 맛 성분이 혼합되었을 때 주된 정미 성분의 맛이 약화되는 현상

　㉡ 김치의 짠맛과 신맛, 간장·된장의 소금맛과 감칠맛

⑥ 맛의 온도

　㉠ 일반적으로 혀의 미각은 30℃ 전후에서 가장 예민함

　㉡ 온도가 상승하면 매운맛은 증가하고 온도가 내려가면 쓴맛은 감소함

(4) 식물성 식품의 냄새

① 알코올 및 알데하이드류 : 주류, 감자, 복숭아, 오이, 계피 등

② 테르펜류 : 녹차, 찻잎, 레몬, 오렌지 등

③ 에스테르(에스터)류 : 과일(사과, 배, 복숭아)향

④ 황화합물 : 마늘, 양파, 파, 무, 부추, 고추냉이 등

(5) 동물성 식품의 냄새

① 육류

　㉠ 신선한 고기 : 아세트알데하이드

　㉡ 부패 고기 : 메틸메르캅탄, H_2S, 인돌 등 생성

② 우유 및 유제품 : 휘발성 카보닐 화합물 및 다이아세틸, 아세토인 등

③ 생선의 비린내 : 트라이메틸아민

식품의 냄새에 대한 설명이다. 옳으면 "O", 틀리면 "X"로 표시하시오.

1. 생선의 신선도가 저하될 때 테르펜류가 많이 생성된다.
　　　　　　　　　　(　)

2. 식물성 식품의 냄새 성분으로 알코올, 알데하이드류 등이 있다.　　　(　)

　　　정답 1. X 2. O

| 해설 |
1. 생선의 비린내 성분은 트라이메틸아민이다.

감칠맛을 갖는 핵산이 아닌 것은?

① 5′-IMP
② 5′-XMP
③ 5′-GMP
④ 5′-UMP

해설
핵산 계열 조미료에는 표고버섯, 송이버섯 등에 들어 있는 5′-GMP, 소고기, 돼지고기 등에 들어 있는 5′-IMP 등이 있다. 5′-XMP는 합성과정의 대사중간생성물로, GMP 생성효소 작용에 의해 구아노신 5′-GMP(글루탐산, 피로인산 등)로 전환된다.
5′-UMP
세포 속 핵의 구성성분(글루타민)으로, 기억력 담당 신경전달물질의 원료이고, 모유 수유 산모에게서 자연적으로 발견되는 화합물이다.

정답 ④

+ 괄호문제

다음 괄호 안에 알맞은 내용을 쓰시오.
① ( )은 외부의 변형으로부터 본래대로 되돌아가려는 성질이다.
② ( )은 원래의 상태로 돌아가지 않는 성질이다.

| 정답 |
① 탄성
② 가소성

4. 식품의 물성

① 기포성 : 액체(분산매)에 공기와 같은 기체(분산질)가 분산된 것
② 점성(粘性, viscosity) : 액체가 흐르기 쉬운지 어려운지를 나타내는 성질
③ 탄성(彈性, elasticity) : 외부의 힘에 의한 변형으로부터 본래대로 되돌아가려는 성질 (젤리)
④ 가소성(plasticity) : 원래의 상태로 돌아가지 않는 성질(버터, 마가린, 생크림)
⑤ 점탄성(viscoelasticity) : 점성 + 탄성의 상태(추잉 껌, 밀가루 반죽)

5. 식품의 유독성분   중요도 ★★★

식품	독성분	중독증상
독버섯	무스카린, 팔린, 아마니타톡신, 무스카리딘, 콜린, 뉴린, 필스톡신	발한, 구토, 설사, 시야장애 등
감자	솔라닌	복통, 설사, 구토, 의식장애 등
미숙한 매실·살구씨	아미그달린	복통, 구토, 설사 등
독미나리	시큐톡신	복통, 구토, 현기증, 경련 등
독보리	테물린	구토, 설사, 현기증 등
복어독	테트로도톡신	지각이상, 운동·호흡장애 등
섭조개, 대합조개	삭시톡신	입술 주변 따끔거림, 호흡곤란 등
모시조개, 바지락, 굴	베네루핀	복통, 구토, 간기능 저하 등

확인! OX

식품 성분에 대한 설명이다. 옳으면 "O", 틀리면 "X"로 표시하시오.
1. 조개류에서 유래하는 식품의 독성분은 베네루핀이다. ( )
2. 어패류의 신선도 판정 시 초기부패의 기준이 되는 물질은 삭시톡신이다. ( )

정답 1. O 2. X

| 해설 |
2. 기준 성분은 트라이메틸아민이다.

효소

2%
출제율

출제포인트
• 소화작용
• 탄수화물 소화효소
• 단백질 소화효소

기출 키워드

효소작용, 숙성, 변색, 효소반응,
소화효소, 소화작용, 흡수작용

제1절   식품과 효소

1. 효소

(1) 효소의 식품에 대한 작용

① 효소작용의 이용 : 육류, 치즈, 된장의 숙성
② 효소작용의 억제 : 식품의 선도 유지 및 변색 방지

(2) 효소 반응에 영향을 미치는 인자

① 온도 : 효소의 반응속도는 온도가 높아지면 증가하나, 온도가 지나치게 높으면 효소의
주성분인 단백질이 변성하여 오히려 반응속도가 감소하거나 활성을 잃는다.
② pH : 효소에 따라 최적 pH가 다르지만 대개 pH 4.5~8.0 범위이며, 완충액의 종류,
기질 및 효소의 농도, 작용 온도 등에 따라 달라진다.
③ 효소 농도 및 기질 농도 : 반응 초기에는 효소 농도와 반응속도(활성도)가 비례하여
증가하나, 후기에는 기질을 더 첨가하지 않는 한 효소 농도가 증가해도 반응속도가
크게 증가하지 않는다.

2. 소화와 흡수   중요도 ★★☆

(1) 소화작용

① 침에 있는 소화효소
    ㉠ 프티알린 : 전분 → 맥아당
    ㉡ 말타제(말테이스 ; maltase) : 맥아당 → 포도당
② 위에서의 소화작용 효소(성인의 경우)
    ㉠ 펩신 : 단백질 → 펩톤
    ㉡ 불활성의 펩시노겐이 펩신으로 활성화
    ㉢ 레닌(rennin) : 우유단백질(카세인) → 응고(파라카세인) (젖먹이, 송아지의 경우)
    ㉣ 리파제(라이페이스 ; lipase) : 지방 → 지방산 + 글리세린

③ 췌장에서 분비되는 소화효소

    ⊙ 트립신 : 단백질과 펩톤 → 아미노산

    ⓛ 스테압신 : 지방 → 지방산 + 글리세롤

    ⓒ 에렙신 : 단백질과 펩톤 → 아미노산

    ⓔ 아밀롭신 : 전분 → 맥아당, 포도당

④ 장에서의 소화효소

    ⊙ 수크라제(수크레이스 : sucrase) : 서당 → 포도당 + 과당

    ⓛ 말타제 : 엿당 → 포도당 + 포도당

    ⓒ 락타제(락테이스 : lactase) : 젖당 → 포도당 + 갈락토스

    ⓔ 리파제 : 지방 → 지방산 + 글리세롤

(2) 흡수작용

소장(소화된 영양소), 대장(물), 위(알코올)에서 흡수된다.

진짜 통째로 외워온 문제

다음 각 영양소와 그 소화효소의 연결로 옳은 것은?

① 무기질 – trypsin
② 지방 – amylase
③ 단백질 – lipase
④ 당질 – ptyalin

해설
침 속에 있는 효소인 프티알린은 전분을 덱스트린과 맥아당으로 분해한다.

정답 ④

식품과 영양

출제포인트
- 영양소별 급원식품
- 영양소의 역할과 성질
- 영양소의 섭취

제1절 **영양소의 기능 및 영양소 섭취기준**

1. 식품의 영양학적 분류 중요도 ★★☆

(1) 영양소의 역할에 따른 분류

① 열량영양소 : 인체 활동의 에너지원(탄수화물 4kcal/g, 단백질 4kcal/g, 지방 9kcal/g)

② 구성영양소 : 신체 구성의 체조직을 만드는 성분을 공급(단백질, 무기질, 물)

③ 조절영양소 : 체내 생리작용을 조절하여 대사를 원활하게 함(비타민, 무기질, 물)

(2) 성질에 의한 분류

① 산성 식품 : P(인), S(황), Cl(염소), N(질소) 등을 함유하고 있는 식품(곡류, 어류, 알류, 육류 등)

② 알칼리성 식품 : Na(나트륨), Mg(마그네슘), K(칼륨), Ca(칼슘), Fe(철분) 등을 함유하고 있는 식품(해조류, 채소류, 과일류, 우유 등)

(3) 기초 식품군(5가지)

영양소	주요 식품군	급원식품	특징	
단백질	육류, 어패류, 알류, 콩류, 견과류	소고기, 돼지고기, 닭고기, 생선, 조개, 콩, 두부, 달걀, 햄, 베이컨, 치즈, 호두 등	근육, 혈액, 뼈, 모발, 피부, 장기 등 몸의 조직 구성	구성 식품
칼슘	우유 및 유제품, 뼈째 먹는 생선	멸치, 뱅어포, 잔생선, 새우, 우유, 분유, 아이스크림, 요구르트 등		
비타민, 무기질	채소류, 과일류	시금치, 당근, 배추, 사과, 딸기, 김, 미역, 다시마 등	생리기능 조절, 질병 예방	조절 식품
탄수화물	곡류, 감자류	쌀, 보리, 콩, 팥, 밀, 감자, 고구마, 토란, 빵, 설탕 등	힘, 체온 발생	열량 식품
지방	유지류	면실유, 참기름, 들기름, 쇼트닝, 버터, 마가린, 깨소금 등		

2. 영양소 섭취기준

(1) 한국인 영양섭취기준(KDRIs)

① 정의 : 질병이 없는 대다수 한국인들이 건강을 최적 상태로 유지하고 질병을 예방하는 데 도움이 되도록 필요한 영양소 섭취 수준을 제시한 것이다.

② 식사구성안 : 일반인에게 영양섭취기준에 만족할 만한 식사를 제공할 수 있도록 식품군별 대표 식품과 섭취 횟수를 이용하여 식사의 기본 구성 개념을 설명한 것이다.

③ 식품구성자전거 : 다양한 식품 섭취를 통한 균형 잡힌 식사와 수분 섭취의 중요성, 적당한 운동을 통한 건강 유지라는 기본 개념을 나타낸 것이다.

※ 면적 비율 : 곡류 > 채소 > 고기 · 생선 · 달걀 · 콩 > 우유 · 유제품 > 과일 > 유지 · 당

진짜 통째로 외워온 문제

에너지 공급원으로 감자 160g을 보리쌀로 대체할 때 필요한 보리쌀량은?(단, 감자 당질 함량은 14.4%이고, 보리쌀 당질 함량은 68.4%이다)

① 20.9g

② 27.6g

③ 31.5g

④ 33.7g

해설

$$대체식품량 = \frac{원래\ 식품의\ 양 \times 원래\ 식품의\ 식품분석표상의\ 해당\ 성분수치}{대체하고자\ 하는\ 식품의\ 식품분석표상의\ 해당\ 성분수치}$$

$$= \frac{160 \times 14.4}{68.4}$$

$$\fallingdotseq 33.7g$$

정답 ④

+ 괄호문제

다음 괄호 안에 알맞은 내용을 쓰시오.

① 완두콩밥, 된장국, 장조림, 명란알 찜, 두부조림, 생선구이로 구성된 식단에서 편중되어 있는 영양가의 식품군은 ( )이다.

② 우유 100g 중 당질 5g, 단백질 4g, 지방 3.5g이 들어 있다면 우유 180g은 ( )kcal를 낸다.

| 정답 |

① 단백질

② 121.5

확인! OX

영양소의 섭취에 대한 설명이다. 옳으면 "O", 틀리면 "X"로 표시하시오.

1. 소고기가 비싸서 대체식품으로 닭고기를 선정하였다. ( )

2. 시금치의 대체식품으로 값이 싼 달걀을 구매하였다. ( )

정답 1. O 2. X

| 해설 |

2. 시금치와 비슷한 영양소를 가진 양배추, 브로콜리, 청경채 등이 대체식품이 될 수 있다.

PART **04**

음식 구매관리

시장조사 및 구매관리

출제포인트
- 시장조사 원칙
- 식품 구매관리
- 재고관리 방법

기출 키워드

시장조사, 생산계획, 구매관리, 재고관리, 재고회전율, 대치식품

제1절 시장조사 및 식품 구매관리

1. 재료 구매계획 수립

(1) 시장조사

시장조사는 구매활동에 필요한 자료의 수집, 분석, 검토를 통해 최적의 구매를 계획하여 생산활동, 원가절감, 이익증대를 도모하는 것이다.

(2) 시장조사의 목적

① 구매가격의 예산 결정
② 합리적인 구매계획의 수립
③ 신제품의 설계
④ 제품 개량

(3) 시장조사의 내용

① 품목, 품질, 수량, 가격, 시기, 거래처, 거래조건 등을 조사한다.
② 품목 선정 시 대치식품(필요한 식품 대신 영양가가 같고 값은 저렴한 식품)을 고려한다.

2. 식품의 구매

(1) 구매 절차

수요예측 → 구매량과 품질 검토 및 확인 후 구매 필요성 인식 → 물품 구매 → 구매청구서 작성 및 송부 → 재고량 조사 및 발주량 결정 → 구매명세서 작성 → 구매발주서 작성 → 공급업체 선정 → 주문 확인전화 → 물품 배달 및 검수 → 입·출고 및 재고관리 수행 → 납품대금 지불

(2) 식품 발주

① 발주서 작성 : 물품명, 품질규정·등급, 포장단위, 단가, 물품 용도, 필요량, 폐기율, 비용, 용량 등을 고려하여 작성한다.

② 폐기량과 정미량

    ㉠ 폐기량 : 조리 시 식품에서 버려지는 부분

    ㉡ 정미량 : 폐기량을 제하고 먹을 수 있는 부분의 중량

    ㉢ 폐기율 : 식품의 전체 중량에 대한 폐기량을 퍼센트(%)로 표시한 것

    ㉣ 발주량 $= \dfrac{\text{정미량} \times 100}{100 - \text{폐기율}} \times$ 인원수

(3) 구매계약 방법

① 일반 경쟁 입찰 : 다수의 불특정 공급업체에게 농일한 공고를 제시하고 경쟁을 통해 업체를 선정하는 방법이다.

② 지명 경쟁 입찰 : 특정한 자격과 조건을 보유한 업체만 경쟁 입찰에 참여할 수 있도록 제한하는 방법이다.

③ 제한 경쟁 입찰 : 공고에 명시된 자격을 가진 업체만 경쟁 입찰에 참여할 수 있도록 제한하는 방법이다.

④ 수의계약 : 계약 내용을 이행할 자격을 가진 특정 공급업체와 체결하는 계약방법이다.

---

1. 재료 재고관리　　중요도 ★★☆

(1) 재고관리

① 수요가 발생했을 때 경제적으로 대응할 수 있도록 재고 수준을 최적 상태로 관리하는 것이다.

② 재고수준 : 수요를 미리 예측하여 재고로 보유해야 할 자재 수량이다.

③ 적정재고 : 수요를 가장 경제적으로 충족시킬 수 있는 최소한의 재고량이다.

(2) 재고관리 유형

① 영구재고 시스템 : 물품의 입고 및 출고 시에 수량을 계속해서 기록함으로써 물품의 목록과 수량을 알고 적정 재고량을 유지하는 방법이다.

② 실사재고 시스템 : 주기적으로 보유하고 있는 물품의 수량과 목록을 확인하여 기록하는 방법이다.

다음 괄호 안에 알맞은 내용을 쓰시오.

① 입고가 먼저 된 것부터 순차적으로 출고하여 출고 단가를 결정하는 방법은 (　) 이다.
② 일정 기간의 구매 물품 총액을 구입 수량으로 나눈 평균 단가를 가격으로 하는 방법은 (　)이다.

| 정답 |
① 선입선출법
② 총평균법

(3) 재고자산 평가방법

① **선입선출법(FIFO ; First-in, First-out)** : 먼저 입고된 물품을 먼저 출고한다는 원칙에 의해 재고를 평가하는 방법으로 가장 많이 사용한다.
② **후입선출법(LIFO ; Last-in, First-out)** : 최근에 구입한 물품을 먼저 사용한다는 원칙에 의해 자산을 평가하는 방법이다.
③ **실제 구매가법(개별법)** : 남은 재고의 실제 구입단가를 적용하여 평가하는 방법이다.
④ **총평균법** : 과거 일정 기간 동안 구매한 물품의 구매 총액을 같은 기간 구입한 수량으로 나누어 평균단가를 구하고 남은 재고량을 평가하는 방법이다.
⑤ **최종 구매가법** : 재고물품의 실제 구매가격이나 양에 관계없이 가장 최근의 구매단가를 재고량에 곱하여 재고자산을 산출하는 방법이다.

2. 재고회전율

(1) 재고회전율의 정의

일정 기간 동안 재고가 몇 회 회전했는지를 나타내는 것으로, 물품의 평균 사용횟수나 판매 횟수를 말한다.

(2) 재고회전율 < 표준 재고회전율

① 재고량이 높아 물품의 낭비나 유출이 발생할 수 있다.
② 저장기간이 길어 물품의 손실이 커질 수 있다.

(3) 재고회전율 > 표준 재고회전율

① 재고량이 낮아 물량이 적어 요리상품 생산이 지연된다.
② 재료가격이 일정치 않아 식재료비가 증가할 수 있다.
③ 조리 종사자들의 업무 과다 및 사기 저하, 소비자 불만의 원인이 될 수 있다.

확인! OX

재고회전율이 표준보다 높을 때 나타나는 현상에 대한 설명이다. 옳으면 "O", 틀리면 "X"로 표시하시오.

1. 재고가 과잉수준이므로 낭비되는 양이 증가할 수 있다.
(　)
2. 종업원의 사기와 고객만족도를 증가시킬 수 있다.
(　)

정답 1. X 2. X

| 해설 |
1, 2. 재고량이 적어 요리상품 생산이 지연되고 종업원의 업무 과다, 소비자 불만의 원인이 될 수 있다.

진짜 통째로 외워온 문제

입고량, 출고량, 재고량 등을 계속적으로 기록하는 것은?

① 영구재고 시스템
② 선입선출 시스템
③ 실사재고 시스템
④ 후입선출 시스템

해설
물품의 입고 수량과 출고 수량을 계속적으로 기록하여 적정 재고량을 유지하는 방법은 영구재고 시스템이다.

정답 ①

검수관리

출제포인트
- 식품 검수방법
- 신선한 식품의 감별법
- 조리기구 및 설비 특성

제1절 **식재료의 품질 확인 및 선별**

1. 식재료 선별 및 검수

(1) 식품의 검수

① 검수관리란 배달된 물품이 주문내용과 일치하는가를 확인하는 절차이다.

② 검수방법
- ㉠ 전수 검사법 : 납품된 물품을 전부 검사하는 방법
- ㉡ 샘플링(발췌) 검사법 : 납품된 물품 중에서 일부의 시료를 뽑아서 검사하는 방법

(2) 식재료 검사방법

① 관능검사 : 육안으로 식품의 현상, 색, 냄새, 맛(음료, 향료, 된장, 간장, 과자), 촉각(밀가루, 곡류), 청각(수박, 통조림, 계란), 크기, 광택 등을 검사한다.

② 이화학적 검사
- ㉠ 검경적 방법 : 현미경 등을 이용하여 조직, 세포 모양, 협잡물, 미생물 등 판정
- ㉡ 화학적 방법 : 화학적 성분 분석
- ㉢ 물리학적 방법 : 부피, 중량, 점도, 응고점, 융점, 경도 등 물리적 성질을 측정하여 신선도 감정
- ㉣ 생화학적 방법 : 효소반응, 효소활성도, 수소이온농도 등 측정

① 달걀 표면은 (반질반질하고 / 꺼칠꺼칠하고) 광택이 (있는 / 없는) 것을 고른다.

② 쌀알은 (투명 / 불투명)하고 앞니로 씹었을 때 강도가 (약한 / 센) 것이 좋다.

| 정답 |
① 꺼칠꺼칠하고, 없는
② 투명, 센

2. 주요 식품의 감별법 중요도 ★★★

곡류, 쌀	• 투명하고 광택이 있고 입자가 고른 것 • 경도가 높고 타원형인 것
밀가루	• 가루의 결정이 미세하고 뭉쳐 있지 않은 것 • 색은 희고 냄새가 없는 것
감자	• 알이 굵고 흠이나 부패가 없는 것 • 녹색을 띠지 않으며 싹이 나지 않은 것
토란	• 원형에 가깝고 껍질을 벗겼을 때 흰색을 띠는 것 • 단단하고 끈적거림이 강한 것
육류	육류 특유의 색과 윤기를 띠고 탄력성이 높은 것
육가공품	자른 곳이 신선하고, 장미색으로 탄력성이 높으며 광택이 있는 것
생선	• 색은 선명하고 껍질에 광택이 있으며, 비늘이 고르게 밀착되고 탄력이 있는 것 • 안구는 맑고 돌출되어 있으며, 아가미가 선홍색이고 악취가 없는 것
조개	껍질이 얇은 것은 어린 조개로 겨울철이 맛이 좋음(물기가 있고 입이 열린 것이나 굳게 닫힌 것은 죽은 것이므로 주의)
달걀	• 껍질이 까칠까칠하고 광택이 없는 것 • 6~10% 소금물에 넣었을 때 가라앉는 것 • 빛에 비췄을 때 투명하며 흔들어서 소리가 나지 않는 것 • 깨뜨렸을 때 노른자의 높이가 높고 흰자가 퍼지지 않는 것
우유	• 유백색이 선명하고 끈기가 없으며 침전된 것이 없는 것 • 물에 떨어뜨렸을 때 구름과 같이 퍼지면서 내려가는 것 ※ 신선한 우유의 pH : 6.6(평균 6.4~6.7)
배추	단단하고 내부는 연백색을 띠며, 굵은 섬유가 없고 약간 단맛이 나는 것
우엉	굵기가 고르고 전체가 같은 색이며, 잘랐을 때 단면이 꽉 차 있는 것
토마토	꽃받침이 초록색이고 무거운 느낌이며, 좀 덜 익은 것으로 탄력성이 있는 것
오이	선명한 녹색으로 굵기가 고르고 모양이 곧으며, 단단하고 가시가 돋아 있는 것
도라지	• 뿌리가 곧고 굵으며 잔뿌리가 거의 없이 매끄러운 것 • 하얗고 촉감이 꼬들꼬들한 것
다시마	두껍고 지미, 감미, 염미가 혼합되어 있는 것
미나리	• 줄기가 굵고 마디 사이가 길며, 잎은 농녹색을 띠는 것 • 윤기가 뛰어나고 줄기에 붉은색이 없는 것

식품을 구입할 때 감별하는 방법에 대한 설명이다. 옳으면 "O", 틀리면 "X"로 표시하시오.

1. 도라지는 뿌리가 곧고 굵으며 잔뿌리가 많아야 하며 색깔은 희고 촉감이 부드러운 것이 좋다.   (   )
2. 미나리는 줄기가 굵고 마디 사이가 길고 잎은 농녹색으로 윤기가 뛰어나며 줄기에 붉은색이 없는 것이 좋다.   (   )

정답 1. X 2. O

| 해설 |
1. 잔뿌리가 거의 없고 촉감이 꼬들꼬들한 것이 좋다.

진짜 통째로 외워온 문제

신선한 생선의 특징이 아닌 것은?
① 눈알이 밖으로 돌출된 것
② 아가미의 빛깔이 선홍색인 것
③ 비늘이 잘 떨어지며 광택이 있는 것
④ 손가락으로 눌렀을 때 탄력성이 있는 것

해설
신선한 생선의 비늘은 광택이 나고 고르게 밀착되어 있다.

정답 ③

1. 조리기구와 설비의 특성

(1) 조리기구 및 설비 작업 시 고려사항

① 영업장의 콘셉트 결정
② 규모, 영업시간, 메뉴, 품질, 서비스, 분위기 등
③ 메뉴의 다양성과 판매량
④ 조리 종사자의 조리 수준
⑤ 주방시설, 설비, 조리기구

(2) 주방 설비의 분류

① 주방 설비는 전통형, 편의형, 혼합형, 분리형 등으로 구분된다.
② 주방의 생산 시스템에 따라 전통식(conventional/traditional), 중앙공급식(commissary), 조리저장식(ready prepared), 조합식(assembly/serve)으로 분류된다.
③ 목적에 따라 설비가 이루어져야 한다.

(3) 조리 도구의 종류와 용도

① 가스레인지 : 음식의 맛을 가장 좋게 하는 조리법과 조리 온도에 따라 불 조절을 한다.
② 온도계 : 비접촉식으로 표면 온도를 재는 적외선 온도계, 기름 온도를 재는 봉상액체 온도계, 탐침하여 육류 내부 온도를 측정하는 육류용 온도계가 있다.
③ 조리용 시계 : 스톱워치 및 타이머를 사용한다.
④ 후드 : 환기, 탈취, 먼지 제거의 효과가 있다.
⑤ 인덕션 레인지 : 가스레인지에 비해 비싸나 산소 소모가 없고, 폐가스 배출이 없어 실내공기 오염 및 온도 상승을 줄일 수 있으며 에너지 효율과 안정성이 높다.

① 작업장에서 발생하는 작업의 흐름에 따라 시설과 기기를 배치할 때 작업의 흐름을 순서대로 연결하면, 식재료의 구매 – ( ) – 전처리 – 조리·배식 – 식기 세척·수납의 순이다.

② 식품을 감별하는 방법 중 효소반응, 효소활성도, 수소이온농도 등을 측정하는 것은 ( ) 방법이다.

| 정답 |
① 검수
② 생화학적

제3절   검수를 위한 설비 및 장비 활용방법

1. 검수 장소 선정 시 고려사항

① 물품 납품 시의 접근 용이성 및 편리성
② 입고와 관련된 운반 동선 공간 확보
③ 사무실 외부의 충분한 공간 확보
④ 동선 거리의 최소화 및 용이성

2. 시설 조건

① 물품검사를 실시하기 위한 검수대(바닥에 물품을 놓지 않도록 주의)
② 물품검사에 필요한 적절한 밝기의 조명시설(조도 540lx 이상)
③ 물품과 사람이 이동하기에 충분한 공간 확보 및 기기류의 배치
④ 안전성이 확보될 수 있는 장소
⑤ 위생이 확보될 수 있는 시설(급·배수시설, 구충·구서시설, 구배시설, 조명시설)
⑥ 청소하기 쉬운 시설

진짜 통째로 외워온 문제

조리용 인덕션 레인지에 대한 설명으로 틀린 것은?
① 청소가 쉽고 위생적이다.
② 온도 변화가 빠르다.
③ 가스폭발 위험이 없다.
④ 요금이 경제적이다.

해설
전력 소모가 많고 같은 음식을 끓일 때 가스요금보다 더 많이 나온다.

정답 ④

확인! OX

검수 설비에 대한 설명이다. 옳으면 "O", 틀리면 "X"로 표시하시오.

1. 물품검사에 필요한 검수 공간의 조도 기준은 340lx 정도로 밝아야 한다.   ( )
2. 식재료는 검수대에 올려놓고 검수하고 검수 장소에는 저울과 온도계가 있어야 한다.   ( )

정답 1. X   2. O

| 해설 |
1. 검수 공간의 권장 조도는 540lx 이상이다.

CHAPTER 03 원가

4%
출제율

출제포인트
• 원가의 종류
• 재료비의 계산과 비용관리
• 원가의 계산과 원가관리

기출 키워드

직접원가, 제조원가, 총원가, 판매원가, 원가분석, 원가계산, 비용관리

제1절 원가의 의의 및 종류 중요도 ★☆☆

1. 원가의 의의 및 목적

(1) 원가의 의의

특정한 제품의 제조, 판매, 서비스의 제공을 위하여 소비된 경제가치이다.

(2) 원가계산의 목적

① **가격결정의 목적** : 제품의 판매가격을 결정하기 위함이다. 실제로 소비된 원가에 일정한 이윤을 가산하여 결정한다.

② **원가관리의 목적** : 원가관리의 기초자료를 제공하여 원가를 절감 · 관리하기 위함이다.

③ **예산편성의 목적** : 예산을 편성하기 위한 기초자료로 이용한다.

④ **재무제표 작성의 목적** : 경영활동의 결과를 재무제표로 작성하여 이해관계자들에게 보고한다.

2. 원가의 종류

(1) 재료비 · 노무비 · 경비

원가를 발생하는 형태에 따라 분류한 것이며 '원가의 3요소'라고 한다.

① **재료비** : 제품 제조를 위하여 소비된 물품의 원가를 말하며, 단체급식시설에서의 재료비는 급식재료비를 의미한다.

② **노무비** : 제품 제조를 위하여 소비된 노동력의 가치를 말하며, 임금, 급료, 잡급 등으로 구분된다.

③ **경비** : 제품 제조를 위하여 소비된 재료비, 노무비 이외의 가치를 말하며, 수도 · 광열비, 전력비, 보험료, 감가상각비 등으로 구분된다.

다음 괄호 안에 알맞은 내용을 쓰시오.

① 원가의 3요소는 재료비, 노무비, (　)이다.
② (　)는 제품 제조를 위하여 소요되는 물품의 원가를 말한다.

| 정답 |
① 경비
② 재료비

(2) 직접원가 · 제조원가 · 총원가 · 판매원가

각 원가요소가 어떠한 범위까지 원가계산에 집계되는가의 관점에서 분류한 것이며, 그림으로 나타나면 다음과 같다.

				이익
			판매관리비	
		제조간접비		
직접재료비				
직접노무비	직접원가	제조원가	총원가	판매원가
직접경비				

(3) 직접비 · 간접비

원가요소를 제품에 배분하여 절차로 분류한 것이다.

① 직접비 : 특정 제품에 직접 부담시킬 수 있는 비용으로, 직접재료비, 직접노무비, 직접경비가 있다.
② 간접비 : 여러 제품에 공통적·간접적으로 소비되는 비용으로, 각 제품에 인위적으로 적절히 부담시킨다(제조간접비 = 간접재료비 + 간접노무비 + 간접경비).

(4) 실제원가 · 예정원가 · 표준원가

원가계산 시점과 방법의 차이로부터 분류한 것이다.

① 실제원가 : 제품이 제조된 후에 실제로 소비된 원가를 산출한 것이다. 사후 계산에 의해 산출된 원가이므로 확정원가, 현실원가, 보통원가라고도 한다.
② 예정원가 : 제품 제조 이전에 제품 제조에 소비될 것으로 예상되는 원가를 산출한 사전원가이며, 견적원가, 추정원가라고도 한다.
③ 표준원가 : 기업이 이상적으로 제조활동을 할 경우에 예상되는 원가로서, 경영 능률을 최고로 올렸을 때의 최소 원가 예정을 말한다. 장래에 발생할 실제원가에 대한 예정원가와는 차이가 있으며 실제원가를 통제하는 기능을 갖는다.

(5) 고정비

사용 여부와 관계없이 고정적으로 발생하는 비용으로 인건비, 감가상각비 등이 포함된다.

확인! OX

원가의 구성요소에 대한 설명이다. 옳으면 "O", 틀리면 "X"로 표시하시오.

1. 식당의 원가요소 중 임금은 급식재료비에 포함된다.
(　)
2. 제조원가는 직접재료비, 직접노무비, 직접경비의 합이다.
(　)

정답 1. X 2. X

| 해설 |
1. 임금은 노무비에 속한다.
2. 제조원가는 직접원가, 제조간접비의 합이다.

진짜 통째로 외워온 문제

식품의 총 가격이 2,500원이고 재료비가 1,000원일 때 재료비 비율은?

① 40%　　　　　　　　② 45%
③ 50%　　　　　　　　④ 55%

해설
총 가격에서 재료비가 차지하는 비율은 1,000원 / 2,500원 × 100 = 40이므로 재료비 비율은 40%이다.

정답 ①

1. 원가분석

(1) 원가계산의 원칙

① **진실성의 원칙** : 실제로 발생한 원가를 정확하게 계산하여 진실하게 표현해야 한다.

② **발생기준의 원칙** : 모든 비용과 수익의 계산은 발생 시점을 기준으로 하여야 한다.

③ **계산경제성의 원칙** : 중요성의 원칙이라고도 하며, 원가계산을 할 때는 경제성을 고려해야 한다.

④ **확실성의 원칙** : 실행 가능한 여러 방법 중 가장 확실성이 높은 방법을 선택한다.

⑤ **정상성의 원칙** : 정상적으로 발생한 원가만을 계산한다.

⑥ **비교성의 원칙** : 원가계산 기간에 다른 일정 기간의 것과 또 다른 부분을 비교할 수 있도록 실행되어야 한다.

⑦ **상호관리의 원칙** : 원가계산과 일반회계, 요소별·부문별·제품별 계산이 서로 밀접하게 관련되어 하나의 유기적 관계를 구성함으로써 상호관리가 가능해야 한다.

(2) 원가계산의 구조

원가계산은 요소별 원가계산 → 부문별 원가계산 → 제품별 원가계산의 단계를 거쳐 실시한다.

① **제1단계 요소별 원가계산** : 재료비, 노무비, 경비의 3가지 원가요소를 몇 가지의 분류에 따라 세분하여 각 원가요소별로 계산한다.

② **제2단계 부문별 원가계산** : 전 단계에서 파악된 원가요소를 분류·집계하는 계산 절차이다.

③ **제3단계 제품별 원가계산** : 요소별 원가계산에서 이루어진 직접비는 제품별로 직접 집계하고, 부문별 원가계산에서 파악된 직접비는 일정한 기준에 따라 제품별로 배분하여 최종적으로 각 제품의 제조원가를 계산하는 절차를 말한다.

2. 재료비의 계산

(1) 재료비

재료의 실제 소비량에 재료소비단가를 곱하여 계산한다.

(2) 재료 소비량의 계산

① **계속기록법** : 동일한 종류별로 재료를 분류하고 들어오고 나갈 때마다 기록하는 방법

② **재고조사법** : (전기의 재료 이월량 + 당기의 재료 구입량) – 기말 재고량 = 재료 소비량

③ **역계산법** : 일정 단위 생산에 소요되는 재료의 표준소비량을 정한 후, 제품의 수량을 곱하여 산출하는 방법

다음 괄호 안에 알맞은 내용을 쓰시오.

① 어떤 음식의 직접원가는 500원, 제조원가는 800원, 총원가는 1,000원일 때, 이 음식의 판매관리비는 (   )원이다.
② 음식의 총원가는 제조원가에 (   )를 더한 것이다.

| 정답 |
① 200
② 판매관리비

(3) 재료 소비가격의 계산법

① 개별법 : 재료를 구입단가별로 가격표를 붙여서 보관하다가 출고할 때 그 가격표에 붙어 있는 구입단가를 재료의 소비가격으로 하는 방법

② 선입선출법 : 재료의 구입 순서에 따라 먼저 구입한 재료를 먼저 소비한다는 가정 아래에서 재료의 소비가격을 계산하는 방법

③ 후입선출법 : 선입선출법과 반대로 나중에 구입한 재료부터 먼저 사용한다는 가정 아래에서 재료의 소비가격을 계산하는 방법

④ 단순평균법 : 일정 기간 동안은 구입단가를 구입횟수로 나눈 구입단가의 평균을 재료 소비단가로 하는 방법

⑤ 이동평균법 : 구입단가가 다른 재료를 구입할 때마다 재고량과의 가중평균가를 산출하여 이를 소비재료의 가격으로 하는 방법

3. 원가관리 및 손익분석

(1) 원가관리

원가의 통제를 위하여 가능한 한 원가를 합리적으로 절감하려는 경영기법이다.

(2) 손익분석

수익이 손익분기점(수익과 총비용이 일치하는 점) 이상으로 증대하면 이익이 발생하고 이하로 감소하면 손해가 발생한다.

(3) 감가상각

고정자산(토지, 건물, 기계 등)의 감가를 일정한 내용연수에 일정한 비율로 할당하여 비용으로 계산하는 절차를 말하며, 이때 감가된 비용을 감가상각비라 한다.

확인! OX

원가의 종류에 대한 설명이다. 옳으면 "O", 틀리면 "X"로 표시하시오.

1. 직접원가는 직접재료비, 직접노무비, 직접경비, 일반관리비를 더한 것이다. (   )
2. 제조원가는 직접원가에 제조간접비를 더한 것이다. (   )

정답 1. X 2. O

| 해설 |
1. 직접원가는 직접재료비, 직접노무비, 직접경비의 합이다.

진짜 통째로 외워온 문제

다음 자료에 의해 제조원가를 산출하면 얼마인가?

• 이익 20,000원	• 제조간접비 25,000원
• 판매관리비 17,000원	• 직접재료비 20,000원
• 직접노무비 23,000원	• 직접경비 15,000원

① 48,000원   ② 73,000원
③ 83,000원   ④ 103,000원

해설
제조원가 = 직접원가(직접재료비 + 직접노무비 + 직접경비) + 제조간접비

정답 ③

교육이란 사람이 학교에서 배운 것을 잊어버린 후에 남은 것을 말한다.

– 알버트 아인슈타인 –

PART 05

한식 기초 조리실무

CHAPTER

01

조리 준비

7%
출제율

출제포인트
• 식품별 계량방법
• 기본 조리법의 종류와 특징
• 조리장 시설과 설비 관리

기출 키워드

기본 조리조작, 습열 조리, 건열 조리, 전자레인지 조리, 조리기구, 열전도율, 계량방법, 조리장 설비

제1절 조리의 정의 및 기본 조리조작

1. 조리의 개요

(1) 조리의 정의

조리는 식품을 다듬는 것에서부터 식탁에 올리는 전 과정을 말하며, 식품을 위생적으로 처리한 후 먹기 좋고 소화되기 쉽게 하는 과정이다.

(2) 조리의 목적

① 기호성 : 식품의 외관을 좋게 하고 맛있게 하기 위하여 행한다.
② 영양성 : 소화를 용이하게 하여 식품의 영양 효율을 높이기 위해 행한다.
③ 안전성 : 위생상 안전한 음식을 만들기 위해 행한다.
④ 저장성 : 저장성을 높이기 위해 행한다.

2. 기본 조리조작

(1) 씻기

① 유해물 및 불미성분을 제거하기 위하여 위생적인 면에서 이루어진다.
② 조직을 끊어서 씻으면 영양이 손실되므로 통째로 씻는 것이 좋다.

(2) 썰기

① 형태를 보존하기 위해서는 채소의 결을 경사지게 자른다.
② 섬유소가 단단한 식품은 섬유와 직각이나 비스듬하게 자른다.
③ 고기의 단맛을 유지하고 영양소 유출을 방지하려면 크게 절단하는 것이 좋다.

(3) 담그기

① 곡류, 두류, 건물류 등은 침수시켰다가 조리하면 시간이 단축되고 조미료의 침투성이 높아진다.
② 식품의 수분함유량을 증가시키고 조직을 연화한다.
③ 식품의 쓴맛, 떫은맛, 아린맛 등을 용출시켜 맛을 좋게 하고 소화력을 높인다.

다음 재료 씻기의 요령 중 틀린 것은?

① 여러 번 씻는 것보다 많은 물에서 한 번 씻는 것이 좋다.
② 육·어류는 절단 후 씻으면 수용성 프로테인(protein)의 손실이 많으므로 씻은 후 자른다.
③ 쌀을 씻을 때는 으깨거나 너무 여러 번 물에 씻지 않는다.
④ 껍질째 씻은 후 껍질을 벗기는 것이 영양 손실이 적다.

해설
재료를 씻을 때는 물로 헹구는 작업을 3~4회 반복하여 유해물질이 잔류되지 않도록 한다.

정답 ①

제2절 기본 조리법 및 대량 조리기술

1. 기계적 조리와 가열 조리

(1) 기계적 조리

저울에 달기, 씻기, 담그기, 썰기, 갈기, 다지기, 치대기, 내리기, 무치기, 담기 등

(2) 가열 조리

① 습열 조리 : 삶기, 끓이기, 찌기, 데치기
② 건열 조리 : 굽기, 볶기, 튀기기
③ 전자레인지 조리 : 초단파 이용

2. 기본 조리법

(1) 삶기와 끓이기

① 목적에 따라 찬물 또는 끓는 물에 넣고 가열하며, 끓이기는 조미를 한다는 점에서 삶기와 다르다.
② 끓이기를 할 때는 대개 설탕, 소금, 식초의 순서로 조미한다.

① 볶기, 삶기, 튀기기, 부치기
중 습열 조리에 속하는 조리
법은 (   )이다.

② 열에 의해 가장 영향을 많이
받는 수용성 비타민으로, 부
족하면 괴혈병을 유발하는
영양소는 (   )이다.

| 정답 |
① 삶기
② 비타민 C

---

(2) 데치기

① 끓이기보다 시간을 짧게 한다.

② 조직을 연하게 하고 효소작용을 억제시키며 색을 더 좋게 한다.

(3) 찌기

수증기의 잠열을 이용하여 가열하며 물에 조리하는 것보다 맛과 영양이 좋다.

(4) 조리기

생선조림은 양념장을 먼저 끓이다가 생선을 넣어야 살이 부서지지 않고 영양 손실도
적다.

(5) 볶기

① 기름을 두른 철판이나 냄비에 볶는 것으로 아삭한 질감을 위해 단시간에 열처리한다.

② 물을 사용하지 않고 단시간에 조리하므로 무기질 및 비타민 손실이 적다.

③ 식물성 식품은 연화되고, 동물성 식품은 단단해진다.

(6) 튀기기

보통 160~180℃의 고온의 기름에서 단시간 조리하므로 영양소(특히 비타민 C)의 손실이
조리법 중 가장 적다.

(7) 굽기

① **직접구이** : 재료에 직접 화기가 닿게 하여 복사열이나 전도열을 이용하여 굽는 방법으
로 산적, 석쇠구이 등이 있다. 영양분의 손실이 적으며, 주로 어육류, 패류, 채소류
등을 굽기에 이용한다.

② **간접구이** : 프라이팬, 철판 등을 이용해 간접적인 열로 조리하며, 로스팅(roasting),
베이킹(baking) 등이 속한다.

(8) 무치기

① 각종 식재료에 양념을 하여 무치는 방법이다.

② 기름에 볶다가 양념장을 넣으면 볶은 나물이 된다.

③ 썰어 놓은 채소를 버무리면 생채가 된다.

④ 끓는 물에 데친 후 무치면 숙채가 된다.

(9) 전자오븐(microwave oven)

① 단시간에 초단파를 이용해 고열로 조리하며 식품의 모든 면에 전파를 받아서 조리가
잘 된다.

② 전자파가 닿으면 금속은 반사되고 유리, 도자기, 플라스틱 등은 투과된다.

식품의 조리방법에 대한 설명이
다. 옳으면 "O", 틀리면 "X"로 표
시하시오.

1. 볶기, 끓이기, 삶기, 데치기
중에서 채소의 무기질, 비타
민의 손실을 줄일 수 있는 조
리 방법은 볶기이다. (   )

2. 채소 냉동 시 전처리로 데치
기(blanching)를 하는 이유
는 탈색효과 때문이다.
(   )

정답 1. O 2. X

| 해설 |
2. 조직의 유연, 부피 감소, 효소
파괴, 살균효과를 위함이다.

다음 조리법 중 비타민 C 파괴율이 가장 작은 것은?

① 시금치 국   ② 무생채
③ 고사리 무침   ④ 오이지

해설

비타민 C는 과일이나 채소를 가열하여 조리할 때 파괴율이 높다.

정답 ②

제3절 기본 칼 기술 습득

1. 칼 잡는 법

(1) 칼등 말아 잡기(칼날의 양면을 잡는 방법)

① 일반적인 식재료 자르기와 슬라이스를 할 때 가장 많이 사용한다.
② 날을 잡아주는 것은 칼날이 옆으로 젖혀지는 것을 방지할 수 있어 손잡이만 잡고 하는 방법보다 훨씬 안전하다.

(2) 검지 걸어 잡기

후려 썰기에 적당한 방법이다.

(3) 손잡이 말아 잡기(칼 손잡이만 잡는 방법)

① 칼의 손잡이만을 잡는 방법으로 힘을 가하지 않고 칼을 사용할 수 있다.
② 밀어 썰기, 후려 썰기 할 때 사용하는 방법이다.

(4) 엄지 눌러 잡기(칼등 쪽에 엄지를 얹고 잡는 방법)

힘이 많이 필요한 딱딱한 재료나 냉동되었던 재료를 썰 때, 뼈를 부러뜨릴 때 손목에 무리가 가지 않도록 잡는 방법이다.

(5) 검지 펴서 잡기(칼등 쪽에 검지를 얹고 잡는 방법)

① 정교한 작업을 할 때 칼의 끝 쪽을 사용하기 위해 잡는 방법이다.
② 칼의 폭이 좁아 손가락을 말아 잡기 어렵거나 칼의 움직임이 클 때, 칼을 뉘어 포를 뜨는 경우에 많이 사용하는 방법이다.

다음 괄호 안에 알맞은 내용을 쓰시오.

① 둥근 재료를 토막 낸 다음 직사각형으로 얇게 써는 방법은 ( )이다.

② 단단한 채소를 적당하게 자르고 가장자리를 다듬는 방법으로, 찜에 들어가는 채소 썰기로 알맞는 것은 ( )이다.

| 정답 |
① 골패 썰기
② 밤톨 썰기

(6) 칼 바닥 잡기

오징어나 한치 등에 칼집을 넣을 때 사용하는 방법으로, 칼을 45° 정도 누이고, 칼의 바닥을 잡는다.

2. 썰기 방법

썰기 방법	세부 내용
밀어 썰기	모든 칼질의 기본이 되는 칼질법이며 피로도, 소리가 작아 가장 많이 사용하고 안전사고도 적다.
편 썰기	마늘, 생강, 생밤 등의 재료를 다지지 않고 그대로 얇게 썬다.
채 썰기	재료를 원하는 길이로 자르고 얇게 편을 썰어 겹쳐 일정한 두께로 가늘게 썬다.
다지기	파, 마늘, 생강, 양파 등을 곱게 채 썰고 모아 잡은 후 직각으로 잘게 썬다.
막대 썰기	재료를 원하는 길이로 토막 낸 후 알맞은 굵기의 막대 모양으로 썬다.
골패 썰기와 나박 썰기	무, 당근 등 둥근 재료의 가장자리를 잘라내어 직사각형으로 얇게 썬다. 나박 썰기는 가로세로가 비슷한 사각형으로 반듯하고 얇게 썬다.
깍둑 썰기	무, 감자 등을 막대 썰기한 다음 주사위처럼 썬다.
둥글려 깎기	각이 지게 썰어진 감자, 당근, 무 등의 모서리를 얇게 도려낸다.
반달 썰기	통으로 썰기에 너무 큰 재료들을 길이로 반을 잘라 반달 모양으로 썬다.
은행잎 썰기	재료를 길이로 십자 모양으로 4등분하고 원하는 두께로 은행잎 모양으로 썬다.
통 썰기	모양이 둥근 오이, 당근, 연근 등을 통째로 둥글게 썬다.
어슷 썰기	오이, 파, 당근 등 가늘고 길쭉한 재료를 적당한 두께로 어슷하게 썬다.
깎아 깎기	우엉 등의 재료를 칼날 끝부분으로 연필 깎듯이 돌려가면서 얇게 썬다.
저며 썰기	표고, 고기, 생선포 등의 끝을 한 손으로 누르고 칼몸을 뉘여서 재료를 안쪽으로 당기듯이 한 번에 썬다.
마구 썰기	오이, 당근 등 비교적 가늘고 긴 재료를 빙빙 돌려가며 한 입 크기로 작고 각이 있게 썬다.
돌려 깎기	껍질에 칼집을 넣어 칼을 위·아래로 움직이며 얇게 돌려 깎아내고 채를 썬다.
밤톨 썰기	감자나 당근처럼 단단한 채소를 적당한 크기로 자른 후 가장자리를 모나지 않게 다듬어 밤톨 모양으로 만든다.
솔방울 썰기	오징어 등의 안쪽에 사선으로 칼집을 엇갈려 넣고 끓는 물에 살짝 데친다.

확인! OX

썰기 방법에 대한 설명이다. 옳으면 "O", 틀리면 "X"로 표시하시오.

1. 모든 칼질의 기본이 되는 칼질법으로, 안전사고가 적고 피로도와 소리가 작아 가장 많이 사용하는 것은 채 썰기이다. ( )

2. 편 썰기는 마늘이나 생강 등의 재료를 다지지 않고 향을 내면서 사용하려고 할 때 쓴다. ( )

정답 1. X 2. O

| 해설 |
1. 밀어 썰기에 대한 설명이다.

1. 조리기구의 종류와 용도

조리기구	용도
필러(peeler)	감자, 무 등의 껍질을 벗기는 기계(박피기)를 말한다.
식품 절단기 (food cutter)	육류를 저며 내는 슬라이서(slicer), 채소를 여러 형태로 썰어 주는 베지터블 커터 (vegetable cutter), 식품을 다져내는 푸드 초퍼(food chopper), 마늘 등을 다져 주는 민서기(mincer) 등이 있다.
샐러맨더 (salamander)	하향식 구이용 기기로 생선구이나 스테이크 구이에 많이 쓰인다.
그리들(griddle)	가열하여 달구어진 철판에서 조리하는 기기로 전, 햄버거 등 부침요리에 적합하다.
그릴(grill)과 브로일러(broiler)	복사열을 직·간접으로 이용하여 음식을 조리하는 기기로 구이에 적합하며 석쇠 에 구운 모양을 나타내는 시각적 효과로 스테이크 등의 메뉴에 많이 이용된다.
믹서(mixer)	재료를 혼합·분쇄할 때 사용하며 액체에 사용하는 블렌더(blender)가 있다.
믹싱기 (mixing machine)	식품을 섞어 반죽할 때 편리하며 밀가루 반죽, 소시지나 만두소를 만들 때 사용한다.
스쿠퍼(scooper)	아이스크림이나 채소의 모양을 뜨는 데 사용한다.
그라인더 (grinder)	고기를 다지는 것이다.
와이어 휘퍼 (wire whipper)	달걀의 거품을 내는 데 사용한다.
스키머 (skimmer)	음식물을 삶을 때 기름기, 뜨는 찌꺼기 거품을 거두어 낼 때 사용한다.
육류파운더 (meat pounder)	육류를 연화시킬 때 사용한다.

진짜 통째로 외워온 문제

조리용 소도구의 용도가 옳지 않은 것은?

① 믹서(mixer) – 재료를 다질 때 사용
② 휘퍼(whipper) – 달걀의 거품을 내는 기구
③ 필러(peeler) – 무, 당근, 감자 등의 껍질을 벗기는 기구
④ 그라인더(grinder) – 소고기를 갈 때 사용하는 기구

(해설)
믹서는 재료를 혼합하고 분쇄할 때 사용하는 기구이다.

정답 ①

① ( )는 체에 친 후 스푼으로 수북히 담은 뒤 주걱으로 싹 깎아서 측정한다.

② 꿀같이 점성이 있는 것은 계량 시 ( )을 이용한다.

| 정답 |
① 밀가루
② 계량컵

2. 식재료 계량방법
중요도 ★★☆

(1) 계량

조리에 사용되는 계량기기에는 저울, 계량컵, 계량스푼, 타이머, 온도계 등이 있으며 양, 부피, 시간, 온도 등을 측정한다.

(2) 계량법

① 액체 : 액체 계량컵이나 계량스푼에 가득 채워서 계량하거나 평평한 곳에 놓고 눈금과 표면 아랫부분을 눈높이에서 보아 읽는다.

② 고체지방 : 계량컵이나 계량스푼에 빈 공간이 없도록 가득 채워서 표면을 평면이 되도록 깎아서 계량한다.

③ 설탕 : 결정으로 된 설탕이나 흑설탕은 충분히 단단하게 채워 계량한다.

④ 밀가루 : 부피보다 무게로 계량하는 것이 정확하나 편의상 부피로 계량한다. 체로 친 뒤 누르거나 흔들지 않은 상태로 수북하게 담아 위를 평평하게 깎아 측정한다.

진짜 통째로 외워온 문제

계량방법이 잘못된 것은?

① 된장, 흑설탕은 꾹꾹 눌러 담아 수평으로 깎아서 계량한다.

② 우유는 투명기구를 사용하여 액체 표면의 윗부분을 눈과 수평으로 하여 계량한다.

③ 저울은 반드시 수평한 곳에서 0으로 맞추고 사용한다.

④ 마가린은 실온일 때 꾹꾹 눌러 담아 평평한 것으로 깎아 계량한다.

해설
액체 식품인 우유는 표면장력이 있으므로 계량컵이나 계량스푼에 가득 채워서 계량하거나 정확성을 기하기 위해 계량컵의 눈금과 액체의 메니스커스(meniscus)의 밑선이 동일하게 맞도록 읽어야 한다.

정답 ②

식품을 계량하는 방법에 대한 설명이다. 옳으면 "O", 틀리면 "X"로 표시하시오.

1. 흑설탕은 계량 전, 체로 친 다음 계량한다. ( )

2. 밀가루는 용기에 꾹꾹 눌러 계량한다. ( )

3. 고체 지방은 계량 후 고무 주걱으로 잘 긁어 옮긴다. ( )

정답 1. X 2. X 3. O

| 해설 |
1, 2. 밀가루는 계량 전에 체로 치고, 흑설탕은 용기에 꾹꾹 눌러 담아 계량한다.

1. 조리장의 기본 조건

(1) 조리장의 3원칙

위생, 능률, 경제를 기본으로 하며 우선 순위를 정하면 위생 → 능률 → 경제의 순으로 고려한다.

(2) 조리장 위치

① 통풍, 채광 및 급·배수가 용이하고 소음, 악취, 가스, 분진, 공해 등이 없는 곳
② 변소, 쓰레기통 등에서 오염될 염려가 없을 정도의 거리에 떨어져 있는 곳
③ 음식 배선과 운반이 쉬운 곳
④ 물건의 구입·반출이 쉽고, 종업원 출입이 편리한 곳

2. 조리장의 설비　　중요도 ★★★

(1) 조리장 건물

① 충분한 내구력이 있는 구조일 것
② 객실과 객석과는 구획의 구분이 분명할 것
③ 조리장의 바닥과 내벽은 타일 등 내수성 자재를 사용한 구조일 것

(2) 급수시설

① 수돗물이나 공공시험 기관에서 음용에 적합하다고 인정하는 급수만을 사용할 것
② 우물일 경우에는 화장실에서 20m, 하수관에서 3m 떨어진 곳에 있는 것을 사용할 것
③ 1인당 급수량은 급식센터인 경우 6~10L/1식, 학교는 4~6L/1식 필요

(3) 작업대

① 작업대 높이는 신장의 52%(80~85cm)가량이며, 55~60cm 너비인 것이 효율적
② 준비대(냉장고) – 개수대 – 조리대 – 가열대 – 배선대 순 배치로 작업 동선 단축
③ 작업대 종류
　㉠ ㄷ자형 : 면적이 같을 경우 가장 동선이 짧으며, 넓은 조리장에 사용됨
　㉡ ㄴ자형 : 동선이 짧으며 좁은 조리장에 사용됨
　㉢ 병렬형 : 180° 회전을 요하므로 피로가 빨리 옴
　㉣ 일렬형 : 작업 동선이 길어 비능률적이지만 조리장이 굽은 경우 사용됨

① 조리대 배치형태 중 작업대의 어느 한 면도 벽에 붙지 않아 마치 섬처럼 놓여 있는 주방을 (　) 작업대라고 한다.

② 취식자 1인당 취식 면적이 1.3m²이고, 식기 회수 공간을 취식 면적의 10%로 할 때, 1회 350인을 수용하는 식당의 면적은 (　)m²이다.

| 정답 |
① 아일랜드형
② 500.5

(4) 냉장 · 냉동고

냉장고는 5℃ 내외, 냉동고는 0℃ 이하, 장기 저장 시에는 −40~−20℃를 유지하는 것이 좋다.

(5) 환기시설

창에 팬을 설치하는 방법과 후드(hood)를 설치하여 환기를 하는 방법으로 장방형이 가장 효과적이다.

(6) 방충 · 방서시설

창문, 조리장, 출입구, 화장실, 배수구에는 쥐 또는 해충의 침입을 방지할 수 있는 설비를 해야 하며, 조리장의 방충망은 30메시(mesh) 이상이어야 한다.

※ 1mesh : 가로, 세로 1인치 크기의 구멍 수

(7) 식당 면적 : 식기 회수 공간 + 취식 면적
　　① 식기 회수 공간 : 취식 면적의 10%
　　② 조리장의 면적 : 식당 면적의 1/3

진짜 통째로 외워온 문제

다음 중 지방의 하수관 유입을 막는 데 사용되는 트랩은?
① S 트랩
② U 트랩
③ 그리스 트랩
④ P 트랩

해설
그리스(grease) 트랩은 지방의 하수관 유입을 방지한다.

정답 ③

조리 설비에 대한 설명이다. 옳으면 "O", 틀리면 "X"로 표시하시오.

1. 검수실의 조명 밝기는 540lx 이상이어야 한다. (　)
2. 식품관계 영업장소나 작업장의 방충 · 방서용 금속망은 20mesh 정도가 적당하다. (　)

정답 1. O 2. X

| 해설 |
2. 30mesh(메시)이다.

식품의 조리원리

출제포인트
- 농산물 · 축산물 · 수산물 조리 시 특징
- 유지 및 유지 가공품의 특징
- 조미료와 향신료 종류와 특징

제1절 **농산물의 조리 및 가공 · 저장**

1. 곡류의 조리 및 가공 · 저장

중요도 ★★★

(1) 전분의 조리

① 전분(녹말)의 구조
  ㉠ 멥쌀 전분 구성 : 아밀로스 20% + 아밀로펙틴 80%
  ㉡ 찹쌀 전분 구성 : 아밀로펙틴 100%

② 전분의 호화(α화)
  ㉠ 전분이 날 것인 상태를 β전분이라고 한다. 이 전분에 물을 넣고 가열하면 전분입자가 물을 흡수하여 팽창하는데, 이것을 호화(α화)라고 한다.
  ㉡ 가열온도가 높을수록, 전분 크기가 작을수록 호화가 잘 일어난다.

③ 전분의 노화(β화)
  ㉠ 호화(α화)된 전분이 실온이나 냉장온도에서 β-전분으로 되돌아가는 것을 전분의 노화라 한다.
  ㉡ 전분의 노화는 아밀로스의 함량 비율이 높을수록 빠르며, 수분 30~60%, 온도 0~4℃일 때 가장 일어나기 쉽다.

④ 전분의 호정화(덱스트린화)
  ㉠ 전분에 물을 가하지 않고 160℃ 이상으로 가열하면 여러 단계의 가용성 전분을 거쳐 덱스트린(호정)으로 분해되는데, 이것을 전분의 호정화라 한다.
  ㉡ 호정화 전분은 호화 전분보다 물에 잘 녹고 오래 저장할 수 있다(미숫가루, 뻥튀기).

⑤ **전분의 당화** : 전분에 묽은 산을 넣고 가열하면 포도당으로 분해된다(식혜, 엿).

기출 키워드

전분의 호화 · 노화 · 호정화, 글루텐 형성, 사후경직, 자기소화, 달걀의 응고성 · 기포성 · 유화성, 녹변현상, 어취의 제거, 젤라틴, 한천, 융점, CA저장, 알리신

다음 괄호 안에 알맞은 내용을 쓰시오.

① 찹쌀과 멥쌀의 성분상 가장 큰 차이는 (   )의 함량이다.
② 전분이 가열에 의해 α-전분으로 되는 현상을 전분의 (   )라고 한다.

| 정답 |
① 아밀로펙틴
② 호화

진짜 통째로 외워온 문제

01 다음 중 호화 전분이 노화를 일으키기 어려운 조건은?

① 온도가 0~4℃일 때
② 수분 함량이 15% 이하일 때
③ 수분 함량이 30~60%일 때
④ 전분의 아밀로스 함량이 높을 때

해설
전분의 노화는 아밀로스 함량이 높고, 수분 30~60%, 온도 0~4℃일 때 급속하게 진행된다.

02 쌀과 엿기름을 가지고 식혜를 만들 때 나타나는 전분의 변화로 옳게 짝지어진 것은?

① 노화 - 당화
② 호화 - 당화
③ 호화 - 호정화
④ 노화 - 호정화

해설
식혜는 먼저 찹쌀이나 멥쌀을 사용하여 밥을 하는 과정을 통해서 전분이 호화되고, 엿기름 가루 속에 당화효소인 아밀라제(아밀레이스, amylase)가 밥알에 작용하여 당화작용이 일어난다. 이렇게 가수분해되어 생성된 말토스(maltose)는 식혜의 독특한 맛에 기여한다.

정답 01 ② 02 ②

(2) 밀가루의 조리

① 밀가루의 종류와 용도 : 밀가루 단백질의 대부분은 글루텐(gluten)인데, 글루텐 함량에 따라 밀가루의 종류와 용도가 달라진다.

ㄱ 강력분 : 글루텐 함량 13% 이상(빵, 마카로니, 스파게티)
ㄴ 중력분 : 글루텐 함량 10~13%(국수류, 만두피)
ㄷ 박력분 : 글루텐 함량 10% 이하(케이크, 튀김옷, 카스텔라, 과자)

② 글루텐의 형성 : 밀가루에 물을 가하면 점탄성이 있는 반죽이 되는데, 이는 밀의 단백질인 글리아딘(gliadin)과 글루테닌(glutenin)이 물과 결합하여 글루텐(gluten)을 형성하기 때문이다.

③ 밀가루 반죽 시 다른 물질이 글루텐 형성에 주는 영향

ㄱ 글루텐 형성에 도움 : 소금, 물, 달걀
ㄴ 글루텐 형성에 방해 : 설탕, 지방
ㄷ 팽창제 : CO_2(탄산가스)를 발생시켜 가볍게 부풀게 한다.
  • 이스트(효모) : 밀가루의 1~3%, 최적온도 30℃, 반죽온도는 25~30℃일 때 활동이 촉진된다.
  • 베이킹 파우더(BP) : 밀가루 1컵에 1티스푼이 적당하다.

전분의 호정화에 대한 설명이다. 옳으면 "O", 틀리면 "X"로 표시하시오.

1. 호정화되면 덱스트린이 생성된다. (   )
2. 전분을 150~190℃에서 물을 붓고 가열할 때 나타나는 변화이다. (   )

정답 1. O 2. X

| 해설 |
2. 전분의 호정화는 전분에 물을 가하지 않고 160℃ 이상으로 가열할 때 일어난다.

- 탄산수소나트륨(중조, 중탄산나트륨) : 밀가루의 백색 색소인 플라보노이드라는 성분이 알칼리 성분(탄산수소나트륨)과 만나면 황색으로 변한다. 특히 비타민 B_1, 비타민 B_2의 손실을 가져온다.

(3) 서류의 조리

① 감자

  ㉠ 감자를 썬 후 공기 중에 두면 감자의 타이로신(tyrosin)이 타이로시나제(tyrosinase)의 작용으로 산화되어 멜라닌을 생성하기 때문에 갈변된다.

  ㉡ 감자는 전분 함량에 따라 점질감자(볶음용, 조림용), 분질감자(구이, 삶기, 매시드포테이토)로 나뉜다.

② 고구마 : 감자보다 비타민 C 함량이 높으며, 단맛이 강하고, 수분이 적고, 섬유소가 많다.

③ 토란 : 주성분은 당질로 단백질, 지방, 비타민을 소량 함유한다. 무기질은 비교적 많은 편이며, 특히 칼륨 함량이 높다.

④ 마 : 주성분은 전분이고, 당, 펜토산(pentosan), 만난(mannan) 등도 함유한다. 마의 강한 점성 물질은 만난과 단백질의 결합물이다.

(4) 곡류의 가공 · 저장

① 쌀의 가공

  ㉠ 현미 : 벼에서 왕겨층 20%를 제거한 것으로 배아, 배유, 섬유소를 포함한다.

  ㉡ 백미 : 현미를 도정하여 배유만 남은 것(92% 도정률)

  ㉢ 쌀의 가공품

   • 강화미(enriched rice) : 백미에 결핍된 비타민 B_1, 비타민 B_2, 니코틴산, 철분 등의 영양소를 첨가하여 영양 가치를 높인 것

   • 팽화미(puffed rice) : 쌀 전분이 호정화된 것을 건조시킨 것(뻥튀기, 튀밥)

② 보리의 가공

  ㉠ 압맥 : 보리쌀을 가열한 후 압편 롤러로 눌러 취반이 용이하고 소화되기 쉽게 만든 것

  ㉡ 할맥 : 보리쌀의 홈을 따라 쪼갠 후 도정하여 쌀 모양으로 만든 것

  ㉢ 맥아 : 겉보리에 일정한 수분 · 온도를 이용해 발아시킨 것(단맥아는 맥주, 양주에 이용하고 장맥아는 식혜나 물엿 제조에 사용)

③ 곡류의 저장 : 약품에 의한 저장, 저온저장(15℃ 이하, 0.75 이하 수분활성도 유지), CA저장(밀폐 상태로 저장) 등이 있다.

① 두부가 응고되는 현상은 (　)
에 의한 단백질 변성을 이용
한 것이다.

② 두부를 응고할 때에는 마그
네슘, (　) 이온을 첨가한다.

| 정답 |

① 금속이온

② 칼슘

진짜 통째로 외워온 문제

01 강화미란 주로 어떤 성분을 보충한 쌀인가?

① 비타민 A   ② 비타민 B_1

③ 비타민 D   ④ 비타민 C

해설
강화미는 백미에 결핍된 비타민 B_1, 비타민 B_2, 니코틴산, 철분 등의 영양소를 첨가하여 영양 가치를
높인 것이다.

02 다음 중 효소를 이용한 음식은?

① 식혜   ② 케이크

③ 국수   ④ 만두

해설
식혜는 효소를 이용해 밥을 삭혀 만드는 음료이다. 엿기름에 있는 당화효소의 작용으로 밥이 삭으면
서 독특한 단맛과 향이 만들어진다.

정답 01 ②   02 ①

2. 두류의 조리 및 가공 · 저장   중요도 ★★☆

(1) 두류의 조리

① 두류의 구성 : 단백질(100g당 40g 정도)과 지방이 풍부하다. 두류의 주단백질은 글리
시닌(glycinin)이다.

② 두류의 조리 · 가열에 의한 변화

㉠ 사포닌(saponin) 파괴 : 과다 섭취 시 설사나 소화불량, 복통 등을 유발하는 사포닌
성분은 가열 시 파괴된다.

㉡ 단백질 이용률 · 소화율의 증가 : 날콩 속에는 단백질 소화효소인 트립신(trypsin)
의 분비를 억제하는 안티트립신(antitrypsin)과 혈소판의 응집을 일으키는 소인
(soin)이 있는데, 가열 시 파괴된다.

(2) 두류의 가공 · 저장

① 두부

㉠ 제조원리 : 콩 단백질(글리시닌) + 무기염류(응고제, 간수) → 응고

㉡ 응고제 : 염화마그네슘($MgCl_2$), 염화칼슘($CaCl_2$), 황산마그네슘($MgSO_4$), 황산칼
슘($CaSO_4$) 등

㉢ 제조방법 : 콩 불리기(콩 무게의 2.5배) → 물을 첨가하여 마쇄 → 마쇄한 콩
무게의 2~3배 물을 넣고 가열 → 여과(두유와 비지로 구분) → 두유의 온도를
70~80℃로 유지하고 간수(2%, 2~3회) 첨가 → 착즙 → 두부 완성

확인! OX

두부에 대한 설명이다. 옳으면
"O", 틀리면 "X"로 표시하시오.

1. 응고제 양이 적거나 가열 시
간이 짧으면 두부가 딱딱해
진다.　　　　　　　(　)

2. 두부를 데칠 때 가열하는 물
에 식염을 조금 넣으면 부드
러워진다.　　　　　(　)

정답 1. X 2. O

| 해설 |

1. 응고제 양이 많거나 가열시간
이 길면 두부가 딱딱해진다.

ㄹ 가공품 : 전두부(두유를 탈수하지 않고 응고·성형한 두부), 건조두부(생두부를 얼린 뒤 탈수·건조시킨 두부), 유부(두부를 압착·탈수하여 기름에 튀긴 두부) 등

② 장류

ㄱ 된장 : 삶은 콩에 쌀, 보리코지(koji)를 소금물에 섞어 숙성시킨 것

ㄴ 간장 : 콩을 쑤어 메주덩어리를 만들고 띄워 소금물에 담가 발효시켜 짠 것

ㄷ 청국장 : 콩을 삶아 납두균을 번식시켜 콩 단백질을 분해하고, 소금, 마늘, 고춧가루 등을 넣어 찧어서 만든 것

진짜 통째로 외워온 문제

다음 중 발효식품이 아닌 것은?

① 두부   ② 식빵
③ 치즈   ④ 맥주

해설
두부는 콩에서 두유를 추출한 후 콩단백질(글리시닌)을 응고시켜 만든 식품이다.

정답 ①

3. 과채류의 조리 및 가공 · 저장

(1) 채소 및 과일의 조리

① 채소의 종류

엽채류	배추, 양배추, 시금치, 아욱, 부추, 미나리 등
근채류	연근, 무, 우엉, 감자, 당근, 비트 등
과채류	딸기, 참외, 오이, 호박, 토마토, 고추 등
화채류	브로콜리, 콜리플라워, 아티초크 등
경채류	아스파라거스, 샐러리 등

② 조리 시 채소의 변화

ㄱ 채소를 데칠 때 재료의 5배가 되는 끓는 물에 단시간 데치고, 찬물에 재빨리 헹군다. 1~2%의 소금을 넣으면 뭉그러지지 않고, 색도 선명해진다. 탄산수소나트륨(알칼리)을 넣으면 색은 선명해지나 영양소 손실이 있다.

ㄴ 수분이 많은 채소는 소금을 뿌리면 삼투압에 의해 수분이 빠져나온다. 따라서 샐러드나 초무침을 할 때는 식탁에 내기 직전에 소금을 뿌린다.

ㄷ 토란, 죽순, 우엉, 연근 등 흰색 채소는 쌀뜨물이나 식초물에 삶으면 흰색이 유지되고 단단한 섬유가 연해진다.

ㄹ 무와 당근에는 비타민 C를 파괴하는 효소인 아스코비나제(ascorbinase)가 있어 다른 채소와 조리하면 다른 채소의 비타민 C가 손실된다.

① 플라보노이드 색소는 산성에서 (   )을 띤다.
② 안토시안 색소는 산성에서 (   ), 알칼리에서는 (   )을 띤다.

| 정답 |
① 흰색
② 적색, 청색

③ 조리에 의한 색 변화

　　㉠ 엽록소(클로로필 ; chlorophyll)

　　　　• 엽록소는 산에 약하여 식초와 만나면 황갈색 색소인 페오피틴(pheophytin)으로 변한다.

　　　　• 시금치, 근대, 아욱 등에 있는 수산을 제거하기 위해 뚜껑을 열고 데친다.

　　㉡ 안토시안(anthocyan) 색소

　　　　• 비트무, 적양배추, 딸기, 가지, 포도, 검은콩 등에 있는 색소로 적색·자색(보라색)·청색을 띠며 수용성이다.

　　　　• 산성에서는 적색, 중성에서는 보라색, 알칼리에서는 청색을 띤다.

　　㉢ 플라보노이드(flavonoid) 색소

　　　　• 콩, 밀, 쌀, 감자, 연근 등의 흰색이나 노란색 색소이다.

　　　　• 산성에서는 흰색, 알칼리에서는 황색을 띤다.

　　㉣ 카로티노이드(carotenoid) 색소

　　　　• 당근, 고구마, 호박, 브로콜리, 고추, 토마토 등에 있는 황색이나 오렌지색 색소이다.

　　　　• 공기 중의 산소나 산화효소에 의해 쉽게 산화되어 변화한다.

진짜 통째로 외워온 문제

다음 채소류 중 일반적으로 꽃 부분을 식용으로 하는 것과 가장 거리가 먼 것은?

① 브로콜리(broccoli)
② 콜리플라워(cauliflower)
③ 비트(beets)
④ 아티초크(artichoke)

(해설)
비트는 뿌리를 먹는 근채류에 해당한다.

정답 ③

1. 비트에 식초를 넣으면 붉은색이 유지된다.　　(   )
2. 시금치를 데칠 때 소금을 넣으면 황갈색으로 변한다.　　(   )

정답 1. O 2. X

| 해설 |
2. 시금치를 데칠 때 소금을 넣으면 녹색이 더 선명해진다.

(2) 채소 및 과일의 가공·저장

① 채소류의 가공

    ㉠ 침채류 : 채소류에 소금, 된장, 고추장, 간장, 식초, 술지게미, 왕겨 등을 섞어 만든 염장 발효식품(김치, 단무지, 마늘절임 등)

        ※ 침채에 사용되는 소금은 정제염보다 호렴이 좋다.

    ㉡ 토마토 가공 : 토마토 퓌레, 토마토 페이스트, 토마토 케첩

② 과일류의 가공

    ㉠ 과실주스 : 천연과실주스, 스쿼시, 시럽, 분말과즙, 넥타(nectar) 등

    ㉡ 젤리(jelly) : 과즙에 설탕을 넣고 가열하여 젤라틴화가 일어나도록 가공한 것

    ㉢ 잼(jam) : 과육, 과즙에 설탕 60%를 넣고 가열·농축한 것

        ※ 잼과 젤리는 펙틴의 응고성을 이용하여 만든 것으로 펙딘, 유기산, 당분이 일정한 비율로 들어 있을 때 젤리화가 일어난다.

    ㉣ 마멀레이드(marmalade) : 젤리에 과육, 과피(오렌지, 레몬껍질 등)의 절편을 넣은 것

③ 과채류의 저장

    ㉠ 냉장 보관 : 사과, 배, 귤, 참외, 수박, 딸기

    ㉡ 익기 전 실온, 익은 후 냉장 보관 : 멜론, 오렌지, 복숭아, 자몽

    ㉢ 실온 보관 : 바나나, 파인애플, 토마토, 망고, 아보카도, 파파야

진짜 통째로 외워온 문제

각 식품을 냉장고에서 보관할 때 나타나는 현상의 연결이 틀린 것은?

① 바나나 – 껍질이 검게 변한다.

② 고구마 – 전분이 변해서 맛이 없어진다.

③ 감자 – 솔라닌이 생성된다.

④ 식빵 – 딱딱해진다.

[해설]

솔라닌(solanine)은 감자의 발아 부위와 녹색 부위에 함유된 독성물질로 햇빛에 노출될 때 생성된다. 감자를 냉장 보관하면 녹말 성분이 당분으로 변하여 색이 변하면서 맛이 없어진다.

정답 ③

+ 괄호문제

다음 괄호 안에 알맞은 내용을 쓰시오.

① ( )는 젤리에 과육이나 과피 조각을 넣은 것이다.

② 과실 젤리화 3요소에는 산, 당분, ( )이 있다.

| 정답 |

① 마멀레이드

② 펙틴

확인! OX

과채류의 가공 및 저장에 대한 설명이다. 옳으면 "O", 틀리면 "X"로 표시하시오.

1. 채소를 절일 때 소금은 정제 염을 사용하는 것이 좋다. ( )

2. 망고는 냉장고에 보관해야 후숙이 잘 된다. ( )

정답 1. X 2. X

| 해설 |

1. 채소를 절일 때 정제염보다 천일염(호렴)을 사용한다.

2. 망고는 반드시 상온에서 후숙한다.

다음 괄호 안에 알맞은 내용을 쓰시오.

① 동물이 도축된 후 화학변화가 일어나 근육이 긴장되어 굳는 현상을 (   )이라고 한다.
② (   )은 단백질 분해효소인 브로멜린을 함유하여 고기를 연화하는 데 이용된다.

| 정답 |
① 사후경직
② 파인애플

제2절 축산물의 조리 및 가공 · 저장

1. 육류의 조리 및 가공 · 저장   중요도 ★★☆

(1) 육류의 조리

① 육류의 사후경직과 숙성
  ㉠ 사후경직 : 동물을 도살하여 방치하면 산소 공급이 중단되고 혐기적 해당 작용에 의하여 근육 내 젖산이 증가되어 근육이 단단해지는 현상을 말한다(닭은 6~13시간, 소·말은 12~24시간, 돼지는 3일 소요).
  ㉡ 숙성 : 도살 후 일정 시간 숙성시키면 근육 자체의 효소에 의해 자기소화(숙성)가 일어나 연해진다.

② 육류 가열에 의한 고기 변화
  ㉠ 고기 단백질의 응고, 고기의 수축, 분해가 일어나고 중량 및 보수성이 감소된다.
  ㉡ 결합조직이 완전히 젤라틴화(지방의 용해)되어 고기가 연해진다.
  ㉢ 풍미의 변화, 선홍색(옥시미오글로빈) → 회갈색(헤마틴)으로 색의 변화가 일어난다.

③ 육류의 연화법
  ㉠ 기계적인 방법 : 고기를 결 방향과 반대로 썰거나, 칼로 다지거나, 칼집을 넣으면 근육과 결합조직 사이가 끊어져서 연해진다.
  ㉡ 연화제 : 배의 프로테아제(protease), 파인애플의 브로멜린(bromelin), 무화과의 피신(ficin), 파파야의 파파인(papain) 등의 효소가 단백질을 분해하여 연해진다.
  ㉢ 그 외 방법 : 동결, 숙성, 가열, 설탕 첨가 등이 있다.

④ 육류의 조리법
  ㉠ 습열 조리법 : 물과 함께 조리하는 방법으로 결합조직이 많은 장정육, 업진육, 양지육, 사태육 등으로 편육, 장조림, 탕, 찜 등을 조리할 때 쓰인다.
  ㉡ 건열 조리법 : 물 없이 조리하는 방법으로 결합조직이 적은 등심, 안심, 갈비 등의 부위로 구이, 불고기, 튀김 등을 조리할 때 쓰인다.

⑤ 소고기 부위별 용도

안심	스테이크, 로스구이	우둔	산적, 장조림, 육포, 육회, 불고기
등심	스테이크, 불고기, 주물럭	설도	육회, 산적, 장조림, 육포
채끝	스테이크, 로스구이, 샤브샤브, 불고기	양지	국거리, 찜, 탕, 장조림, 분쇄육
목심	구이, 불고기	사태	육회, 찜, 탕, 수육, 장조림
앞다리	육회, 탕, 스튜, 장조림, 불고기	갈비	구이, 찜, 탕

⑥ 돼지고기 부위별 용도

안심	스테이크, 로스구이, 주물럭	뒷다리	돈가스, 탕수육
등심	돈가스, 잡채, 폭찹, 탕수육, 스테이크	삼겹살	구이, 베이컨, 수육
목심	구이, 주물럭, 보쌈	갈비	구이, 찜
앞다리	찌개, 수육, 불고기	족	찜, 탕

확인! OX

육류 조리에 대한 설명이다. 옳으면 "O", 틀리면 "X"로 표시하시오.

1. 안심, 등심, 채끝 등은 습열 조리에 적당하다.   (   )
2. 가열하면 부피의 증가가 나타난다.   (   )

정답 1. X 2. X

| 해설 |
1. 건열 조리에 적당하다.
2. 부피가 감소한다.

⑦ 젤라틴

  ㉠ 동물의 가죽이나 뼈에 다량 존재하는 단백질인 콜라겐(collagen)의 가수분해로 생긴 물질이다.

  ㉡ 젤리, 족편 등에 응고제로 쓰이고, 마시멜로, 아이스크림 등에 유화제로 쓰인다.

진짜 통째로 외워온 문제

다음 중 숙성에 의한 품질향상 효과가 가장 큰 것은?

① 소고기
② 조개
③ 오징어
④ 꽁치

해설

육류는 자기소화기를 거치면서 풍미가 증가되고 조직감이 좋아지지만, 어패류는 자기소화 속도가 빨라 일정 기간이 지나면 맛과 풍미가 크게 저하된다. 따라서 육류는 도살 후 일정 기간이 지난 후에 식용으로 사용하고, 어패류는 바로 식용으로 사용한다.

정답 ①

(2) 육류의 가공 · 저장

① 동물의 도살 후 사후변화 : 사후경직 → 자가소화(숙성) → 부패

  ㉠ 사후경직 : 동물이 도살된 후에 시간이 경과함에 따라 액토마이오신이 생성되어 근육이 수축되고 경화된다.

  ㉡ 숙성 : 사후경직이 지나 자가소화에 의해 부드러워진다.

  ㉢ 부패 : 숙성 기간이 지나치게 길면 미생물에 의해 부패가 일어난다.

② 육류 가공품 : 햄, 베이컨, 소시지, 육포, 통조림류

  ㉠ 햄(ham) : 돼지 허벅다리 부분의 살코기를 소금에 절여 훈연한다.

  ㉡ 베이컨(bacon) : 돼지의 기름진 배 부위(삼겹살)를 소금에 절여 훈연한다.

  ㉢ 소시지(sausage) : 돼지고기나 소고기를 곱게 갈아 동물의 창자 또는 인공 케이싱(casing)에 채워 가열이나 훈연 또는 발효한다.

③ 육류의 저장 : 냉장, 냉동, 절임 등

2. 우유의 조리 및 가공 · 저장

(1) 우유의 조리

① 우유의 성분

  ㉠ 우유의 주성분은 칼슘과 단백질이다.

  ㉡ 우유의 주단백질인 카세인(casein)은 산(acid)이나 레닌(rennin)에 의해 응고되는데, 이 응고성을 이용하여 치즈를 만든다.

+ 괄호문제

다음 괄호 안에 알맞은 내용을 쓰
시오.

① 우유에 산이나 (　)을 첨가하
면 응고된다.
② 크림의 주성분은 우유의 (　)
성분이다.

| 정답 |
① 레닌
② 지방

② 우유의 조리성

　　㉠ 조리식품의 색을 희게 하며, 매끄러운 감촉과 유연한 맛, 방향을 낸다.

　　㉡ 탈취작용 : 생선이나 간, 닭고기 등을 우유에 담갔다가 조리하면 비린내를 제거할
　　　수 있다.

　　㉢ 우유를 데울 때는 중탕(이중냄비 사용)하고 저어가면서 끓인다.

(2) 우유의 가공·저장

① 유제품의 종류

　　㉠ 버터 : 우유의 지방분을 모아 가열 살균 후 남아 있는 수분을 분산시켜 유화상태로
　　　만든 것(유지방 80%)

　　㉡ 크림 : 우유를 장시간 방치하여 생긴 황백색의 지방층을 거두어 만든 것(유지방
　　　35%)

　　㉢ 치즈 : 우유 단백질을 레닌으로 응고시킨 것으로 우유보다 단백질과 칼슘이 풍부함

　　㉣ 분유 : 우유의 수분을 제거하여 분말 상태로 한 것으로 전지분유, 탈지분유, 가당분
　　　유, 조제분유 등이 있음

　　㉤ 연유 : 무당연유(우유를 1/3로 농축한 것), 가당연유(16%의 설탕을 첨가하여 1/3로
　　　농축한 것)

　　㉥ 요구르트 : 우유·탈지유를 젖산균이나 효모로 발효시켜 만든 젖산 발효 우유

　　㉦ 탈지유 : 우유에서 지방을 뺀 것

② 유제품의 저장 : 우유·크림(4℃에서 3~5일), 치즈(0~4℃), 전지분유(10℃ 이하에
　서 2~3주일)

3. 달걀의 조리 및 가공·저장　　　　　　　　　중요도 ★★☆

(1) 달걀의 조리

① 응고성(조리 온도)

　　㉠ 달걀 조리 시 난백은 60~65℃, 난황은 65~70℃에서 응고된다.

　　㉡ 설탕을 넣으면 응고 온도가 높아지고 소금, 우유, 산은 응고를 촉진한다.

　　㉢ 끓는 물에서 7분이면 반숙, 10~15분 정도면 완숙이 되고, 15분 이상이 되면 녹변현
　　　상이 일어난다.

② 기포성

　　㉠ 난백은 실내 온도(30℃)에서 거품이 잘 일어난다.

　　㉡ 신선한 달걀일수록 농후난백(난황 주변에 뭉쳐 있는 난백)이 많고, 수양난백(옆으
　　　로 넓게 퍼지는 난백)이 적다. 수양난백이 많은 오래된 달걀은 거품이 잘 일어나나
　　　안정성은 적다.

확인! OX

우유의 가공에 대한 설명이다.
옳으면 "O", 틀리면 "X"로 표시하
시오.

1. 버터의 지방 함량은 35% 이
　상이다.　　　　　　( )
2. 무당연유는 살균처리를 하
　지 않고 유당연유만 살균처
　리를 한다.　　　　( )

정답 1. X 2. X

| 해설 |
1. 80% 이상이다.
2. 무당연유는 살균처리하여야 하
　고, 유당연유는 살균하지 않고
　저장할 수 있다.

ⓒ 첨가물의 영향
- 기름, 우유 : 기포 형성을 저해한다.
- 설탕 : 거품을 완전히 낸 후 마지막 단계에서 넣어주면 거품이 안정된다.
- 산(오렌지 주스, 식초, 레몬즙) : 기포 형성을 도와준다.
ⓔ 달걀의 기포성을 이용한 음식에는 스펀지케이크, 케이크 장식, 머랭 등이 있다.

③ 유화성
ⓐ 난황에 있는 인지질인 레시틴(lecithin)은 유화제로 작용한다.
ⓑ 달걀의 유화성을 이용한 음식에는 마요네즈, 프렌치드레싱, 잣미음, 크림수프, 케이크 반죽 등이 있다.

④ 녹변현상 : 달걀을 오래(12~15분 이상) 삶으면, 난백의 황화수소(H_2S)와 난황의 철분(Fe)이 황화제일철(유화철 : FeS)을 만들어 난백과 난황 사이가 검푸른색이 된다. 이를 방지하려면 오래 삶지 말고, 삶은 후 바로 찬물에 담가야 한다.

(2) 달걀의 가공 · 저장
① 달걀의 성질 : 달걀 난백의 기포성과 난황의 유화성을 이용한다.
② 달걀 가공품
ⓐ 건조 달걀 : 달걀의 껍질을 제거하고 탈수 · 건조하여 만든 것
ⓑ 마요네즈 : 달걀노른자에 식물성 기름, 식초, 소금, 여러 가지 조미료, 향신료 등을 혼합한 것
ⓒ 피단(송화단) : 소금, 생석회 등 알칼리 염류를 달걀 속에 침투시켜 숙성한 것
③ 달걀의 저장 : 냉장법, 침지법(소금물), 표면도포법, 가스저장법

다음 중 마요네즈의 재료는?
① 밀가루, 버터, 우유
② 식물성 기름, 식초, 소금, 레몬즙
③ 달걀흰자, 식물성 기름, 식초, 소금
④ 달걀노른자, 식물성 기름, 식초, 소금

[해설]
마요네즈는 난황의 유화성을 이용한 대표적인 가공품으로, 난황에 식물성 기름, 식초, 소금, 여러 가지 조미료 등을 혼합하여 만든다.

[정답] ④

다음 괄호 안에 알맞은 내용을 쓰시오.
① ( )은 날달걀을 깼을 때 난황 주변에 뭉쳐 있는 난백이다.
② 스펀지케이크는 달걀의 특성 중 ( )을 이용한 요리이다.

| 정답 |
① 농후난백
② 기포성

달걀 삶기에 대한 설명이다. 옳으면 "O", 틀리면 "X"로 표시하시오.
1. 달걀은 70℃ 이상의 온도에서 난황과 난백이 모두 응고한다. ( )
2. 달걀을 오래 삶으면 난황 주위에 황화수소가 생성되어 난황이 검푸른색이 된다. ( )

[정답] 1. O 2. X

| 해설 |
2. 달걀을 오래 삶으면 난백의 황화수소와 난황의 철분이 결합하여 그 사이에 검푸른색이 생긴다.

다음 괄호 안에 알맞은 내용을 쓰시오.

① 생선 지방의 약 80%는 (　　)이다.

② 생선 비린내의 주성분은 (　　)이다.

| 정답 |

① 불포화지방산

② 트라이메틸아민

1. 어패류의 조리　　중요도 ★★★

(1) 어육의 성분

① 단백질 : 마이오신(myosin), 액틴(actin), 액토마이오신(actomyosin)

② 지방 : 생선 지방의 약 80%가 불포화지방산이다.

(2) 어패류 조리법

① 생선을 소금에 절이면 단백질이 용해되어 젤(gel)을 형성하고, 탈수되면서 살이 단단해진다.

② 생선구이를 할 때 생선 중량의 2~3%의 소금을 뿌리면 탈수가 일어나지 않고 간도 적절하다.

③ 생선찌개를 할 때에는 찌개가 끓을 때 생선을 넣어야 생선의 형태가 유지되고 내부성분의 유출을 방지할 수 있다.

④ 생선조림을 할 때에는 간장을 먼저 살짝 끓이다가 생선을 넣는다.

⑤ 생선 단백질 중에는 생강의 탈취작용을 방해하는 물질이 있으므로, 끓고 난 다음 생강을 넣는 것이 어취 제거에 효과적이다.

⑥ 갑각류의 색소는 열을 가하면 회색인 아스타잔틴(astaxanthin)에서 적색의 아스타신(astacin)이 된다.

(3) 어취의 제거

① 생선 비린내의 주성분은 트라이메틸아민(TMA ; Trimethylamine)이다. 트라이메틸아민은 수용성이므로 물로 씻어 제거한다.

② 생선을 조리할 때 뚜껑을 열어 비린내를 휘발시킨다.

③ 간장, 된장, 고추장 등의 장류를 첨가한다.

④ 생강, 파, 마늘, 겨자, 고추냉이, 술 등의 향신료를 사용한다.

⑤ 식초, 레몬즙 등의 산을 첨가한다.

⑥ 우유에 미리 담가두었다가 조리하면 우유 단백질 카세인이 트라이메틸아민을 흡착하여 비린내가 저하된다.

(4) 해조류

① 해조류의 종류

녹조류	파래, 청각
갈조류	다시마, 미역, 톳
홍조류	김, 우뭇가사리

생선 조리방법에 대한 설명이다. 옳으면 "O", 틀리면 "X"로 표시하시오.

1. 생강은 처음부터 넣어야 어취 제거에 효과적이다.　(　　)

2. 생선조림은 오래 가열해야 단백질이 단단하게 응고되어 맛이 좋아진다.　(　　)

정답 1. X　2. X

| 해설 |

1. 생강은 끓고 난 후 나중에 넣는 것이 좋다.

2. 너무 오래 가열하면 생선살이 수축하여 단단해져 맛이 저하된다.

② 한천

    ⊙ 우뭇가사리 등의 홍조류를 삶아 얻은 액을 냉각시켜 엉기게 한 것으로 주성분은 탄수화물인 아가로스와 아가로펙틴이다.

    ⓒ 한천을 이용한 음식 : 양갱, 과자, 양장피 등

진짜 통째로 외워온 문제

01 어패류 조리 중 건열법에 해당하지 않는 것은?

① 조림   ② 구이
③ 튀김   ④ 전유어

해설
조림은 물과 힘께 조리하는 습열 조리법에 해당한다.

02 탈수가 일어나지 않으면서 간이 맞도록 생선을 구우려면 일반적으로 생선 중량 대비 소금의 양은 얼마가 가장 적당한가?

① 0.1%   ② 2%
③ 16%   ④ 20%

해설
생선을 구울 때 생선 중량의 2~3%의 소금을 뿌리면 탈수도 일어나지 않고 간도 적절하다.

정답 **01** ①   **02** ②

2. 어패류의 가공 · 저장

(1) 어패류의 가공

① 건제품

소건품	수산물을 그대로 건조한 것(마른오징어, 마른새우, 미역, 김 등)
자건품	소형 어패류를 삶은 후 건조한 것(마른멸치, 마른해삼, 마른전복 등)
배건품	수산물을 불에 직접 쬐어 건조한 것
염건품	소금에 절여 건조한 것(굴비, 염건고등어, 간대구포 등)
동건품	어패류를 얼렸다 녹였다 하며 건조한 것(명태, 한천, 북어)
훈건품	어패류를 염지한 후 연기에 그을려 건조한 것(저장 목적의 냉훈품과 조미 목적의 온훈품)
조미건제품	수산물에 소금, 설탕 및 조미액을 가미하여 건조한 것(조미건품)

② 염장품 : 수산물을 소금을 사용하여 가공하는 방법

    ⊙ 물간법 : 진한 소금물에 담그는 방법(소형어)

    ⓒ 마른간법 : 직접 소금을 뿌리는 방법(대형어)

+ 괄호문제

다음 괄호 안에 알맞은 내용을 쓰시오.

① (　)은 우뭇가사리 등의 응고물을 얼려 말린 가공품으로 양갱 등의 원료로 쓰인다.

② 굴비, 간대구포 등은 어패류를 소금에 절여 건조한 (　)이다.

| 정답 |
① 한천
② 염건품

확인! OX

생선의 어취 제거에 대한 설명이다. 옳으면 "O", 틀리면 "X"로 표시하시오.

1. 생선 비린내의 주성분은 수용성이므로 물로 씻어 제거한다. (　)
2. 생선 조리 시 소다를 넣으면 비린내가 제거된다. (　)

정답 1. O   2. X

| 해설 |
2. 소다(탄산나트륨)는 비린내 제거와 관계없다.

+ 괄호문제

다음 괄호 안에 알맞은 내용을 쓰시오.

① ( )은 어패류를 얼렸다 녹였다 하며 건조한 것이다.
② 어묵의 탄력성 젤이 만들어지는 것은 전분이 ( )에 의해 응고되기 때문이다.

| 정답 |
① 동건품
② 소금

③ 연제품 : 생선에 소금을 넣고 부순 뒤 전분, 설탕, 조미료, 난백, pH 조정제 등의 부재료를 넣고 갈아서 만든 고기풀을 가열하여 젤(gel)화시킨 것(어묵, 어육소시지, 어육햄 등)
④ 훈제품 : 어패류를 염지한 후 연기로 건조하여 독특한 풍미와 보존성을 갖도록 한 것
⑤ 젓갈류 : 풍미 있는 저장성 발효식품으로 생선의 내장, 알, 조개류 등에 20~30%의 소금을 넣어 숙성한 것

(2) 어패류의 저장

빙장법(쇄빙법, 수빙법), 냉각저장, 동결저장 등

제4절   유지 및 유지 가공품

1. 유지의 특성 중요도 ★★★

(1) 유지

① 상온에서 액체인 것을 유(油 : 대두유, 면실유, 참기름 등), 고체인 것을 지(脂 : 쇠기름, 돼지기름, 버터 등)라고 한다.
② 가수분해하면 글리세롤과 지방산으로 된다.
③ 지용성 비타민(비타민 A, D, E, K)의 흡수를 촉진시킨다.

(2) 유지의 종류

식물성 유지	대두유(콩기름), 옥수수유, 포도씨유, 참기름, 들기름, 유채기름 등
동물성 유지	우지(쇠기름), 라드(돼지기름), 어유(생선기름) 등
가공유지	쇼트닝, 마가린 등

(3) 유지의 성질

확인! OX

어류의 염장법 중 건염법(마른간법)에 대한 설명이다. 옳으면 "O", 틀리면 "X"로 표시하시오.

1. 지방질의 산화로 변색이 쉽게 일어난다. ( )
2. 품질이 균일하게 유지된다. ( )

정답 1. O 2. X

| 해설 |
2. 품질이 균일하지 못하다.

① 융점 : 고체지방이 열에 의해 액체 상태로 될 때의 온도이다. 포화지방산인 고체유는 융점이 높고, 불포화지방산이 많은 액체유는 낮다.
② 유화성 : 기름과 물은 잘 섞이지 않으나 유화제를 넣으면 혼합된다.
ㄱ 유중수적형(W/O) : 기름에 물이 분산된 형태(마가린, 버터)
ㄴ 수중유적형(O/W) : 물속에 기름이 분산된 형태(우유, 아이스크림, 마요네즈, 생크림)
③ 연화 : 밀가루 반죽에 지방을 넣으면 복잡한 글루텐의 연결이 끊어지면서 식품이 연해지는데 이를 연화(쇼트닝화)라고 한다.
④ 크리밍성 : 유지에 공기를 포함시켜 크림을 만드는 작용이다(쇼트닝 > 마가린 > 버터).

(4) 유지의 발연점

① 기름을 가열하면 일정 온도에서 열분해를 일으켜 지방산과 글리세롤이 분리되어 연기가 나기 시작하는 때의 온도를 발연점 또는 열분해 온도라고 한다.

② 발연점 이상에서 청백색인 연기와 함께 자극성 취기가 발생하는데 이는 기름이 분해되면서 생성되는 물질인 아크롤레인(acrolein) 때문이다.

③ 발연점이 높은 기름(식물성 기름)은 튀김 음식의 맛을 좋게 하고 기름의 흡수량도 적어 튀김용으로 적당하다.

④ 발연점이 낮아지는 경우
   ㉠ 유리지방산의 함량이 높을수록
   ㉡ 담는 용기의 표면적이 넓을수록
   ㉢ 기름에 이물질이 많이 들어 있을수록
   ㉣ 기름 사용 횟수가 많을수록

(5) 유지의 산패

① 지방을 장기간 저장했을 때 산소, 광선, 열, 효소, 미생물(세균), 금속의 작용에 의해 유지의 품질 저하를 가져온다.

② 유지의 산패 촉진 요인
   ㉠ 온도가 높을수록 산패된다.
   ㉡ 광선 및 자외선에 노출되었을 때 산패된다.
   ㉢ 금속과 접촉했을 때 산패된다.
   ㉣ 유지의 불포화도가 높을수록 산패된다.
   ㉤ 수분이 많을수록 산패된다.

진짜 통째로 외워온 문제

유지의 변질 원인이 아닌 것은?

① 질소　　　　　　　　② 온도
③ 일광　　　　　　　　④ 수분

해설
유지는 온도가 높을수록, 광선 및 자외선에 노출되었을 때, 금속과 접촉했을 때, 유지의 불포화도가 높을수록, 수분이 많을수록 변질되기 쉽다.

정답 ①

---

2. 유지의 가공 · 저장

(1) 유지 채취법

① 압착법 : 원료에 기계적인 압력을 가하여 기름을 채취하는 방법(참기름 등)
② 용출법 : 원료를 가열하여 유지를 녹아 나오게 하는 방법
③ 추출법 : 원료를 휘발성 유기용매(헥산 : n-Hexane)에 담그고, 유지를 용매에 녹여서 그 용매를 휘발시켜 유지를 채취하는 방법(식용유 등)

(2) 유지 정제

① 물리적 방법 : 정치법, 원심분리법, 가열법
② 화학적 방법 : 흡착법, 황산법, 탈색법, 탈취법, 알칼리법 → 탈검(lecithin 제거), 탈산(알칼리로 중화), 탈색(카로티노이드와 클로로필 제거), 탈취(가열증기, 이산화탄소, 수소, 질소)

(3) 가공유지(경화유)의 원리

① 불포화지방산에 수소(H_2)를 첨가하고 니켈(Ni)과 백금(Pt)을 촉매제로 하여 액체유를 고체유로 만든 것이다.
② 식용 경화유는 마가린, 쇼트닝 등에 사용되고, 공업용 경화유는 비누, 초, 스테아르산 등에 사용된다.

제5절 **식품 저장법 및 냉동식품**

1. 식품 저장법   중요도 ★☆☆

(1) 물리적 처리

① 건조법

일광건조법	햇빛을 이용한 천일건조법(생선, 조개, 오징어, 김 등)
열풍건조법	가열한 공기를 보내서 건조시키는 방법
배건법	불로 직접 식품을 건조시키는 방법(보리차, 녹차, 커피 등)
고온건조법	90℃ 이상의 고온에서 건조시키는 방법(건조 밥, 건조 떡 등)
고주파건조법	고주파로 균일하게 건조하여 타지 않음
냉동건조법	냉동시켜 저온에서 건조시키는 방법(한천, 당면, 건조두부 등)
분무건조법	액체식품을 분무하여 열풍으로 건조시켜 가루로 만드는 방법(분유 등)

② 냉장 · 냉동법

㉠ 냉장법 : 식품을 0~10℃에서 저장하는 방법(채소, 과일, 육류 등)
㉡ 냉동법 : 0℃ 이하에서 식품을 동결하여 보존하는 방법
㉢ 움저장 : 10℃의 움 속에 저장하는 방법(고구마, 감자, 무, 배추, 오렌지 등)

③ 가열살균법
　　㉠ 저온살균법(LTLT) : 62~65℃에서 30분간 가열하는 방법(우유, 술, 주스, 과즙, 맥주 등)
　　㉡ 고온단시간살균법(HTST) : 72~75℃에서 15~20초간 가열하는 방법(우유, 과즙 등)
　　㉢ 초고온순간살균법(UHT) : 130~150℃에서 2초간 가열하는 방법(우유, 과즙 등)
　　㉣ 고온장시간살균법(HTLT) : 95~120℃에서 30~60분간 가열하는 방법(통조림, 병조림)

(2) 화학적 처리

① 염장법 : 농도 10~20% 정도의 소금에 절이는 방법(젓갈)
② 당장법 : 농도 50% 이상의 설탕에 절이는 방법(잼, 젤리)
③ 산저장법 : 초산, 젖산, 구연산 등을 이용하여 식품을 초산 농도 3~4% 이상에서 저장하는 방법(피클)
④ 화학물질 첨가 : 인체에 해가 없는 화학물질을 첨가하여 효소의 작용을 억제하는 방법

(3) 종합적 처리

① 훈연법 : 육류나 어류를 염장하여 탈수시킨 다음 수지가 적은 나무(참나무, 벚나무, 떡갈나무, 향나무 등)를 불완전 연소시켜서 발생하는 연기에 그을려 저장하는 방법(햄, 소시지, 베이컨 등)
② 염건법 : 소금을 첨가한 후 건조시켜 저장하는 방법
③ 밀봉법 : 밀봉용기에 식품을 넣고 수분의 증발과 흡수, 해충의 침범, 공기(산소)의 통과 등을 막아 보존하는 방법(통조림, 진공포장, 레토르트파우치 등)
④ CA저장(가스저장법) : 불활성 가스(질소, 이산화탄소 등)로 식품의 호흡작용, 산화작용 등에 의한 성분 변화를 방지하는 방법(채소, 과일, 달걀, 곡류 등)
⑤ 조사살균법 : 자외선살균법, 방사선조사법 등

다음 괄호 안에 알맞은 내용을 쓰시오.
① (　　)은 이산화탄소나 산소 가스를 인공적으로 조정하여 과채류, 난류를 저장하는 방법이다.
② 장아찌나 피클 등에 쓰이는 (　　)은 초산, 젖산을 이용하여 식품을 저장하는 방법이다.

| 정답 |
① CA저장(가스저장)
② 산저장법

확인! OX

식품 저장법에 대한 설명이다. 옳으면 "O", 틀리면 "X"로 표시하시오.
1. 냉장법은 식품을 장기간 보존하기에 알맞은 방법이다. (　　)
2. 훈연법은 육류나 어류를 염장한 다음 불에 구워 저장하는 방법이다. (　　)

정답 1. X　2. X

| 해설 |
1. 냉장법은 단기저장 이용법이다.
2. 훈연법은 연기에 그을려 저장하는 방법이다.

진짜 통째로 외워온 문제

01 다음 중 상온에서 가장 변질되기 쉬운 식품은?

① 김   ② 달걀

③ 사탕   ④ 소주

해설
달걀은 상온에서 변질되기 쉽기 때문에 0~4℃ 정도로 냉장 보관한다.

02 미생물의 발육을 억제하기 위한 식품 저장법을 이용한 조리는?

① 샐러드   ② 딸기 잼

③ 갈비찜   ④ 생선구이

해설
딸기 잼은 당장법을 이용하여 만든다. 당장법은 농도 50% 이상의 설탕에 식품을 절여 미생물의 발육을 억제하는 저장법으로 잼, 젤리, 연유 등에 이용된다.

정답 01 ②   02 ②

2. 냉동식품

(1) 냉동법

미생물은 10℃ 이하면 생육이 억제되고 0℃ 이하에서는 거의 작용을 하지 못한다. 이러한 원리를 응용하여 저장한 식품이 냉장 및 냉동식품이다.

① −15℃ 이하에서 주로 축산물과 수산물의 장기 저장에 이용된다.

② 급속 냉동은 −40~−30℃의 저온으로 급속히 동결하는 것이다. 수분은 작은 결정이 되어 조직을 거의 파괴하지 않으므로 동결은 급속 냉동이 좋다. (↔ 완만 냉동)

(2) 해동법

실온 해동(자연 해동), 저온 해동, 수중 해동, 전자레인지 해동, 가열 해동 등이 있다.

① 육류, 어류 : 높은 온도에서 해동하면 조직이 상해서 액즙(드립 ; drip)이 많이 나와 맛과 영양소의 손실이 크므로 필름에 싼 채 냉장고나 흐르는 냉수에서 해동하는 것이 좋다.

② 채소류 : 끓는 물에 냉동채소를 넣고 2~3분간 끓여 해동과 조리를 동시에 한다. 그 밖에 찌거나 볶을 때에는 동결된 채로 조리한다.

③ 과실류 : 먹기 직전에 포장된 채로 냉장고, 실온, 흐르는 물에서 해동한다.

④ 튀김류 : 빵가루를 묻힌 것은 동결상태 그대로 다소 높은 온도의 기름에 튀겨도 된다.

⑤ 빵 및 과자류 : 자연 해동시키거나 오븐에 해동한다.

제6절 | 조미료와 향신료

1. 조미료

(1) 조미료의 정의

모든 식품의 맛, 향기, 색에 풍미를 더하는 물질이다. 일반적으로 설탕 → 소금 → 식초 → 간장 → 된장 순서로 사용한다.

(2) 조미료의 종류

① **설탕** : 음식에 단맛을 내는 조미료로 가장 많이 쓰이며 감미 외에 탈수성과 보존성이 있다.

② **소금** : 음식에 짠맛을 내는 가장 기본적인 조미료이며 천일염(호렴), 자염, 정제염, 재제염(꽃소금), 가공염, 식탁염 등이 있다.

③ **간장** : 짠맛과 감칠맛을 더하고 색을 낼 때 사용한다. 재래식 간장은 주로 국·구이·볶음에 사용하고, 개량간장은 주로 조림에 사용한다.

④ **된장** : 간장을 떠내고 남은 것으로 찌개나 국의 맛을 내는 데 쓰이고 단백질의 공급원이 된다.

⑤ **고추장** : 음식에 매운맛을 내는 복합조미료로 간장, 된장과 같은 발효식품이다.

⑥ **식초** : 곡물이나 과일을 발효해 만드는 것으로 음식에 신맛과 상쾌한 맛을 준다.

⑦ **젓갈** : 어패류에 소금을 넣어 숙성시킨 것으로 짠맛과 감칠맛을 낸다.

진짜 통째로 외워온 문제

식초의 기능에 대한 설명으로 틀린 것은?

① 양파에 식초를 넣으면 색이 희게 변한다.
② 붉은색 채소인 비트(beet)에 넣으면 붉은색이 유지된다.
③ 마요네즈에 식초를 넣으면 유화제 기능을 한다.
④ 생선 조리 시 식초를 넣으면 생선살이 부드러워진다.

(해설)
식초의 유기산은 생선의 단백질을 단단하게 만든다.

 정답 ④

+ **괄호문제**

다음 괄호 안에 알맞은 내용을 쓰시오.

① 설탕, 식초, 소금 중 가장 마지막에 넣어야 하는 조미료는 ( )이다.
② ( )은 간장을 떠내고 남은 것으로 단백질의 공급원이 된다.

| 정답 |
① 식초
② 된장

확인! **OX**

조미료에 대한 설명이다. 옳으면 "O", 틀리면 "X"로 표시하시오.

1. 재래식 간장은 주로 조림을 할 때 사용한다. ( )
2. 천일염은 비교적 입자가 크고 거칠다. ( )

정답 1. X 2. O

| 해설 |
1. 재래식 간장은 주로 국, 구이, 볶음에 사용한다.

2. 향신료

(1) 향신료의 정의

특수한 향기와 맛, 색, 풍미를 더하는 물질이다. 식품 자체가 지닌 좋지 않은 냄새를
없애거나 감소시키고 특유한 향기로 음식 맛을 더욱 좋게 한다.

(2) 향신료의 종류

① **고추** : 매운맛 성분은 캡사이신(capsaicin)으로, 소화 촉진의 효과도 있다.
② **마늘** : 마늘의 매운맛 성분은 알리신(allicin)으로, 비타민 B_1과 결합하여 알리티아민
(allithiamine)이 되어 비타민 B_1의 흡수를 돕는다.
③ **생강** : 매운맛 성분은 진저론(zingerone), 쇼가올(shogaols), 진저롤(gingerol)이며,
육류의 누린내와 생선의 비린내를 없애는 데 효과적이다.
④ **후추** : 매운맛 성분은 차비신(chavicine)으로, 육류 및 어류의 냄새를 감소시키며
살균작용을 한다.
⑤ **겨자** : 겨자의 매운맛은 시니그린(sinigrin) 성분이 분해되어 생긴다(냉채 · 생선요리
에 사용).
⑥ **파** : 황화아릴에 의한 강한 향이 있으며, 자극성 방향을 낸다.
⑦ **기타** : 박하, 세이지(sage), 정향, 계피, 월계수잎 등이 있다.

진짜 통째로 외워온 문제

냄새 제거 시 이용되는 향신료가 아닌 것은?
① 세이지(sage)
② 마늘
③ 소금
④ 월계수잎(bay leaf)

해설
소금은 음식에 짠맛을 내 주는 가장 기본적인 조미료이다.

정답 ③

우리 인생의 가장 큰 영광은 결코 넘어지지 않는 데 있는 것이 아니라

넘어질 때마다 일어서는 데 있다.

– 넬슨 만델라 –

PART

06

한식 조리실무

01 식생활 문화

3%
출제율

출제포인트
- 한국 음식의 문화와 배경
- 한국 음식의 종류
- 한국 상차림의 종류

기출 키워드

한국의 절식, 반상 첩 수(3첩, 5첩, 7첩, 9첩, 12첩), 죽상, 국숫상, 교자상, 양념, 고명, 육수

제1절 한국 음식의 문화와 배경

1. 한국 음식의 특징

① 궁중음식, 반가음식, 서민음식을 비롯하여 각 지역에 따른 향토음식이 발달하였다.
② 장류, 김치류, 젓갈류 등의 발효식품과 식품저장 기술이 일찍부터 발달하였다.
③ 주식과 부식이 뚜렷하게 구별되어 있다.
④ 상차림에 따른 음식의 종류가 다양하다.

2. 한국의 절식(節食)과 시식(時食) 풍속

절후명	음식 종류
설날	떡국, 만두, 편육, 전유어, 육회, 느름적, 떡찜, 잡채, 배추김치, 장김치, 약식, 정과, 강정, 식혜, 수정과
대보름	오곡밥, 김구이, 아홉 가지 묵은 나물, 약식, 유밀과, 원소병, 부럼, 나박김치
중화절	약주, 생실과, 포, 노비송편, 유밀과
삼짇날	약주, 생실과, 포, 절편, 조기면, 탕평채, 화면, 진달래화채, 진달래화전
초파일 (석가탄신일)	느티떡, 쑥떡, 국화전, 양색주악, 생실과, 화채, 웅어회 또는 도미회, 미나리강회, 도미찜
단오	증편, 수리취떡, 생실과, 앵두편, 앵두화채, 제호탕, 준치만두, 준칫국
유두	편수, 깻국, 어선, 어채, 구절판, 밀쌈, 생실과, 화전, 복분자화채, 보리수단, 떡수단
칠석	깨찰편, 밀설기, 주악, 규아상, 흰떡국, 깻국탕, 영계찜, 어채, 생실과(참외), 열무김치
삼복	육개장, 잉어구이, 오이소박이, 증편, 복숭아화채, 구장, 복죽
한가위	토란탕, 가리찜(닭찜), 송이산적, 잡채, 햅쌀밥, 나물, 생실과, 송편, 밤단자, 배화채, 배숙
중양절	감국전, 밤단자, 화채(유자·배), 생실과, 국화주
무오일	무시루떡, 감국전, 무오병, 유자화채, 생실과
동지	팥죽, 동치미, 생실과, 경단, 식혜, 수정과, 전약
그믐	골무병, 주악, 정과, 잡과, 식혜, 수정과, 떡국·만두, 골동반, 완자탕, 갖은 전골, 장김치

제2절 한국 음식의 분류 및 용어

1. 한국 음식의 종류

(1) 주식류

밥, 죽, 국수, 만두, 떡국 등이 있다.

(2) 부식류

국	채소, 육류, 어패류 등을 넣고 물을 많이 부어 끓인 음식
찌개	국보다 국물은 적고 건더기가 많으며 간이 센 음식
전골	육류, 어패류, 버섯류, 채소류 등에 육수를 넣고 즉석에서 끓여 먹는 음식
찜	주재료에 양념을 하여 물을 붓고 약간의 국물이 어울리도록 쪄내는 음식
선	호박, 오이, 가지, 배추, 두부 등에 소를 넣고 육수를 부어 잠깐 끓이거나 찌는 음식
숙채	채소를 끓는 물에 데쳐서 무치거나 기름에 볶는 음식
생채	신선한 채소류를 익히지 않고 양념장에 무친 음식
조림	육류, 어패류, 채소류 등에 간장이나 고추장을 넣고 약한 불에서 오래 익히는 음식
초	해삼, 전복, 홍합 등에 간장 양념을 넣고 약한 불에서 끓이다가 녹말을 풀어 넣는 음식
볶음	육류, 어패류, 채소류 등을 기름에 볶은 음식
구이	육류, 어패류 등을 재료 그대로 또는 양념을 한 다음 구운 음식
전 · 적	육류, 어패류, 채소류 등의 재료를 다지거나 얇게 저며 기름에 지진 음식
회 · 편육	• 회 : 육류, 어패류, 채소류 등을 날로 먹거나 끓는 물에 살짝 데쳐 먹는 음식 • 편육 : 소고기나 돼지고기를 삶아 눌러 물기를 빼고 얇게 저며 썬 음식
마른찬	육류, 어패류, 채소류 등을 소금에 절이고 양념하여 말리거나 튀긴 음식
장아찌	채소류를 간장, 된장, 고추장 등에 넣어 오래 두고 먹는 저장음식
젓갈	어패류 등을 소금에 넣어 발효시킨 음식
김치	채소류를 소금에 절여 양념을 넣고 버무려 익힌 음식

(3) 후식류

① 떡 : 쌀 등의 곡식가루에 물을 주어 찌거나 삶아서 익힌 곡물 음식이다.

② 한과 : 유과류, 약과류, 엿강정류, 매작과류, 정과류, 숙실과류, 다식류, 과편류, 엿류 등 전통과자를 말한다.

③ 음청류 : 술 이외의 기호성 음료를 말한다.

① 반상은 반찬의 수에 따라 ( ), 5첩, 7첩, 9첩, ( ) 반상으로 나뉜다.

② ( )은 경축의 뜻을 담은 상차림으로, 연회할 수 있도록 큰 상에 여러 음식을 차린다.

| 정답 |

① 3첩, 12첩
② 교자상

진짜 통째로 외워온 문제

선 요리 중 겨자장을 곁들이지 않는 것은?

① 어선　　　　　　　② 호박선
③ 오이선　　　　　　④ 두부선

해설

오이선은 단촛물을 끼얹은 음식이다.

정답 ③

2. 한국의 전통적인 상차림

(1) 한국의 상차림

① 일상식 : 상에 오르는 주식의 종류에 따라 반상, 죽상, 면상, 만두상, 떡국상 등이 있다.
② 손님 대접 상 : 교자상, 주안상, 다과상 등이 있다.
③ 의례 상차림 : 돌상, 큰상, 제사상 등이 있다.

(2) 상차림의 종류

① 초조반상(아침상) : 아침에 일어나 처음 먹는 상으로 부담 없는 가벼운 음식으로 차린다.
　　㉠ 응이, 미음 및 죽 등의 유동식을 중심으로 한다.
　　㉡ 맵지 않은 국물김치(동치미, 나박김치), 젓국찌개 및 마른찬(암치보푸라기, 북어보푸라기, 유포 및 어포 등) 등을 함께 차린다.
② 반상 : 밥을 주식으로 하는 정식 상차림으로 반찬의 수에 따라 반상의 종류, 즉 첩수가 정해진다. 밥, 국(탕), 김치, 찌개(조치), 종지에 담아내는 조미료 등은 첩 수에 포함되지 않으며 반찬 수에 따라 3첩, 5첩, 7첩, 9첩, 12첩 반상으로 나뉜다.
③ 낮것상(점심상) : 간단한 요기만 하는 정도로 가볍게 먹는다.
　　㉠ 손님이 오면 온면, 냉면 등으로 간단한 국숫상을 차린다.
　　㉡ 국수장국과 묽은 장, 겨울에는 배추김치, 봄·가을에는 나박김치 등을 함께 차린다.
④ 주안상 : 술을 대접하기 위한 상차림으로, 술안주가 되는 음식을 고루 차린다. 육포, 어포, 건어, 어란 등의 마른안주와 전, 편육, 찜, 전골, 생채, 김치, 과일, 떡, 한과 등을 차린다.
⑤ 교자상 : 경축의 뜻을 담은 상으로 많은 사람이 모여 연회할 수 있도록 큰 상에 여러 가지 음식을 차린다. 면, 탕, 찜, 전유어, 편육, 적, 회, 겨자채나 잡채, 구절판과 같은 채류, 신선로 등을 차린다.
⑥ 다과상 : 식사 이외의 시간에 다과만을 대접할 때나 주안상, 장국상의 후식으로 내놓는 다과 중심의 상차림이다. 식혜, 수정과 등 차가운 음청류나 뜨거운 차, 각 계절에 어울리는 떡류, 생과류, 다식, 강정, 정과, 유과, 유밀과, 숙실과 등을 차린다.

한식 상차림에 설명이다. 옳으면 "O", 틀리면 "X"로 표시하시오.

1. 죽상에는 짜고 매운 음식을 곁들여 낸다.　　　( )
2. 낮것상은 국수 등을 내어 가볍게 차린다.　　　( )

정답 1. X　2. O

| 해설 |
1. 죽상에는 맵지 않은 국물을 올린다.

3. 양념 · 고명 · 육수

중요도 ★☆☆

(1) 양념

① 양념 : 식품의 고유한 맛을 살리면서 음식의 특유한 맛을 내기 위해 사용되는 여러 재료이다. '조미료'와 '향신료'로 나뉘는데, 조미료에는 소금 · 간장 · 고추장 · 된장 · 식초 · 설탕 등이 있으며, 향신료에는 생강 · 겨자 · 후추 · 고추 · 참기름 · 들기름 · 깨소금 · 파 · 마늘 · 천초 등이 있다.

② 맛을 내는 양념
  ㉠ 짠맛(함미료) : 소금, 간장, 된장, 젓갈
  ㉡ 단맛(감미료) : 설탕, 꿀, 조청, 과당, 포도당, 물엿
  ㉢ 신맛(산미료) : 식초, 감귤류의 즙, 과일초
  ㉣ 매운맛(신미료) : 고추, 겨자, 산초, 후추, 파, 마늘, 생강
  ㉤ 쓴맛(고미료) : 생강
  ㉥ 맛난맛(지미료) : 멸치, 다시마, 화학조미료
  ㉦ 떫은맛 : 홍차, 감, 타닌
  ㉧ 아린맛 : 감자, 죽순, 가지

(2) 고명

① 음식의 모양을 좋게 하기 위하여 음식 위에 뿌리거나 얹는 것이다. '웃기' 또는 '꾸미'라고도 한다.

② 붉은색은 다홍고추 · 실고추 · 대추 · 당근 등, 녹색은 미나리 · 실파 · 호박 · 오이 등, 노란색과 흰색은 달걀의 황백지단, 검은색은 석이버섯 · 목이버섯 · 표고버섯 등을 사용한다.

③ 잣, 은행, 호두 등 견과류와 고기완자 등도 고명으로 많이 쓰인다.

(3) 육수

① 육류 또는 가금류, 뼈, 건어물, 채소류 및 향신채 등을 물에 넣고 충분히 끓여 국물로 사용하는 재료이다.

② 대파, 대파 뿌리, 마늘, 양파, 무, 표고버섯, 통후추 등이 부재료로 사용된다.

③ 육수의 종류

소고기 육수	양지머리, 사태육, 업진육, 사골, 도가니, 잡뼈 등을 사용하며 어느 음식에나 잘 어울린다(토장국, 육개장, 우거지탕, 미역국, 갈비탕, 냉면 등).
닭고기 육수	닭의 노란 기름 부분을 자르고 찬물에 끓인 다음 면포에 걸러 사용한다(초계탕, 초교탕, 미역국 등).
멸치 · 다시마 육수	멸치는 머리와 내장을 떼고, 다시마는 젖은 면포로 닦아 사용한다(생선국, 전골, 해물탕 등).
조개 육수	조개탕, 조개 국물로 끓이는 토장국, 해물탕, 매운탕 등에 쓰인다.

+ 괄호문제

다음 괄호 안에 알맞은 내용을 쓰시오.

① ( )은 음식의 모양을 좋게 하려고 음식 위에 뿌리거나 얹는 것이다.

② 다홍고추, 실고추, 대추 등은 ( )을 낼 때 쓰고, 석이버섯, 목이버섯 등은 ( )을 낼 때 쓴다.

| 정답 |
① 고명
② 붉은색, 검은색

확인! OX

한식 육수에 대한 설명이다. 옳으면 "O", 틀리면 "X"로 표시하시오.

1. 다시마 육수를 낼 때 다시마 표면의 흰 분말은 흐르는 물에 깨끗이 씻는다.
( )

2. 닭으로 육수를 낼 때 노란 기름 부분을 제거해야 한다.
( )

정답 1. X 2. O

| 해설 |
1. 다시마 표면 하얀 분말은 맛을 내는 성분이므로 씻지 않는다.

한식 조리

출제포인트
- 한식 재료 손질법
- 한식 조리법
- 음식 담는 방법

제1절 밥 조리

1. 밥 재료 준비

(1) 쌀의 종류와 특성

① 인디카형 : 낱알의 길이가 길어 장립종이라 하며, 찰기가 적고 잘 부서지고 불투명하며, 씹을 때 단단하다.

② 자포니카형 : 낱알의 길이가 짧고 둥글기 때문에 단립종이라 하며, 쌀알이 둥글고 길이가 짧고 찰기가 있다.

③ 자바니카형 : 낱알 길이와 찰기가 인디카형과 자포니카형의 중간 정도이고, 인도네시아의 자바 섬과 그 근처의 일부 섬에서만 재배하고 있다.

(2) 밥 재료의 품질 확인

① 쌀 : 낱알의 윤기가 뛰어나고 충실한 것이 좋으며 곰팡이 및 묵은 냄새가 없어야 한다.

② 보리 : 낱알이 일정하고 고른 것이어야 하고 수분은 14% 이하여야 하며 곰팡이 및 묵은 냄새가 없어야 한다.

③ 콩 : 낱알이 충실하고 고른 것이어야 하고 수분이 14% 이하여야 한다.

2. 밥 조리 및 담기 중요도 ★★☆

(1) 세척

① 헹구는 작업을 3~5회 반복하여 유해물질이 잔류되지 않도록 한다.

② 전분, 수용성 단백질, 지방, 수용성 비타민, 섬유소 등의 손실을 줄이기 위해서 가볍게 씻는다.

③ 단시간에 흐르는 물에 씻는다.

(2) 침지(불리기)

① 쌀의 침지는 가열하기 전에 쌀알 내부까지 충분히 수분을 흡수시키는 작업이다.

② 보통 취반 전에 실온에서 30~60분간 행한다.

③ 쌀을 침지할 때의 수분 흡수속도는 품종, 저장시간, 침지온도와 시간, 쌀알의 길이와 폭의 비등과 관계가 있다.

④ 쌀의 조직이 물을 흡수하면 열전도율이 좋아지고 호화를 도와 밥맛이 좋다.

(3) 밥 짓기

① 쌀 종류에 따른 물의 분량

쌀 종류	중량에 대한 물 분량	부피에 대한 물 분량
백미(보통)	1.5배	1.2배
햅쌀	1.4배	1.1배
찹쌀	1.1~1.2배	0.9~1배

② 쌀의 수분 함량은 14~15% 정도이며, 밥을 지었을 때의 수분은 60~65% 정도이다.

③ 60~65℃에서 호화가 시작되어 비등기 → 증자기 → 뜸 들이기를 거쳐 밥이 완성된다.

④ 밥맛에 영향을 주는 요소 : 쌀의 건조 상태, 물의 pH(7~8), 소금 첨가 함량(0.03%), 아밀로스 함량(낮을수록 점성이 많고 밥맛이 좋음), 조리기구(재질이 두껍고 무거운 것)

(4) 뜸 들이기

① 화력은 중간 정도로 하여 5분 정도 유지한다. 이때 내부 온도는 100℃ 정도이다.

② 쌀의 경도가 5분 정도일 때 가장 높고, 15분일 때 가장 낮게 나타난다.

③ 뜸 들이는 시간이 너무 길면 수증기가 밥알 표면에서 응축되어 밥맛이 떨어진다.

④ 뜸 들이는 도중에 밥을 가볍게 뒤섞어서 물의 응축을 막도록 한다.

(5) 밥 담기

① 조리 종류와 색, 형태, 인원수, 분량 등을 고려하여 그릇을 선택한다.

② 밥을 따뜻하게 담고 종류에 따라 간장 또는 고추장 양념장을 곁들인다.

진짜 통째로 외워온 문제

쌀 침지 시 수분의 흡수속도에 영향을 주는 인자가 아닌 것은?

① 침지시간
② 품종
③ 쌀의 열전도
④ 침지온도

[해설]
쌀을 침지할 때의 수분 흡수속도는 품종, 저장시간, 침지온도와 시간, 쌀알의 길이와 폭의 비등과 관계가 있다.

정답 ③

+ 괄호문제

다음 괄호 안에 알맞은 내용을 쓰시오.

① (   )은 쌀알을 오래 끓여 체에 거른 죽이다.

② (   )은 쌀알을 완전히 곱게 갈아서 쑤는 죽이다.

| 정답 |
① 미음
② 비단죽

제2절   죽 조리

1. 죽 재료 준비   중요도 ★★★

(1) 죽의 분류

① 응이 : 곡물의 전분을 물에 풀어서 끓인 죽

② 미음 : 곡물을 고아서 체에 거른 죽

③ 옹근죽 : 쌀을 통으로 쑤는 죽

④ 원미죽 : 쌀알을 굵게 갈아서 쑤는 죽

⑤ 비단죽(무리죽) : 쌀을 완전히 곱게 갈아서 쑤는 죽

(2) 죽의 재료

① 채소류 : 호박, 오이, 양파, 당근, 도라지, 시금치, 고사리, 아욱, 표고 등

② 어패류 : 전복, 새우, 조개류 등

③ 견과류 : 잣, 호두, 깨 등

④ 육류 : 소고기(장국죽, 소고기죽), 닭고기 등

(3) 죽 재료 전처리

① 마른 재료는 불리거나 데치거나 삶는다.

② 해산물은 소금물에 해감하고, 자른 다음에 씻는 것은 피한다.

③ 육류는 지방과 힘줄을 제거하고 핏물을 제거한다.

④ 채소류는 다듬고 씻어서 죽 종류에 맞게 썬다.

진짜 통째로 외워온 문제

확인! OX

죽 재료의 전처리에 대한 설명이다. 옳으면 "O", 틀리면 "X"로 표시하시오.

1. 녹두는 알갱이를 느낄 수 있을 정도로 가볍게 삶는다.
(   )

2. 육류는 지방과 힘줄을 그대로 살려 찬물에 넣어 끓인다.
(   )

정답 1. X 2. X

| 해설 |
1. 녹두는 쉽게 으깨질 정도로 푹 삶는다.
2. 육류 지방과 힘줄은 제거한다.

01 옹근죽에 대한 설명으로 옳은 것은?

① 쌀을 통으로 쑤는 죽
② 곡물을 고아서 체에 밭친 것
③ 쌀알을 완전히 곱게 갈아서 만드는 죽
④ 쌀알을 반 정도 갈아서 만드는 죽

해설

죽의 분류
• 응이 : 곡물의 전분을 물에 풀어서 끓인 죽
• 미음 : 곡물을 고아서 체에 거른 죽
• 옹근죽 : 쌀을 통으로 쑤는 죽
• 원미죽 : 쌀알을 굵게 갈아서 쑤는 죽
• 비단죽(무리죽) : 쌀을 완전히 곱게 갈아서 쑤는 죽

02 물에 녹말을 묽게 풀어서 쑤는 죽은?

① 옹근죽   ② 응이
③ 토란죽   ④ 원미죽

[해설]
응이는 곡물의 전분을 물에 풀어서 쑤는 죽이다.

정답 01 ①   02 ②

+ 괄호문제

다음 괄호 안에 알맞은 내용을 쓰시오.
① 죽을 쑤는 동안에 반드시 (   )으로 죽을 젓는다.
② 죽상에 곁들이는 국물로는 (   ) 국물이 어울린다.

| 정답 |
① 나무주걱
② 맑은

2. 죽 조리 및 담기

(1) 죽 조리

① 주재료인 곡물을 미리 물에 담가서 충분히 수분을 흡수시켜야 한다.
② 일반적인 죽의 물 분량은 쌀 용량의 5~6배 정도가 적당하다.
③ 죽에 넣을 물을 계량하여 처음부터 전부 넣어서 끓인다. 도중에 물을 보충하면 죽 전체가 잘 어우러지지 않는다.
④ 죽을 쑤는 냄비나 솥은 두꺼운 재질의 것이 좋다. 돌이나 옹기로 된 것이 열을 부드럽게 전하여 오래 끓이기에 적합하다.
⑤ 죽을 쑤는 동안에 너무 자주 젓지 않도록 하며, 반드시 나무주걱으로 젓는다.
⑥ 처음에는 강한 화력으로 신속하게 가열하고 한번 끓은 후에는 약한 불로 서서히 끓인다.
⑦ 부재료를 볶거나 첨가하여 죽을 끓일 수 있다.
⑧ 간은 죽이 완전히 퍼진 후에 하거나 먹는 사람의 기호에 따라 간장, 소금, 설탕, 꿀 등으로 맞춘다.

(2) 죽 담기

① 완성된 죽은 종류와 색, 형태, 인원수, 분량 등을 고려하여 그릇을 선택한다.
② 간장, 설탕, 소금, 꿀 등을 곁들여 낸다.
③ 죽상에는 간단한 찬을 차리게 되는데 맵지 않은 국물 있는 나박김치나 동치미를 올린다. 찌개는 젓국이나 소금으로 간을 한 맑은 조치가 차려지며, 그 외 육포나 북어무침, 매듭자반 등의 마른 찬이나 장조림, 장산적 등이 차려진다.

확인! OX

죽 조리 과정에 대한 설명이다. 옳으면 "O", 틀리면 "X"로 표시하시오.
1. 죽을 쑤는 냄비나 솥은 얇은 재질이 좋다.   (   )
2. 일반적인 죽의 물 분량은 쌀 용량의 5~6배 정도가 적당하다.   (   )

정답 1. X 2. O

| 해설 |
1. 죽을 쑤는 냄비나 솥은 두꺼운 재질의 것이 좋다.

① ( )은 국물에 된장을 풀어서 끓인 국이다.

② 맑은장국은 ( ), ( ) 등으로 간을 한다.

| 정답 |
① 토장국
② 소금, 국간장

제3절 국·탕 조리

1. 국·탕 재료 준비

(1) 국·탕의 종류

① 국류 : 무 맑은국, 미역국, 북엇국, 콩나물국, 시금치토장국, 아욱국, 쑥국 등

② 탕류 : 완자탕, 애탕, 조개탕, 홍합탕, 갈비탕, 용봉탕, 추어탕, 꼬리곰탕, 닭곰탕, 곰탕, 초교탕, 육개장, 설렁탕, 삼계탕, 오골계탕, 되비지탕 등

③ 냉국 : 오이냉국, 임자수탕, 미역냉국 등

(2) 육수 재료

① 재료는 육류, 어패류, 해초류, 채소류, 버섯류 등 매우 다양하다.

② 육수 재료에 따라 무, 파, 마늘, 생강, 통후추를 함께 넣어 끓인다.

(3) 국·탕의 양념

① 맑은국 : 소금, 국간장

② 토장국 : 된장, 고추장

③ 곰국 : 소금, 청장

④ 냉국 : 소금, 청장, 설탕, 식초

(4) 육수 끓이기 전처리

① 맑은 육수를 낼 때에는 육류를 물에 담가 핏물을 제거하고, 찬물에서부터 넣어 충분히 끓인다.

② 육수는 장시간 끓이므로 수분의 증발을 되도록 적게 하기 위해 깊이가 있는 조리기구를 사용한다.

③ 육수를 끓일 때는 두께가 두꺼운 냄비를 사용하는 것이 좋다.

④ 끓이는 중 부유물과 기름이 떠오르면 걷어 낸다.

확인! OX

국·탕 재료 준비에 대한 설명이다. 옳으면 "O", 틀리면 "X"로 표시하시오.

1. 소고기 육수를 낼 때에는 비교적 질긴 부위의 고기를 사용한다. ( )

2. 멸치는 머리와 내장을 그대로 두고 볶다가 국물을 낸다. ( )

정답 1. O 2. X

| 해설 |
2. 멸치는 머리와 내장을 제거하고 국물을 낸다.

진짜 통째로 외워온 문제

다음 중 토장국이 아닌 것은?

① 완자탕

② 아욱국

③ 근댓국

④ 냉이국

[해설]
완자탕은 다진 소고기, 두부 등으로 완자를 빚어 맑은장국에 넣고 끓인 국이다.

정답 ①

2. 국·탕 조리 및 담기

(1) 육수 끓이기

① 쌀뜨물 : 1~2회 씻은 뒤 이용한다. 쌀의 수용성 영양소가 녹아 있어 구수한 맛을 낸다.

② 멸치국물 : 머리와 내장을 떼고 냄비에 살짝 볶다가 그대로 찬물을 부어 끓이고, 끓기 시작하면 10~15분간 우려내고 거품을 걷은 후 소창에 걸러 사용한다.

③ 다시마국물 : 다시마는 씻지 말고 겉을 마른 면보로 닦아 낸 후 찬물에서부터 끓인다. 감칠맛을 내는 글루탐산나트륨, 알긴산, 만니톨 등을 많이 함유하고 있어 맛을 돋워 준다.

④ 조개국물 : 깨끗이 씻은 후 모시조개는 3~4% 정도, 바지락은 0.5~1% 정도의 소금 농도에서 해감시킨 후 약한 불에서 단시간에 끓인다.

⑤ 소고기 육수 : 국이나 전골, 편육은 사태나 양지머리처럼 비교적 질긴 부위를 사용한다. 핏물은 충분히 뺀 고기를 찬물에 넣고 센 불에서 끓이다가 육수가 끓으면 약한 불로 은근히 끓인다.

⑥ 사골 육수 : 단백질 성분인 콜라겐이 많은 사골을 선택하여 찬물에서 1~2시간 정도 담가 핏물을 충분히 뺀 후 육수를 낸다.

(2) 국·탕 담기

① 국은 국물과 건더기의 비율이 6 : 4 또는 7 : 3 정도로 담아낸다.

② 탕은 건더기가 국물의 1/2 정도이다.

③ 탕기, 대접, 뚝배기, 질그릇, 오지그릇, 유기그릇 등에서 선택한다.

④ 달걀지단, 미나리초대, 미나리, 고기완자, 홍고추 등의 고명을 활용할 수 있다.

진짜 통째로 외워온 문제

소고기 육수 만들기에 대한 설명으로 틀린 것은?

① 사태, 양지머리처럼 질긴 부위를 사용한다.

② 고기의 핏물을 충분히 뺀 후 사용한다.

③ 물이 끓기 시작하면 고기를 넣는다.

④ 육수가 우러나기 전에는 간을 하지 않는다.

(해설)

소고기 육수를 끓일 때 뜨거운 물이나 끓인 물을 사용하면 육류 표면이 갑자기 뜨거워져 표면의 단백질이 바로 응고되기 때문에 속에 있는 단백질이 충분히 우러나지 않는다.

 ③

+ 괄호문제

다음 괄호 안에 알맞은 내용을 쓰시오.

① 사골 육수를 낼 때에는 찬물에서 ( ) 정도 핏물을 뺀다.

② 탕은 건더기가 국물의 ( ) 정도이다.

| 정답 |

① 1~2시간

② 1/2

확인! OX

국이나 탕에 사용되는 국물에 대한 설명이다. 옳으면 "O", 틀리면 "X"로 표시하시오.

1. 국이나 탕은 국물이 우러나면 소금이나 간장, 된장을 넣는다. ( )

2. 다시마는 오랜 시간 끓여 사용한다. ( )

| 정답 | 1. O 2. X

| 해설 |

2. 다시마를 오래 끓이면 진액으로 인해 국물맛이 떨어진다.

다음 괄호 안에 알맞은 내용을 쓰시오.

① 찌개의 국물과 건더기 비율은 ( ) 정도가 알맞다.
② 명란젓찌개, 두부젓국찌개, 호박젓국찌개는 ( ) 찌개에 속한다.

| 정답 |
① 4 : 6
② 맑은

제4절 찌개 조리

1. 찌개 재료 준비

(1) 찌개의 종류

① 궁중용어로 조치라 알려져 있으며, 찌개와 마찬가지이나 국물을 많이 하는 것을 지짐이라고 하고, 고추장으로 조미한 찌개는 감정이라고 한다.

② 명란젓찌개, 두부젓국찌개 등 맑은 찌개와 된장찌개, 순두부찌개 등 탁한 찌개가 있다.

(2) 찌개 재료 전처리

① 육류의 전처리

　㉠ 소고기와 소뼈는 찬물에 담가 핏물을 제거하고 끓는 물에 데친다.

　㉡ 닭고기는 내장을 제거하고 끓는 물에 한번 데친다.

② 어패류 및 해조류 전처리

　㉠ 생선 : 깨끗이 씻은 후 꼬리에서 머리 쪽으로 긁어 비늘을 제거한 후 아가미와 내장을 제거한다.

　㉡ 조개 : 3~4%의 소금물에 해감을 한 후 사용한다.

　㉢ 낙지 : 내장과 먹물을 제거하고 굵은소금과 밀가루를 뿌려 깨끗이 씻는다.

　㉣ 게 : 등딱지를 분리하고 몸통에 붙어 있는 모래주머니와 아가미를 제거한다.

　㉤ 새우 : 등 쪽에 있는 내장을 제거하고 용도에 맞게 손질한다.

　㉥ 다시마 : 다시마 표면의 만니톨(mannitol)이라는 당 성분이 맛을 내므로 물에 씻지 말고 찬물에 담가 두거나 끓여서 감칠맛 성분을 우려낸다.

2. 찌개 조리 및 담기　　　　　중요도 ★★☆

(1) 찌개 조리

① 두부젓국찌개 : 두부, 굴, 홍고추에 새우젓 국물을 넣어 끓인 맑은 찌개

② 명란젓국찌개 : 소고기, 두부, 무에 명란젓을 넣어 끓인 맑은 찌개

③ 된장찌개 : 채소류, 두부에 된장으로 간을 한 토장찌개

④ 생선찌개 : 생선에 무, 두부 등을 넣어 고추장과 고춧가루로 맛을 낸 토장찌개

⑤ 순두부찌개 : 육류, 해산물, 채소류에 순두부를 넣어 끓인 찌개

⑥ 청국장찌개 : 육수에 두부, 김치 등과 청국장을 넣어 끓인 찌개

(2) 찌개 담기

① 국물과 건더기의 비율이 4 : 6 정도로 담아낸다.

② 조리의 특성에 맞게 냄비, 뚝배기, 오지냄비 등을 선택할 수 있다.

확인! OX

찌개에 쓸 재료 손질에 대한 설명이다. 옳으면 "O", 틀리면 "X"로 표시하시오.

1. 생선은 머리에서 꼬리 쪽으로 긁어 비늘을 제거한다.
　　　　　　　　　　( )

2. 낙지는 머리에 칼집을 내고 내장과 먹물을 제거한다.
　　　　　　　　　　( )

정답 1. X　2. O

| 해설 |
1. 생선은 꼬리에서 머리 쪽으로 긁어 비닐을 제거한다.

찌개에 대한 설명으로 틀린 것은?

① 조치라고도 한다.
② 국보다 국물이 많다.
③ 탁한 국물은 된장, 고추장으로 간을 맞춘다.
④ 맑은 찌개로는 두부젓국찌개가 있다.

[해설]
찌개는 국물과 건더기 비율이 4 : 6 정도로, 건더기를 주로 먹기 위한 음식이다.

[정답] ②

+ 괄호문제

다음 괄호 안에 알맞은 내용을 쓰시오.

① 육류, 채소, 버섯 등을 양념하여 꼬치에 꿰어 구운 것은 ( )이다.
② 전을 부칠 때 사용하는 기름은 발연점이 ( ) 것이 적절하다.

| 정답 |
① 적
② 높은

제5절 전 · 적 조리

1. 전 · 적 재료 준비 [중요도 ★★★]

(1) 전 · 적의 정의

① 전(煎)
  ㉠ 기름을 두르고 지지는 조리법으로, 재료를 지지기 좋은 크기로 하여 소금과 후추로 간을 한 다음 밀가루와 달걀물을 입혀서 번철에 지진다.
  ㉡ 지짐은 빈대떡이나 파전처럼 재료들을 밀가루 푼 것에 섞어서 직접 기름에 지져 내는 음식을 말한다.

② 적(炙) : 육류, 채소, 버섯 등을 양념하여 꼬치에 꿰어 구운 것이다.

산적	익히지 않은 재료를 양념하여 꼬치에 꿰어서 굽거나 살코기편이나 섭산적처럼 다진 고기를 반대기지어 석쇠로 굽는 것
누름적	누르미라고도 하며, 재료를 양념하여 꼬치에 꿰어 전을 부치듯이 밀가루나 달걀물을 입혀서 지진 것

(2) 전 · 적 재료

① 주재료 : 육류, 가금류, 어패류, 채소류, 버섯류 등을 사용한다.
② 부재료
  ㉠ 전 반죽가루 : 밀가루, 멥쌀가루, 찹쌀가루
  ㉡ 유지류 : 발연점이 높은 기름을 사용(옥수수유, 대두유, 포도씨유, 카놀라유, 면실유 등)
  ㉢ 달걀 : 전의 모양을 만들어 주고 점성을 높여 준다.

확인! OX

전 · 적 재료의 전처리 방법에 대한 설명이다. 옳으면 "O", 틀리면 "X"로 표시하시오.

1. 단단한 재료는 미리 데치거나 익혀 놓는다. ( )
2. 육류, 해산물은 다른 재료보다 짧게 자른다. ( )

[정답] 1. O 2. X

| 해설 |
2. 육류, 해산물은 익히면 길이가 줄기 때문에 다른 재료보다 길게 자른다.

다음 괄호 안에 알맞은 내용을 쓰시오.

① (　)는 익히지 않고 날로 무친 나물이다.
② (　)는 육류, 어패류, 채소류를 끓는 물에 삶거나 데쳐서 양념장을 찍어 먹는 것이다.

| 정답 |
① 생채
② 숙회

2. 전·적 조리 및 담기

(1) 전·적 조리

① 재료는 다듬고 씻어서 용도에 맞게 잘라서 수분을 제거한다.
② 육류, 해산물은 익히면 길이가 줄기 때문에 다른 재료보다 길게 잘라서 지진다.
③ 육류는 용도에 맞게 잘라서 두드리고, 잔칼질을 하면 익힐 때 오그라들지 않는다.
④ 어패류는 포를 떠서 소금, 후춧가루를 뿌려 밑간하여 지진다.
⑤ 전의 속재료는 두부, 육류, 해산물을 다지거나 으깨서 양념하는데, 물기 짠 두부는 약간의 소금과 참기름으로 밑간을 한다.
⑥ 단단한 재료는 미리 데치거나 익혀서 사용한다.
⑦ 조리에 사용하는 파, 마늘, 생강은 곱게 다져서 사용한다.

(2) 전·적 담기

① 조리의 종류와 색, 인원수, 분량 등을 고려하여 그릇을 선택한다.
② 따뜻하게 제공하는 온도는 70℃ 이상이다.
③ 전·적을 담을 그릇은 도자기, 스테인리스, 유리, 목기 또는 대나무 채반 등을 사용할 수 있다.
④ 초간장을 곁들여 낸다.

제6절 생채·회 조리

1. 생채·회 재료 준비

(1) 생채·회의 정의

① 생채 : 익히지 않고 날로 무친 나물로 계절마다 나오는 싱싱한 채소들을 초장, 고추장, 겨자장 등을 넣어 무친 반찬이다.
② 회 : 해산물, 육류, 채소류 등을 썰어서 날것으로 양념장에 찍어 먹는다.
③ 숙회 : 해산물, 육류, 채소류 등을 살짝 데쳐서 양념장에 찍어 먹는다.

확인! OX

육회의 조리에 대한 설명이다. 옳으면 "O", 틀리면 "X"로 표시하시오.

1. 고기를 썰 때 결 방향으로 채 썬다. (　)
2. 기름기 없는 소의 우둔살을 사용한다. (　)

정답 1. X 2. O

| 해설 |
1. 고기 결 반대 방향으로 채썬다.

(2) 생채·회의 종류

생채류	무생채, 도라지생채, 오이생채, 더덕생채, 해파리냉채, 파래무침, 실파무침, 상추생채
회류	• 생것(생회) : 육회, 생선회 • 익힌 것(숙회) : 문어숙회, 오징어숙회, 낙지숙회, 새우숙회, 미나리강회, 파강회, 어채, 두릅회

(3) 생채·회 재료 전처리

재료에 따라 다듬기, 씻기, 삶기, 데치기, 자르기를 하여 준비한다.

미나리나 실파 등을 데친 후 재료를 상투 모양으로 감아서 만든 것은?

① 수정회   ② 강회
③ 갑회   ④ 어채

해설

강회는 미나리나 파 등을 데쳐 돌돌 말아 양념장에 찍어 먹는 숙회류 음식이다.
① 수정회 : 우뭇가사리 등을 짓이겨 끓인 뒤 굳은 것을 썰어 먹는 회
③ 갑회 : 소간, 천엽, 양 등 소의 내장으로 만든 회
④ 어채 : 흰살생선을 포를 떠서 녹말가루를 묻힌 뒤 살짝 데쳐 먹는 숙회류 음식

정답 ②

2. 생채 · 회 조리 및 담기

(1) 생채 · 회 조리

① 고춧가루를 주로 사용하여 무칠 경우에는 고춧가루로 먼저 색을 내고 설탕, 소금, 식초 순으로 간을 한다.

② 냉채 양념장은 재료 특성에 맞게 겨자장, 잣즙 등을 곁들이거나 무쳐 낸다.

③ 회 양념장은 고추장, 설탕, 식초 등을 혼합하여 만든다.

④ 생채 조리 시 유의사항

　㉠ 생채 조리 시 물이 생기지 않게 한다.

　㉡ 생채 조리 시 양념이 잘 배게 하려면 고추장이나 고춧가루로 미리 버무려 놓는다.

　㉢ 생채 조리 시 기름은 사용하지 않는다.

(2) 생채 · 회 담기

① 조리 종류와 형태에 따라 그릇을 선택할 수 있다.

② 회 종류는 채소를 곁들일 수 있다.

제7절　조림 · 초 조리

1. 조림 · 초 재료 준비

(1) 조림 · 초의 정의

① 조림 : 육류, 어패류, 채소류 등을 양념장과 함께 조려낸 것이다.

② 초(炒) : '볶는다'는 뜻이지만 한식 조리법에서는 조림처럼 조리다가 녹말을 풀어 넣어 윤기 나게 조린 것이다.

(2) 장조림 재료

주재료로 소고기(홍두깨살, 우둔살), 닭고기(가슴살), 돼지고기(주로 뒷다리살), 전복, 키조개, 새우 등을 사용하고 부재료로 달걀(메추리알)이나 꽈리고추 등의 채소류를 사용한다.

(3) 초 재료

홍합, 전복, 해삼 등을 사용하며 주재료에 따라 홍합초, 전복초, 해삼초 등 명칭이 달라진다.

2. 조림 · 초 조리 및 담기

(1) 조림 조리

① 재료 특성에 따라 다듬기, 씻기, 썰기 등 전처리를 한다.

② 처음에는 센 불로 시작하고, 끓으면 불을 약하게 하여 간이 충분히 스며들도록 은근하게 익힌다.

③ 조리 도중 거품이나 불순물을 걷어 내고, 간장으로 간을 맞추고 여러 가지 채소 등을 넣어 양념과 맛 성분이 배게 조린다.

④ 생선조림을 할 때 흰살생선은 간장을 주로 사용하고, 붉은살생선이나 비린내가 나는 생선은 고춧가루나 고추장을 사용한다.

⑤ 조림 국물은 재료가 잠길 만큼 충분하게 부어 타지 않게 조린다.

⑥ 소고기 장조림은 고기를 먼저 무르게 삶은 후 양념장을 넣어 조린다.

(2) 초 조리

① 홍합초 : 생홍합은 데쳐서 조리고, 말린 홍합은 부드럽게 불려 조린다. 홍합초의 전통 조리법은 마지막에 전분가루를 풀어 넣어 익혀서 그것이 재료에 엉기도록 하나, 현재 실기시험에서는 전분을 풀지 않고 국물을 끼얹어 가면서 윤기 나게 조린다.

② 전복초 : 생전복을 얇게 저며서 소고기와 함께 넣어 윤기 나게 조린다.

③ 삼합초 : 홍합, 해삼, 전복이 주재료로, 부재료을 넣어 양념장에 조린다.

(3) 조림 · 초 담기

① 조림의 종류에 따라 그릇을 선택하고, 국물과 같이 담는다.

② 주재료와 부재료를 조화롭게 담고 고명 등을 얹는다.

확인! OX

조림 · 초 조리에 대한 설명이다. 옳으면 "O", 틀리면 "X"로 표시하시오.

1. 장조림을 할 때 간장과 설탕은 처음부터 넣는다. (   )
2. 조림이나 초를 담을 때에는 국물과 같이 담아야 한다. (   )

정답 1. X 2. O

| 해설 |
1. 장조림을 할 때 처음부터 간장을 넣으면, 고기가 익기도 전에 염분이 침투되어 고기가 질겨진다.

제8절 | 구이 조리

1. 구이 재료 준비

(1) 구이 조리의 방법

① 직접구이 - 브로일링(broiling)

  ㉠ 복사열로 석쇠나 브로일러를 사용하여 직접 불에 올려 굽는 방법이다.

  ㉡ 석쇠나 철망은 뜨겁게 달구어야 재료가 달라붙지 않는다.

  ㉢ 석쇠 위에 직접 구울 때 온도는 280~300℃ 화력으로 굽는다.

  ㉣ 구이 양념이 타지 않게 불의 세기를 조절하여 서서히 굽는다.

② 간접구이 - 그릴링(grilling)

  ㉠ 프라이팬, 철판구이, 전기프라이펜, 오븐구이 등과 같이 석쇠 아래에 열원이 위치하여 전도열로 구이를 진행하는 방법이다.

  ㉡ 석쇠가 아주 뜨거워야 재료가 달라붙지 않는다.

(2) 구이의 종류

① 소금구이 : 방자구이, 청어구이, 고등어구이, 김구이 등

② 간장 양념구이 : 너비아니구이, 불고기, 소갈비구이(가리구이), 염통구이, 콩팥구이 등

③ 고추장 양념구이 : 제육구이, 병어구이, 북어구이, 장어구이, 오징어구이, 뱅어포구이, 더덕구이

(3) 구이 재료 전처리

① 구이 재료의 종류로는 육류, 가금류, 어패류, 채소류 등이 있다.

② 재료에 따라 다듬기, 씻기, 수분·핏물 제거, 자르기를 하여 준비한다.

③ 고추는 절개하여 씨를 털어내고, 당근, 생강 등은 표면에 묻어 있는 흙을 완전히 세척한 후 규격에 맞게 자른다.

④ 너비아니구이를 할 때는 고기를 결대로 썰면 질기므로 결 반대 방향으로 썬다.

(4) 구이 양념 준비

① 간장 양념장 재료 준비

  ㉠ 대파와 마늘, 배는 다져서 준비한다.

  ㉡ 간장, 설탕, 후춧가루, 청주는 용도에 맞게 준비한다.

② 고추장 양념장 재료 준비

  ㉠ 대파와 마늘, 생강은 다져서 준비한다.

  ㉡ 고추장, 고춧가루, 후춧가루, 설탕, 소금의 양을 적절하게 배합한다.

③ 유장 양념인 참기름과 간장의 비율은 3 : 1이다.

+ 괄호문제

다음 괄호 안에 알맞은 내용을 쓰시오.

① (   )는 석쇠나 브로일러 등을 사용하여 재료를 직접 불에 굽는 조리법이다.

② 너비아니구이, 가리구이, 염통구이는 (   ) 양념구이다.

| 정답 |
① 직접구이(브로일링)
② 간장

확인! OX

간접구이에 대한 설명이다. 옳으면 "O", 틀리면 "X"로 표시하시오.

1. 식재료를 준비하는 동안 그릴을 달궈 놓아야 한다.
(   )

2. 간접구이는 복사열을 위에서 내려 직화로 식품을 조리하는 방법이다. (   )

정답 1. O 2. X

| 해설 |
2. 간접구이는 간접적으로 열을 전달받아 굽는 것이다.

+ 괄호문제

다음 괄호 안에 알맞은 내용을 쓰시오.

① ( )을 발라 초벌구이를 할 때는 살짝 익힌다.

② 생선구이를 담을 때 머리는 ( )에 오게 담는다.

| 정답 |
① 유장
② 왼쪽

---

01 방자구이를 바르게 설명한 것은?

① 청어의 소금구이
② 꿩의 양념구이
③ 닭의 양념구이
④ 소고기의 소금구이

(해설)
방자구이는 소고기의 소금구이를 말하며, 춘향전에서 방자가 고기를 양념할 겨를도 없이 얼른 구워 먹었다는 데서 유래되었다.

02 재료를 직화나 철판에 구워 소금, 후춧가루 등을 뿌리는 요리는?

① 방자구이
② 제육구이
③ 가리구이
④ 너비아니

(해설)
방자구이는 얇게 썬 소고기를 양념하지 않고 석쇠나 철판에 구우면서 소금과 후추로 바로 간을 하여 먹는 구이 요리이다. 제육구이는 고추장 양념구이이고 가리구이(갈비구이), 너비아니는 간장 양념구이이다.

정답 01 ④ 02 ①

2. 구이 조리 및 담기

(1) 구이 조리

① 유장구이(애벌구이, 초벌구이) 시 참기름, 간장에 재웠다가 살짝 익힌다.
② 고추장 양념을 발라 다시 굽는다.
③ 양념하여 재워두는 시간은 30분 정도가 적당하다.
④ 화력이 약하면 고기의 육즙이 흘러나와 맛이 없어지므로 중불 이상에서 굽는다.

(2) 구이 담기

① 완성된 구이는 부서지지 않게 유의하며 담는다.
② 생선구이에서 생선은 머리는 왼쪽, 꼬리는 오른쪽, 배는 앞쪽으로 오게 담는다.
③ 구이의 따뜻한 온도는 75℃ 이상을 말한다.
④ 조리의 종류, 형태, 인원수, 분량 등을 고려하여 그릇을 선택한다.

확인! OX

구이 조리에 대한 설명이다. 옳으면 "O", 틀리면 "X"로 표시하시오.

1. 너비아니구이를 할 때는 고기를 결 반대 방향으로 썬다. ( )
2. 화력이 약하면 고기 육즙이 빠져나와 맛이 없어진다. ( )

정답 1. O 2. O

1. 숙채 재료 준비

(1) 숙채의 정의

① 채소, 산채, 들나물 등을 물에 데치거나 볶아서 갖은 양념하여 만든 나물이다.
② 익혀서 조리하여 소화 흡수율이 높고, 채소 특유의 쓴맛, 떫은맛 등이 없으며, 질감이 부드럽다.

(2) 숙채의 종류

콩나물, 오이나물, 고사리나물, 도라지나물, 애호박나물, 시금치나물, 숙주나물, 방풍나물, 비름나물, 취나물, 냉이나물, 시래기, 당평채, 죽순채, 월과채, 잡채, 원산잡채, 어채, 칠절판, 구절판 등

(3) 숙채 재료 전처리

① 푸른잎 채소는 끓는 물에 소금을 약간 넣어 살짝 데치고 찬물에 헹구어 물기를 제거한다.
② 말린 나물류는 충분히 연하게 될 때까지 끓는 물에서 푹 삶아 준비한다.
③ 말린 취, 고춧잎, 시래기 등은 불렸다가 삶는다.
④ 동부가루, 메밀가루, 도토리가루를 이용해서 묵을 쑤어 그릇에 부어 굳힌다.
⑤ 전분가루와 물의 비율은 1 : 6 정도이다(청포묵, 메밀묵, 도토리묵 등).

2. 숙채 조리 및 담기

(1) 숙채 조리

① 데친 재료에 물기를 빼고 양념의 일부를 넣어 버무리듯 가볍게 무친 후 볶으면 조리가 간편하고 간도 잘 밴다.
② 고사리의 굵기에 따라 온도를 조절하고 뚜껑을 덮거나 물을 넣어 부드럽게 볶아 익힌다.
③ 고사리는 미지근한 쌀뜨물에 불리면 부드러워지고 잡내가 제거된다.
④ 오래된 건고사리는 식소다를 넣고 데치면 부드러워지고, 물러지는 것도 방지된다.
⑤ 고사리를 삶았을 때 부드럽지 않으면 물기를 짜 냉동실에 넣었다가 냉장 해동하여 사용하면 수분팽창으로 인하여 부드러워진다.
⑥ 숙채의 양념장은 다진 파, 다진 마늘, 간장, 소금, 깨소금, 참기름, 들기름 등을 혼합하여 만들거나 겨자장을 사용한다.

+ 괄호문제

다음 괄호 안에 알맞은 내용을 쓰시오.

① 볶음은 팬을 달군 후 소량의 ( )을 넣고 음식을 익히는 방법이다.

② 볶음 조리는 ( ) 온도에서 단시간에 볶아야 색과 향이 좋다.

| 정답 |
① 기름
② 높은

(2) 숙채 담기

① 숙채의 색, 형태, 재료, 분량을 고려하여 그릇을 선택한다.

② 조리의 종류에 따라 고명을 올리거나 양념장을 곁들일 수 있다.

진짜 통째로 외워온 문제

다음 조리법과 음식의 연결로 틀린 것은?

① 생채 – 오이생채, 월과채
② 숙채 – 비름나물, 방풍나물
③ 숙채 – 고사리나물, 취나물
④ 생채 – 상추생채, 더덕생채

해설

월과채는 애호박을 주재료로 쇠고기, 표고버섯 등을 채썰어 볶은 숙채류 음식이다.

정답 ①

제10절 **볶음 조리**

1. 볶음 재료 준비   중요도 ★★☆

(1) 볶음의 정의

① 소량의 기름을 이용해 뜨거운 팬에서 음식을 익히는 방법이다.

② 팬을 달군 후 소량의 기름을 넣어 높은 온도에서 단시간에 볶아야 질감, 색과 향이 좋다.

(2) 볶음 재료 전처리

① 육류 : 볶음용 고기는 되도록 얇게 썰어 양념에 무친다.

② 해산물 : 오징어, 낙지 등은 내장, 껍질 등을 제거하여 재료 특성에 따라 자른다.

③ 버섯류 : 말린 버섯류는 물에 불려 사용한다.

④ 건어물 : 먼저 볶아낸 후 양념장을 넣어 다시 볶는다.

확인! OX

볶음 재료에 대한 설명이다. 옳으면 "O", 틀리면 "X"로 표시하시오.

1. 볶음용 고기는 되도록 두껍게 썬다. ( )

2. 오징어나 낙지는 단시간에 익혀야 질기지 않다. ( )

정답 1. X 2. O

| 해설 |

1. 볶음용 고기는 되도록 얇게 썰어 양념에 무친다.

(3) 볶음 양념

① 간장 양념장 : 간장, 설탕, 청주, 물을 넣어 잘 섞은 후 마늘과 후춧가루, 참기름, 깨소금, 소금 등을 추가한다.

② 고추장 양념장 : 간장 양념에 고추장, 고춧가루를 추가한다.

(4) 볶음 조리도구

① 볶음 팬은 얇은 것보다 두꺼운 것이 좋다.

② 작은 냄비보다는 큰 냄비를 사용한다. 바닥에 닿는 면이 넓어야 재료가 균일하게 익으며 양념장이 골고루 배어 맛이 좋아진다.

2. 볶음 조리 및 담기

(1) 볶음 조리

① 육류 : 낮은 온도에서 조리하면 육즙이 유출되어 퍽퍽해지고 질겨지므로 200℃ 정도 의 고온에서 볶는다.

② 채소

　㉠ 소량의 기름으로 빠르게 볶아 식힌다. 기름이 많거나 오래 볶으면 색이 누래진다.

　㉡ 마른 표고버섯을 볶을 때는 약간의 물을 넣어 준다.

　㉢ 버섯은 물기가 많이 나오므로 센 불에 재빨리 볶거나 소금에 살짝 절인 후 볶는다.

③ 센 불에 부재료로 넣는 채소를 넣고 먼저 볶은 다음, 주재료를 넣고 다시 볶은 후 마지막에 양념을 한다.

④ 오징어나 낙지는 오래 익히면 질겨지므로 유의한다.

(2) 볶음 담기

① 접시에 재료가 골고루 보이게 담는다.

② 조리의 형태에 따라 조화롭게 담는다.

③ 볶음 조리에 따라 고명을 얹는다.

진짜 통째로 외워온 문제

오이를 막대 모양으로 썰어 소금에 절인 후 소고기와 표고버섯을 함께 볶아 익힌 음식은?

① 오이선

② 오이감정

③ 오이생채

④ 오이갑장과

해설

① 오이선 : 오이에 고기소를 넣어서 삶은 후 식은 장국을 부어 만드는 음식

② 오이감정 : 오이를 어슷하게 썰어 쇠고기를 넣고 끓이는 고추장찌개

③ 오이생채 : 오이를 얇게 썰어 식초와 고춧가루를 넣어 만든 생채

정답 ④

＋ 괄호문제

다음 괄호 안에 알맞은 내용을 쓰 시오.

① 육류는 낮은 온도에서 조리 하면 (　　)이 빠져 질기다.

② 버섯은 물기가 많으므로 (　　) 에 살짝 절인 후 볶으면 좋다.

| 정답 |

① 육즙

② 소금

확인! OX

볶음 조리에 대한 설명이다. 옳으 면 "O", 틀리면 "X"로 표시하시오.

1. 다른 조리법에 비하여 비타 민 손실이 비교적 적다.
　　　　　　　　(　　)

2. 조리 도구는 가열면이 넓은 것이 좋다.　　(　　)

정답 1. O 2. O

다음 괄호 안에 알맞은 내용을 쓰시오.

① 김장 배추를 절일 때 소금은 (　　)을 사용한다.
② 김치가 발효되면서 생성된 (　　)은 산도를 증가시키고 pH를 감소시킨다.

| 정답 |
① 천일염
② 유기산

제11절 **김치 조리**

1. 김치 재료 준비

(1) 김치의 정의

① 절임 채소에 고춧가루, 마늘, 생강, 파, 무 등의 여러 가지 양념류와 젓갈을 넣어 적당히 익혀 젖산발효를 시킨 발효식품이다.
② 김치의 효능 : 항균작용, 중화작용, 다이어트 효과, 항암작용, 항산화·항노화 작용, 동맥경화·혈전증 예방작용 등이 있다.

(2) 김치 재료

① 주재료 : 배추, 무, 열무, 오이, 상추, 고추, 마늘, 파, 부추, 미나리, 생강, 갓, 소금, 젓갈 등
② 부재료 : 북어, 가자미, 굴, 동태, 전복과 같은 해물류, 당근, 쑥갓, 청각, 산초 등의 채소류와 대추, 호박, 은행, 갓, 배, 밤 등의 과실류, 젓갈류, 소금 등
③ 찹쌀풀 : 김치에 점성을 주고 단맛을 내며 김치의 숙성을 돕는 역할을 한다.

2. 김치 조리 및 담기

(1) 배추김치 조리

① 적당한 농도로 소금기를 배추 조직에 골고루 침투시키기 위해 배추포기가 큰 것은 쪼개고, 작은 것은 그대로 절인다.
② 봄과 여름에는 소금 농도를 7~10%로 8~9시간 정도, 겨울에는 12~13%로 12~16시간 정도 절이고 최종 염농도가 2~3% 정도가 되도록 맞춘다.
③ 배추를 절이는 소금은 천일염(호렴)을 사용한다.
④ 절임 배추는 줄기보다는 잎 부위의 염도가 높아서 상대적으로 줄기 부위에 양념소를 많이 채워야 전체적으로 염의 평형이 이루어지고 균일한 발효가 이루어진다.
⑤ 낮은 온도에서 장시간 절이면 당과 아미노산, 비타민 C의 용출량이 커서 맛과 영양 손실이 크다.

확인! OX

김치 조리에 대한 설명이다. 옳으면 "O", 틀리면 "X"로 표시하시오.

1. 절인 배추의 최종 염농도가 10% 정도 되도록 맞춘다.
(　　)
2. 김치 숙성 중 생성되는 아미노산은 맛을 좋게 한다.
(　　)

정답 1. X 2. O

| 해설 |
1. 절인 배추의 최종 염농도가 2~3% 정도 되도록 맞춘다.

(2) 김치의 숙성

① 김치가 발효되면서 생성된 유기산은 산도를 증가시키고 pH를 감소시키는데, 일반적으로 pH 4.0 부근이 가장 맛있는 상태이다.
② 김치의 숙성 중 가장 많이 생성되는 물질은 젖산(lactic acid), 구연산(citric acid), 주석산(tartaric acid)이다.
③ 아미노산은 김치의 맛을 좋게 해주고 pH가 지나치게 떨어지는 것을 방지해 준다.

④ 김치 발효 초기에 비타민 C는 감소하지만, 김치 숙성 적기에 포도당(glucose)과 갈락
투론산(galacturonic acid)으로부터 비타민 C가 생합성된다. 이후 발효와 관계하는
미생물의 영향으로 다시 감소한다.

(3) 김치의 산패 원인

① 김치 주재료 및 부재료가 청결하지 않으면 산패한다.
② 김치의 저장 온도가 높거나 소금 농도가 낮으면 산패한다.
③ 김치 발효 마지막에 곰팡이나 효모에 의해 오염되면 산패한다.

(4) 김치 담기

① 산소가 닿으면 상하기 쉬우므로 잘 밀봉하고 김치 보관 중에는 뚜껑을 자주 열지
않는다.
② 김치의 형태, 재료, 분량을 고려하여 적절한 그릇을 선택하고 식기의 70%의 양이
되도록 담는다.

진짜 통째로 외워온 문제

다음 중 배추김치류에 속하지 않는 것은?

① 비늘김치
② 보쌈김치
③ 백김치
④ 속대김치

[해설]
비늘김치는 무를 재료로 하여 양념소를 버무려 만든 양념형 무김치이다.

정답 ①

+ 괄호문제

다음 괄호 안에 알맞은 내용을 쓰
시오.

① 김치 보관 시 (　)가 닿으면
상하기 쉬우므로 잘 밀봉해
야 한다.

② 김치 숙성 중 가장 많이 생성
되는 물질은 (　), 구연산,
주석산 등이다.

| 정답 |
① 산소
② 젖산

확인! OX

김치의 산패 원인에 대한 설명이
다. 옳으면 "O", 틀리면 "X"로 표
시하시오.

1. 김치 주재료 및 부재료가 청
결하지 않으면 산패한다.
(　)

2. 김치의 저장 온도가 높으면
산패한다. (　)

정답 1. O 2. O

Add+

특별부록
상시복원문제

01 ☑ 확인 Check! ○ □ △ □ ✕ □

보리를 할맥도정하는 이유가 아닌 것은?

① 소화율을 증가시키기 위해
② 조리를 간편하게 하기 위해
③ 수분 흡수를 빠르게 하기 위해
④ 부스러짐을 방지하기 위해

해설

보리는 보리쌀을 기계로 눌러 단단한 조직을 파괴하여 가공한 보리인 압맥과 보리 도정 후 보리쌀을 홈을 따라 2등분으로 분쇄하여 가공한 할맥이 있다. 압맥은 보리알의 조직이 파괴되어 물이 쉽게 흡수되어 소화율도 높아진다. 할맥은 섬유소의 함량이 낮아지므로 밥을 지었을 때 모양과 색뿐만 아니라 입 안에서의 느낌도 쌀과 비슷하고 소화율도 높아 많이 이용된다.

정답 ④

02 ☑ 확인 Check! ○ □ △ □ ✕ □

일반적으로 식품 1g 중 생균수가 약 얼마 이상일 때 초기부패로 판정하는가?

① 10개 ② 10^2개
③ 10^4개 ④ 10^7개

해설

생균수가 식품 1g 중 약 $10^7 \sim 10^8$일 때 초기부패로 판정한다.

정답 ④

03 ☑ 확인 Check! ○ □ △ □ ✕ □

조리장에서 식용유 사용 관련 화재 발생 시 해당하는 것은?

① A급 화재
② B급 화재
③ C급 화재
④ K급 화재

해설

K급 화재에 해당한다. 식용유 화재는 일반 유류화재와는 달리 자연 발화로 발생하기 때문에 발화점 이상에서 화염이 발생하면 온도가 더욱 빠르게 상승한다.

정답 ④

04 ☑ 확인 Check! ○ □ △ □ ✕ □

과실 · 채소류 등 식품의 살균 목적 이외에 사용하여서는 아니 되는 살균소독제는?(단, 참깨에는 사용 금지)

① 차아염소산나트륨
② 양성비누
③ 과산화수소수
④ 에틸알코올

해설

차아염소산나트륨 : 잔류 염소가 미생물의 호흡계 효소를 저해하여 세포의 동화작용을 정지시키는 염소계 살균제로 채소, 식기, 과일, 음료수 소독(50~100ppm) 등에 사용된다.

정답 ①

05

☑ 확인
Check!
○ □
△ □
✕ □

식품첨가물 중 보존료의 목적을 가장 잘 표현한 것은?

① 산도 조절

② 미생물에 의한 부패 방지

③ 산화에 의한 변패 방지

④ 가공과정에서 파괴되는 영양소 보충

해설

보존료는 세균, 곰팡이 등 미생물의 생육을 억제하여 식품의 변질 및 부패를 방지하기 위해 사용하는 첨가물이다.

정답 ②

06

☑ 확인
Check!
○ □
△ □
✕ □

다음 영문명 및 약자의 예시 중 가장 거리가 먼 것은?

① EXP

② Use by date

③ Expiration date

④ Best before date

해설

④는 품질유지기한이다.
소비기한이라 함은 식품 등에 표시된 보관방법을 준수할 경우 섭취하여도 안전에 이상이 없는 기한을 말한다(소비기한 영문명 및 약자 예시 : Use by date, Expiration date, EXP, E).

정답 ④

07

☑ 확인
Check!
○ □
△ □
✕ □

HACCP의 의무적용 대상 식품에 해당하지 않는 것은?

① 빙과류　　② 비가열음료

③ 껌류　　④ 레토르트식품

해설

식품안전관리인증기준 대상 식품

• 수산가공식품류의 어육가공품류 중 어묵·어육소시지
• 기타수산물가공품 중 냉동 어류·연체류·조미가공품
• 냉동식품 중 피자류·만두류·면류
• 과자류, 빵류 또는 떡류 중 과자·캔디류·빵류·떡류
• 빙과류 중 빙과
• 음료류(다류 및 커피류는 제외)
• 레토르트식품
• 절임류 또는 조림류의 김치류 중 김치
• 코코아가공품 또는 초콜릿류 중 초콜릿류
• 면류 중 유탕면 또는 곡분, 전분, 전분질원료 등을 주원료로 반죽하여 손이나 기계 따위로 면을 뽑아내거나 자른 국수로서 생면·숙면·건면
• 특수용도식품
• 즉석섭취·편의식품류 중 즉석섭취식품
• 즉석섭취·편의식품류의 즉석조리식품 중 순대
• 식품제조·가공업의 영업소 중 전년도 총매출액이 100억원 이상인 영업소에서 제조·가공하는 식품

 정답 ③

08

☑ 확인
Check!
○ □
△ □
✕ □

히스타민(histamine) 함량이 많아 알레르기성 식중독을 일으키기 가장 쉬운 어육은?

① 가다랑어　　② 대구

③ 넙치　　④ 도미

해설

알레르기성 식중독을 일으키는 히스타민은 주로 고등어, 가다랑어 등과 같은 붉은살 어류 및 그 가공품이 원인 식품이다.

 정답 ①

09

황색포도상구균에 의한 식중독 예방대책으로 적합한 것은?

① 토양의 오염을 방지하고 특히 통조림의 살균을 철저히 해야 한다.
② 쥐나 곤충 및 조류의 접근을 막아야 한다.
③ 어패류를 저온에서 보존하며 생식하지 않는다.
④ 화농성 질환자의 식품 취급을 금지한다.

해설
황색포도상구균은 화농성 질환의 대표적인 원인균으로 예방대책으로 식품의 멸균, 오염 방지, 냉장 보관, 화농성 질환자의 식품 취급 금지 등이 있다.

정답 ④

11

화학적 식중독의 원인 물질은?

① 테트로도톡신(tetrodotoxin)
② 무스카린(muscarine)
③ 메탄올(methanol)
④ 아미그달린(amygdalin)

해설
① 테트로도톡신(tetrodotoxin) : 복어
② 무스카린(muscarine) : 독버섯
④ 아미그달린(amygdalin) : 청매, 살구씨 등

정답 ③

10

화재 발생 시 피난 통로를 안내하기 위한 통로유도등의 종류가 아닌 것은? ✔신유형

① 거실통로유도등
② 복도통로유도등
③ 계단통로유도등
④ 객석유도등

해설
통로유도등 : 피난 통로를 안내하기 위한 유도등으로 복도통로유도등, 거실통로유도등, 계단통로유도등 등이 있다.

정답 ④

12

우리나라 식품위생법의 목적과 가장 거리가 먼 것은?

① 식품으로 인한 위생상의 위해 방지
② 식품영양의 질적 향상 도모
③ 국민 건강의 보호·증진에 이바지
④ 부정식품 제조에 대한 가중처벌

해설
식품위생법의 목적(법 제1조)
식품으로 인하여 생기는 위생상의 위해를 방지하고 식품영양의 질적 향상을 도모하며 식품에 관한 올바른 정보를 제공함으로써 국민 건강의 보호·증진에 이바지함을 목적으로 한다.

정답 ④

13 식품위생법상 식품위생감시원의 직무가 아닌 것은?

☑ 확인
Check!

○ □
△ □
× □

① 영업소의 폐쇄를 위한 간판 제거 등의 조치
② 영업의 건전한 발전과 공동의 이익을 도모하는 조치
③ 영업자 및 종업원의 건강진단 및 위생교육의 이행 여부의 확인·지도
④ 조리사 및 영양사의 법령 준수사항 이행 여부의 확인·지도

해설

식품위생감시원의 직무(영 제17조)
• 식품 등의 위생적인 취급에 관한 기준의 이행 지도
• 수입·판매 또는 사용 등이 금지된 식품 등의 취급 여부에 관한 단속
• 표시 또는 광고기준의 위반 여부에 관한 단속
• 출입·검사 및 검사에 필요한 식품 등의 수거
• 시설기준의 적합 여부의 확인·검사
• 영업자 및 종업원의 건강진단 및 위생교육의 이행 여부의 확인·지도
• 조리사 및 영양사의 법령 준수사항 이행 여부의 확인·지도
• 행정처분의 이행 여부 확인
• 식품 등의 압류·폐기 등
• 영업소의 폐쇄를 위한 간판 제거 등의 조치
• 그 밖에 영업자의 법령 이행 여부에 관한 확인·지도

정답 ②

14 분말 형태의 소화약제를 사용하는 소화기의 교체 시기는? ✔신유형

☑ 확인
Check!

○ □
△ □
× □

① 3년 ② 5년
③ 7년 ④ 10년

해설

분말 형태의 소화약제를 사용하는 소화기의 내용연수는 10년이다.

정답 ④

15 조리사의 건강진단 항목, 횟수의 연결로 적절한 것은?

☑ 확인
Check!

○ □
△ □
× □

① 파라티푸스 - 1년마다 1회
② 폐결핵 - 2년마다 1회
③ 감염성 피부질환 - 6개월마다 1회
④ 장티푸스 - 18개월마다 1회

해설

건강진단 항목 등(식품위생 분야 종사자의 건강진단 규칙 제2조)
• 건강진단 항목 : 장티푸스, 파라티푸스, 폐결핵
• 식품위생법에 따라 건강진단을 받아야 하는 영업자 및 그 종업원은 매 1년마다 건강신단을 받아야 한다.

정답 ①

16 식품위생법령상 식품위생 수준 및 자질의 향상을 위하여 필요한 경우 조리사와 영양사에게 교육을 받을 것을 명할 수 있는 자는?

☑ 확인
Check!

○ □
△ □
× □

① 보건소장
② 시장·군수·구청장
③ 식품의약품안전처장
④ 보건복지부장관

해설

교육(법 제56조 제1항)
식품의약품안전처장은 식품위생 수준 및 자질의 향상을 위하여 필요한 경우 조리사와 영양사에게 교육을 받을 것을 명할 수 있다. 다만, 집단급식소에 종사하는 조리사와 영양사는 1년마다 교육을 받아야 한다.

정답 ③

17 ☑ 확인 Check! ○□ △□ ✕□

식품위생법령상 집단급식소는 상시 1회 몇 인에게 식사를 제공하는 급식소인가?

① 20명 이상
② 40명 이상
③ 50명 이상
④ 70명 이상

〔해설〕
집단급식소의 범위(영 제2조)
집단급식소는 1회 50명 이상에게 식사를 제공하는 급식소를 말한다.

〔정답〕 ③

18 ☑ 확인 Check! ○□ △□ ✕□

산업안전보건법상의 용어 설명으로 틀린 것은?

① 근로자 – 임금을 목적으로 사업이나 사업장에 근로를 제공하는 사람
② 사업주 – 근로자를 사용하여 사업을 하는 자
③ 근로자대표 – 노동조합이 없는 경우에는 근로자의 2/3를 대표하는 자
④ 중대재해 – 산업재해 중 사망 등 재해 정도가 심하거나 다수의 재해자가 발생한 경우

〔해설〕
용어의 정의(법 제2조)
근로자대표는 근로자의 과반수로 조직된 노동조합이 있는 경우에는 그 노동조합을, 근로자의 과반수로 조직된 노동조합이 없는 경우에는 근로자의 과반수를 대표하는 자를 말한다.

 〔정답〕 ③

19 ☑ 확인 Check! ○□ △□ ✕□

다음 중 독버섯이 아닌 것은?

① 독우산광대버섯
② 끈적버섯
③ 알광대버섯
④ 차가버섯

〔해설〕
차가버섯은 북아메리카, 북유럽 등 지방의 자작나무에 기생해 자라는 버섯으로 항암효과와 면역효과가 뛰어난 것으로 알려져 있다.
독버섯의 종류 : 무당버섯, 광대버섯, 알광대버섯, 화경버섯, 미치광이버섯, 외대버섯, 웃음버섯, 땀버섯, 끈적버섯, 마귀버섯, 깔때기버섯 등

〔정답〕 ④

20 ☑ 확인 Check! ○□ △□ ✕□

직업병의 예방대책이라 할 수 없는 것은?

① 작업환경의 개선
② 예방접종의 실시
③ 근로시간의 적정화
④ 보호구의 착용

〔해설〕
직업병 예방대책
• 작업환경을 철저하게 관리하여 유해물질이 발생하는 것을 방지한다.
• 작업조건이 근로자에게 적정한지 조사하고 부적당한 점이 있으면 이를 시정 개선한다.
• 근로자의 채용 시 신체검사 및 정기건강진단을 실시하고, 유해업무에는 반드시 보호구를 사용하게 함으로써 위험에 직접 노출되는 일이 없도록 한다.

 〔정답〕 ②

21 화학적 산소요구량을 나타내는 것은?

☑ 확인 Check!

○ □
△ □
X □

① SS
② DO
③ BOD
④ COD

해설

COD는 화학적 산소요구량으로, 수중에 있는 각종 오염물질을 화학적으로 산화시키기 위해 필요한 산소의 양이다. 해양오염의 지표 및 공장폐수를 측정하는 데 사용되며, COD가 높을수록 오염된 물이다.

정답 ④

22 회복기 보균자에 대한 설명으로 옳은 것은?

☑ 확인 Check!

○ □
△ □
X □

① 병원체에 감염되어 있지만 임상증상이 아직 나타나지 않은 상태의 사람
② 병원체를 몸에 지니고 있으나 겉으로는 증상이 나타나지 않는 건강한 사람
③ 질병의 임상증상이 회복되는 시기에도 여전히 병원체를 지닌 사람
④ 몸에 세균 등 병원체를 오랫동안 보유하고 있으면서 자신은 병의 증상을 나타내지 아니하고 다른 사람에게 옮기는 사람

해설

회복기 보균자는 질병에서 회복되는 시기에도 여전히 병원체를 배출하는 자를 말한다.

정답 ③

23 쥐에 의한 질병의 대상이 아닌 것은?

☑ 확인 Check!

○ □
△ □
X □

① 페스트
② 발진티푸스
③ 발진열
④ 렙토스피라증

해설

② 발진티푸스는 이가 매개하는 감염병이다.

정답 ②

24 다음 개인 재해의 발생 원인 중 불안전한 행동(인적 요인)에 속하지 않는 것은? ✔신유형

☑ 확인 Check!

○ □
△ □
X □

① 고기 절단기의 고장
② 불안전한 속도 조작
③ 감독 및 연락 불충분
④ 불안전한 자세 동작

해설

개인 재해의 발생 원인에는 불안전한 상태(물적 결함)와 불안전한 행동(인적 요인)이 있는데, 고기 절단기의 고장은 불안전한 상태(물적 결함)에 속한다.

정답 ①

25 식품 중의 자유수의 특성이 아닌 것은?

☑ 확인 Check!

○ □
△ □
X □

① 미생물의 생육, 증식에 이용된다.
② 식품을 냉동시키면 동결된다.
③ 용질에 대해 용매로 작용하는 물을 말한다.
④ 결합수보다 밀도가 크다.

해설

④ 자유수의 밀도는 결합수의 밀도보다 작다.

정답 ④

26 맥아당은 어떤 성분으로 구성되어 있는가?

☑ 확인
Check!

○ □
△ □
× □

① 포도당 2분자가 결합된 것
② 과당과 포도당 각 1분자가 결합된 것
③ 과당 2분자가 결합된 것
④ 포도당과 전분이 결합된 것

해설

맥아당은 2분자의 포도당이 결합된 환원성 이당류이다.
② 과당과 포도당 각 1분자가 결합된 것은 설탕이다.

정답 ①

---

27 하루 동안 섭취한 음식 중에 단백질 70g, 지질 40g, 당질 400g이 있었다면 이때 얻을 수 있는 열량은?

☑ 확인
Check!

○ □
△ □
× □

① 1,995kcal
② 2,195kcal
③ 2,240kcal
④ 2,295kcal

해설

하루 동안 섭취한 열량 = (70g × 4kcal/g) + (40g × 9kcal/g) + (400g × 4kcal/g) = 2,240kcal

정답 ③

---

28 대표적인 콩단백질인 글로불린(globulin)이 가장 많이 함유하고 있는 성분은?

☑ 확인
Check!

○ □
△ □
× □

① 글리시닌(glycinin)
② 알부민(albumin)
③ 글루텐(gluten)
④ 제인(zein)

해설

콩단백질인 글리시닌은 글로불린의 한 종류로 대두 단백의 84% 정도를 차지한다. 글리시닌이 두부응고제와 열에 의해 응고되는 성질을 이용해 두부를 만든다.

정답 ①

---

29 다음 중 물에 녹는 비타민은?

☑ 확인
Check!

○ □
△ □
× □

① 레티놀(retinol)
② 토코페롤(tocopherol)
③ 티아민(thiamine)
④ 칼시페롤(calciferol)

해설

물에 녹는 수용성 비타민에는 비타민 B_1(티아민), 비타민 B_2(리보플라빈), 비타민 B_6(피리독신), 비타민 C(아스코브산)이 있다.

정답 ③

---

30 새우나 게 등의 갑각류에 함유되어 있으며 사후 가열되면 적색을 띠는 색소는?

☑ 확인
Check!

○ □
△ □
× □

① 안토시안(anthocyan)
② 아스타잔틴(astaxanthin)
③ 클로로필(chlorophyll)
④ 멜라닌(melanin)

해설

새우 등 갑각류 피부에 함유된 카로티노이드 계열 색소의 일종인 아스타잔틴(astaxanthin)은 단백질과 결합하여 살아 있는 동안에는 녹색을 띠는 어두운 청색 색소 단백질로서 존재하다가 가열하면 단백질이 쉽게 분해되고 산화되어 적색 색소인 아스타신(astacin)으로 된다.

정답 ②

31

☑ 확인
Check!

○ □
△ □
✕ □

효소적 갈변에 대한 설명으로 맞는 것은?

① 간장, 된장 등의 제조과정에서 발생한다.
② 블랜칭(blanching)에 의해 반응이 억제된다.
③ 기질은 주로 아민(amine)류와 카보닐(carbonyl) 화합물이다.
④ 아스코브산의 산화반응에 의한 갈변이다.

해설
효소는 단백질로 이루어져 있기 때문에 가열에 의해 쉽게 불활성화된다. 데치기(blanching)는 끓는 물이나 기름에 재료를 넣어 단시간 조리하는 방법이다.
①·③ 마이야르(메일라드) 반응으로, 비효소적 갈변
④ 오렌지 주스나 농축물 등의 비효소적 갈변

정답 ②

32

☑ 확인
Check!

○ □
△ □
✕ □

감칠맛을 갖는 핵산이 아닌 것은?

① 5′-IMP
② 5′-XMP
③ 5′-GMP
④ 5′-UMP

해설
핵산 계열 조미료에는 표고버섯, 송이버섯 등에 들어 있는 5′-GMP, 소고기, 돼지고기 등에 들어 있는 5′-IMP 등이 있다. 5′-XMP는 합성과정의 대사중간 생성물로, 생성효소 작용에 의해 구아노신 5′-GMP(글루탐산, 피로인산 등)로 전환된다.
5′-UMP : 세포 속 핵의 구성성분(글루타민)으로, 기억력 담당 신경전달물질의 원료이고, 모유 수유 산모에게서 자연적으로 발견되는 화합물이다.

정답 ④

33

☑ 확인
Check!

○ □
△ □
✕ □

한 가지 맛을 본 직후에 다른 맛을 정상적으로 느끼지 못하는 맛의 현상은?

① 대비현상
② 상쇄현상
③ 변조현상
④ 억제현상

해설
① 대비현상 : 주된 맛을 내는 물질에 다른 맛을 혼합할 때 원래의 맛이 더 강해지는 현상
② 상쇄현상 : 두 종류의 맛이 혼합될 때 각각의 맛은 모르고 조화된 맛만 느끼게 되는 현상
④ 억제현상 : 서로 다른 맛이 혼합될 때 주된 맛이 약화되는 현상

정답 ③

34

☑ 확인
Check!

○ □
△ □
✕ □

하루에 2,500kcal를 섭취하는 성인 남자 100명이 있다. 총열량의 60%를 쌀로 섭취한다면 하루에 쌀 약 몇 kg 정도가 필요한가?(단, 쌀 100g은 340kcal이다)

① 12.70kg
② 44.12kg
③ 127.02kg
④ 441.18kg

해설
• 하루 쌀 섭취열량 : 2,500kcal × 0.6 = 1,500kcal
• 하루 쌀 섭취량 : 100g : 340kcal = x : 1,500kcal → x = 441.18g
• ∴ 100명의 하루 쌀 섭취량 : 441.18g × 100 ≒ 44.12kg

정답 ②

35

☑ 확인 Check!

○ □
△ □
✕ □

식품을 구매하는 방법 중 경쟁입찰과 비교하여 수의계약의 장점이 아닌 것은?

① 절차가 간편하다.
② 경쟁이나 입찰이 필요 없다.
③ 싼 가격으로 구매할 수 있다.
④ 경비와 인원을 줄일 수 있다.

해설

경쟁입찰일 경우 다른 업체와 비교하여 경쟁을 시켜 계약하는 방식으로 저렴한 가격으로 구매가 가능하지만, 수의계약은 입찰방식이 아닌 한 업자를 선정하여 계약하는 방법으로 경쟁입찰에 비해 저렴한 가격으로 구매하기가 어렵다.

정답 ③

36

☑ 확인 Check!

○ □
△ □
✕ □

다음 중 붉은색의 고명이 아닌 것은?

① 실고추   ② 당근
③ 석이버섯   ④ 대추

해설

③ 석이버섯은 검은색 고명에 해당한다.

정답 ③

37

☑ 확인 Check!

○ □
△ □
✕ □

우리나라의 5첩 반상에 포함되지 않는 것은?

① 구이   ② 회
③ 젓갈   ④ 생채

해설

5첩 반상
• 기본 : 밥, 국, 김치, 장, 찌개(조치)
• 반찬 : 생채 또는 숙채, 구이, 조림, 전, 마른 찬 · 장과 · 젓갈 중 택 1

정답 ②

38

☑ 확인 Check!

○ □
△ □
✕ □

쌀과 엿기름을 가지고 식혜를 만들 때 나타나는 전분의 변화로 옳게 짝지어진 것은?

① 노화 – 당화
② 호화 – 당화
③ 호화 – 호정화
④ 노화 – 호정화

해설

식혜는 먼저 찹쌀이나 멥쌀을 사용하여 밥을 하는 과정을 통해서 전분이 호화되고, 엿기름 가루 속에 당화효소인 아밀라제(아밀레이스, amylase)가 밥알에 작용하여 당화작용이 일어난다. 이렇게 가수분해되어 생성된 말토스(maltose)는 식혜의 독특한 맛에 기여한다.

정답 ②

39

☑ 확인 Check!

○ □
△ □
✕ □

밀가루 제품의 가공 특성에 가장 큰 영향을 미치는 것은?

① 라이신   ② 글로불린
③ 트립토판   ④ 글루텐

해설

밀가루에는 불용성 단백질 글루텐이 있는데, 글루텐 함량에 따라 박력분, 중력분, 강력분으로 나뉜다.

정답 ④

40

☑ 확인 Check!
○ □
△ □
✕ □

콩조림을 만들 때 처음부터 간장이나 설탕 등의 조미료를 첨가하여 끓이면 콩이 딱딱해지는데, 이는 어떤 현상 때문인가?

① 팽윤현상　　　② 모세관 현상
③ 용출현상　　　④ 삼투압 현상

해설
콩을 간장이나 설탕에 조리면 삼투압 현상으로 인하여 콩의 수분이 빠져나와 딱딱해진다.

정답 ④

41

☑ 확인 Check!
○ □
△ □
✕ □

녹색 채소 조리 시 탄산수소나트륨($NaHCO_3$)을 가할 때 나타나는 결과가 아닌 것은?

① 페오피틴(pheophytin)이 생성된다.
② 비타민 C가 파괴된다.
③ 진한 녹색으로 변한다.
④ 조직이 연화된다.

해설
녹색 채소의 조리 시 탄산수소나트륨($NaHCO_3$)을 사용하면 진한 녹색이 되나 섬유소를 분해하여 질감이 물러지고 비타민 C가 파괴된다.
① 녹색 채소의 클로로필은 산성에서 페오피틴(pheophytin)으로 변한다.

정답 ①

42

☑ 확인 Check!
○ □
△ □
✕ □

과실의 젤리화 3요소와 관계없는 것은?

① 젤라틴　　　② 당
③ 펙틴　　　　④ 산

해설
펙틴, 산, 당분이 일정한 비율로 들어 있을 때 젤리화가 일어난다.

정답 ①

43

☑ 확인 Check!
○ □
△ □
✕ □

육류를 끓여 국물을 만들 때 설명으로 가장 적절한 것은?

① 육류를 오래 끓이면 근육조직인 젤라틴이 콜라겐으로 용출되어 맛있는 국물을 만든다.
② 육류를 찬물에 넣어 끓이면 맛 성분의 용출이 잘되어 맛있는 국물을 만든다.
③ 육류를 끓는 물에 넣고 설탕을 넣어 끓이면 맛 성분의 용출이 잘되어 맛있는 국물을 만든다.
④ 육류를 오래 끓이면 질긴 지방조직인 콜라겐이 젤라틴화되어 맛있는 국물을 만든다.

해설
육류는 핏물을 제거하고, 찬물에서부터 넣어 끓이면 맛 성분이 용출되어 맛있는 국물을 만든다.

정답 ②

44

☑ 확인 Check!
○ □
△ □
✕ □

단백질의 분해효소로 식물성 식품에서 얻어지는 것은?

① 펩신(pepsin)
② 트립신(trypsin)
③ 파파인(papain)
④ 레닌(rennin)

해설
파파인은 파파야에서 추출되는 식물성 단백질 분해효소로 연결조직, 교원지질, 탄성에 상당한 효과가 있어 육류요리 시 연화제로 사용한다.

정답 ③

45 다음 중 우유에 첨가하면 응고현상을 나타낼 수 있는 것으로만 짝지어진 것은?

☑ 확인
Check!

○ □
△ □
× □

① 소금, 레닌(lennin)
② 레닌(lennin), 설탕
③ 식초, 레닌(lennin)
④ 설탕, 카세인(casein)

해설

우유 단백질 카세인은 열에 의해서는 잘 응고하지 않으나 산과 레닌에 의하여 응고하는데 이 원리를 이용하여 치즈를 만든다.

정답 ③

46 달걀 삶기에 대한 설명 중 틀린 것은?

☑ 확인
Check!

○ □
△ □
× □

① 달걀을 완숙하려면 98~100℃에서 12분 정도 삶아야 한다.
② 삶은 달걀을 냉수에 즉시 담그면 부피가 수축하여 난각과의 공간이 생기므로 껍질이 잘 벗겨진다.
③ 달걀을 오래 삶으면 난황 주위에 생기는 황화수소는 녹색을 띠며 이로 인해 녹변이 된다.
④ 달걀은 70℃ 이상의 온도에서 난황과 난백이 모두 응고한다.

해설

달걀을 오래 삶으면 난백과 난황 사이에 검푸른 색의 녹변현상이 생기는데 이는 황화제일철 때문이다.

정답 ③

47 생선의 조리방법에 관한 설명으로 옳은 것은?

☑ 확인
Check!

○ □
△ □
× □

① 생선조림은 오래 가열해야 단백질이 단단하게 응고되어 맛이 좋아진다.
② 지방 함량이 높은 생선보다는 낮은 생선으로 구이를 하는 것이 풍미가 더 좋다.
③ 선도가 낮은 생선은 양념을 담백하게 하고 뚜껑을 닫고 잠깐 끓인다.
④ 양념간장이 끓을 때 생선을 넣어야 맛 성분의 유출을 막을 수 있다.

해설

조림 국물이 끓을 때 생선을 넣어야 표면의 단백질이 응고되어 맛의 유출을 막을 수 있고, 살도 부서지지 않고 비린내도 덜하다.

정답 ④

48 새우젓 등 젓갈류 생성과정의 주원리는?

☑ 확인
Check!

○ □
△ □
× □

① 자가소화 및 미생물과의 분해작용으로 생성된다.
② 미생물의 분해작용으로만 생성된다.
③ 자가소화 작용으로만 생성된다.
④ 식염과 핵산의 상호작용으로 생성된다.

해설

젓갈류는 자가소화 효소에 의한 가수분해 작용(숙성)과 미생물의 작용에 의한 발효가 복합적으로 이루어져 만들어진다.

정답 ①

49 ☑ 확인 Check! ○ □ △ □ X □

유지를 가열할 때 일어나는 변화에 대한 설명으로 틀린 것은?

① 강한 냄새가 난다.
② 점성이 높아진다.
③ 반복 가열해도 영양가의 변화는 거의 없다.
④ 거품이 나고 색이 짙어진다.

해설

유지를 가열하면 향미, 색, 조직이 변하며 영양가의 변화도 많이 일어난다.

정답 ③

51 ☑ 확인 Check! ○ □ △ □ X □

냉장했던 딸기의 색깔을 선명하게 보존할 수 있는 조리법은?

① 서서히 가열한다.
② 짧은 시간에 가열한다.
③ 높은 온도로 가열한다.
④ 전자레인지에서 가열한다.

해설

딸기는 서서히 가열하여 세포호흡에 필요한 산소를 완전히 소모하면 색을 선명하게 보존할 수 있다.

정답 ①

50 ☑ 확인 Check! ○ □ △ □ X □

과일, 채소류의 저장법으로 적합하지 않은 것은?

① 피막제 이용법
② 포일포장 상온저장법
③ 냉장법
④ ICF(Ice Coating Film) 저장법

해설

청과물 저장법 : 상온저장, 저온저장, ICF저장, 냉동저장, 가스저장 및 플라스틱 필름저장, 피막제의 이용, 방사선 저장, 건조저장, 절임저장

정답 ②

52 ☑ 확인 Check! ○ □ △ □ X □

조미료의 일반적인 첨가 순서로 맞는 것은?

① 소금 → 설탕 → 식초
② 설탕 → 소금 → 식초
③ 소금 → 식초 → 설탕
④ 설탕 → 식초 → 소금

해설

설탕은 재료를 팽창시켜 부드럽게 만들고 다른 조미료가 잘 스며들게 하므로 가장 먼저 넣는다. 소금은 분자량이 작아 설탕보다 빨리 스미기 때문에 단맛이 배지 않으므로 설탕 다음에 넣는 것이 좋다. 식초는 단백질을 응고시키고 가열에 의해 산미가 잘 날아가기 때문에 설탕, 소금 뒤에 넣는다.

정답 ②

53 오월 단오날(음력 5월 5일)의 절식은?

☑ 확인
Check!

○ □
△ □
✕ □

① 토란탕
② 오곡밥
③ 준치만두
④ 진달래화채

해설
단오 절식 : 증편, 수리취떡, 생실과, 앵두편, 앵두화채, 제호탕, 준치만두, 준칫국

정답 ③

54 쌀을 지나치게 문질러서 씻을 때 가장 손실이 큰 비타민은?

☑ 확인
Check!

○ □
△ □
✕ □

① 비타민 A
② 비타민 B_1
③ 비타민 D
④ 비타민 E

해설
쌀을 씻을 때 비타민 B_1의 손실이 일어나기 때문에 가볍게 씻는다.

정답 ②

55 녹두죽에 들어갈 녹두를 준비할 때의 과정으로 옳지 않은 것은? ✓신유형

☑ 확인
Check!

○ □
△ □
✕ □

① 녹두는 세게 문질러 씻는다.
② 녹두에 10배 정도의 물을 부어 삶는다.
③ 녹두가 쉽게 으깨질 정도로 푹 삶는다.
④ 삶은 녹두를 체에 받쳐 으깨어 거르며 앙금을 가라앉힌다.

해설
녹두죽에 들어갈 녹두를 씻을 때는 가볍게 비벼가며 씻는다.

정답 ①

56 보기는 국, 탕에 쓸 육수를 끓이는 통에 대한 설명이다. ㉠, ㉡에 들어갈 말로 옳은 것은? ✓신유형

☑ 확인
Check!

○ □
△ □
✕ □

┤보기├
육수를 끓일 때 절대로 사용하지 말아야 할 통은 (㉠) 통이고, 가장 좋은 통은 바닥이 넓고 두꺼운 (㉡) 통이다.

① ㉠ 알루미늄, ㉡ 스테인리스
② ㉠ 토기, ㉡ 스테인리스
③ ㉠ 스테인리스, ㉡ 알루미늄
④ ㉠ 알루미늄, ㉡ 토기

해설
육수를 끓일 때 절대로 사용하지 말아야 할 통은 스테인리스 통이다. 그 이유는 국물이 잘 우러지지 않기 때문이며, 특히 뼈 육수일 경우에는 더욱 그렇다. 가장 좋은 통은 바닥이 두꺼운 알루미늄 통이며, 같은 양이라면 옆으로 넓은 것보다 깊이가 깊은 것이 좋다.

정답 ③

57 ☑ 확인 Check!
○ □
△ □
✗ □

찌개에 쓸 재료 손질에 대한 내용으로 가장 적절한 것은?

① 생선은 깨끗이 씻은 후 머리에서 꼬리 쪽으로 긁어 비늘을 제거한다.
② 낙지는 머리에 칼집을 내고 내장과 먹물을 제거한다.
③ 다시마는 뜨거운 물에 담가 감칠맛 성분을 우려낸다.
④ 게의 배 부분에 덮여 있는 삼각형의 딱지는 떼어내지 말고 쓰는 것이 좋다.

해설
① 생선은 깨끗이 씻은 후 꼬리에서 머리 쪽으로 긁어 비늘을 제거한다.
③ 다시마의 감칠맛 성분을 우려내려면 찬물에 담가두어야 한다.
④ 게는 수세미나 솔로 깨끗하게 닦은 후 배 부분에 있는 삼각형 딱지를 떼어 내고 몸통과 등딱지를 분리한 후 조리한다.

정답 ②

58 ☑ 확인 Check!
○ □
△ □
✗ □

생선전에 적당한 생선과 구이나 조림에 적당한 생선을 순서대로 짝지은 것은?

① 민어 – 광어
② 꽁치 – 민어
③ 민어 – 고등어
④ 고등어 – 광어

해설
생선전이나 어선은 지방이 적어 담백한 민어, 광어, 동태 등의 흰살생선이 적절하고, 구이나 조림은 지방이 많은 고등어, 꽁치 같은 붉은살생선이 적절하다.

정답 ③

59 ☑ 확인 Check!
○ □
△ □
✗ □

간접구이에 대한 설명으로 옳지 않은 것은?

① 복사열을 위에서 내려 직화로 식품을 조리하는 방법이다.
② 그릴링은 비교적 빨리 조리할 수 있는 연한 식재료를 조리하는 건열 조리방법이다.
③ 그릴링을 위한 식재료를 준비하는 동안 그릴을 적당하게 달궈 놓아야 한다.
④ 그릴링 시 석쇠가 아주 뜨거워야 고기가 잘 달라붙지 않는다.

해설
①은 직접구이에 대한 설명이다.

정답 ①

60 ☑ 확인 Check!
○ □
△ □
✗ □

김치의 효능에 대한 설명으로 옳지 않은 것은? ✔신유형

① 숙성과정 중에 발생하는 유산균이 항균작용을 한다.
② 수분이 많고 식이섬유소가 다량 함유되어 다이어트 효과가 있다.
③ 김치는 베타카로틴의 함량이 비교적 낮기 때문에 뇌졸중을 예방할 수 있다.
④ 김치 양념 중 하나인 마늘은 혈전을 억제하여 심혈관 질환 예방에 효과적이다.

해설
김치는 베타카로틴의 함량이 비교적 높아 폐암 예방에 좋다. 여기에 부재료로 쓰이는 고추의 캡사이신은 엔도르핀을 비롯한 호르몬 유사물질의 분비를 촉진하여 폐 표면에 붙어 있는 니코틴을 제거하고 면역력을 높여 준다.

정답 ③

01 개인 위생을 설명한 것으로 가장 적절한 것은?

☑ 확인
Check!

○ □
△ □
✕ □

① 식품종사자들이 사용하는 비누나 탈취제의 종류
② 식품종사자들이 일주일에 목욕하는 횟수
③ 식품종사자들이 건강, 위생복장 착용 및 청결을 유지하는 것
④ 식품종사자들이 작업 중 항상 장갑을 끼는 것

해설

위생관리란 음료수 처리, 쓰레기, 분뇨, 하수와 폐기물 처리, 공중위생, 접객업소와 공중이용시설 및 위생용품의 위생관리, 조리, 식품 및 식품첨가물과 이에 관련된 기구·용기 및 포장의 제조와 가공에 관한 위생 관련 업무를 말한다.

정답 ③

02 식품의 신선도 또는 부패의 이화학적 판정에 이용되는 항목이 아닌 것은?

☑ 확인
Check!

○ □
△ □
✕ □

① 히스타민 함량
② 당 함량
③ 휘발성 염기질소 함량
④ 트라이메틸아민 함량

해설

식품 부패 시 판정법: 관능검사, 생균수 측정, 휘발성 염기질소량 측정, 트라이메틸아민(TMA), 수소이온농도(pH), 히스타민 함량 등

정답 ②

03 기생충에 오염된 흙에서 감염될 수 있는 가능성이 가장 높은 것은?

☑ 확인
Check!

○ □
△ □
✕ □

① 간흡충
② 폐흡충
③ 구충
④ 광절열두조충

해설

③ 구충은 채소를 통해 감염되는 기생충으로 오염된 흙에서 감염될 수 있다.
① 간흡충, ② 폐흡충, ④ 광절열두조충은 어패류를 통해 감염되는 기생충이다.

정답 ③

04 손, 피부 등에 주로 사용되며 금속 부식성이 강하여 관리가 요망되는 소독약은?

☑ 확인
Check!

○ □
△ □
✕ □

① 승홍
② 석탄산
③ 크레졸
④ 포르말린

해설

승홍은 주로 손과 피부 소독에 사용하며, 금속 부식성이 있어 비금속 기구 소독에도 사용한다.

정답 ①

05 식품첨가물이 갖추어야 할 조건으로 옳지 않은 것은?

① 식품에 나쁜 영향을 주지 않을 것
② 다량 사용하였을 때 효과가 나타날 것
③ 상품의 가치를 향상시킬 것
④ 식품 성분 등에 의해서 그 첨가물을 확인할 수 있을 것

해설

식품첨가물의 구비조건
• 인체에 유해한 영향이 없어야 한다.
• 식품의 상품 가치를 향상시켜야 한다.
• 식품에 나쁜 영향을 주지 않아야 한다.
• 식품 성분 등에 의해서 그 첨가물을 확인할 수 있어야 한다.
• 소량으로도 사용 목적에 충분한 효과를 발휘할 수 있어야 한다.

정답 ②

06 식육 및 어육 등의 가공육제품의 육색을 안정하게 유지하기 위하여 사용되는 식품첨가물은?

① 아황산나트륨
② 질산나트륨
③ 몰식자산프로필
④ 이산화염소

해설

② 질산나트륨 : 육류가공품의 발색제
① 아황산나트륨 : 표백제
③ 몰식자산프로필 : 산화방지제
④ 이산화염소 : 밀가루 개량제

정답 ②

07 HACCP의 7가지 원칙에 해당하지 않는 것은?

① 회수명령의 기준 설정
② 개선 조치방법 수립
③ 중요관리점(CCP) 결정
④ 위해요소 분석

해설

안전관리인증기준(HACCP)의 수행절차
• 원칙 1 : 위해요소 분석
• 원칙 2 : 중요관리점(CCP) 결정
• 원칙 3 : 한계기준 설정
• 원칙 4 : 모니터링 체계 확립
• 원칙 5 : 개선 조치방법 수립
• 원칙 6 : 검증 절차 및 방법 수립
• 원칙 7 : 문서화 및 기록 유지방법 설정

정답 ①

08 세균으로 인한 식중독의 원인 물질에 해당하지 않는 것은?

① 살모넬라균
② 장염 비브리오균
③ 아플라톡신
④ 보툴리눔독소

해설

③ 아플라톡신은 곰팡이 독소의 원인 물질이다.

정답 ③

09 세균의 장독소(enterotoxin)에 의해 유발되는 식중독은?

① 황색포도상구균 식중독
② 살모넬라 식중독
③ 복어 식중독
④ 장염 비브리오 식중독

해설

②, ④는 세균성 감염형 식중독, ③은 테트로도톡신으로 인한 자연독 식중독이다.

정답 ①

10 감자의 부패에 관여하는 물질은?

☑ 확인
Check!

○ □
△ □
X □

① 솔라닌(solanine)
② 셉신(sepsine)
③ 아코니틴(aconitine)
④ 시큐톡신(cicutoxin)

해설

② 셉신(sepsine) : 부패한 감자
① 솔라닌(solanine) : 감자의 발아 부위와 녹색 부위
③ 아코니틴(aconitine) : 오디
④ 시큐톡신(cicutoxin) : 독미나리

정답 ②

11 화학성 식중독의 원인이 아닌 것은?

☑ 확인
Check!

○ □
△ □
X □

① 설사성 패류 중독
② 환경오염 물질에 기인하는 식품의 유독성분 중독
③ 중금속에 의한 중독
④ 유해성 식품첨가물에 의한 중독

해설

① 설사성 패류 중독은 어패류 독소에 의한 것으로 자연독 식중독에 해당한다.

정답 ①

12 식품위생법상 총리령으로 정하는 식품위생검사 기관이 아닌 것은? ✓신유형

☑ 확인
Check!

○ □
△ □
X □

① 식품의약품안전평가원
② 지방식품의약품안전청
③ 보건환경연구원
④ 지역 보건소

해설

위생검사 등 요청기관(규칙 제9조의2)
총리령으로 정하는 식품위생검사기관이란 식품의약품안전평가원, 지방식품의약품안전청, 보건환경연구원을 말한다.

정답 ④

13 식품위생법상 식품첨가물 안전관리 기준을 제·개정하고 고시하는 사람은?

☑ 확인
Check!

○ □
△ □
X □

① 환경부장관
② 식품의약품안전처장
③ 보건복지부장관
④ 시장·군수·구청장

해설

식품 또는 식품첨가물에 관한 기준 및 규격(법 제7조 제1항)
식품의약품안전처장은 국민 건강을 보호·증진하기 위하여 필요하면 판매를 목적으로 하는 식품 또는 식품첨가물에 관한 다음의 사항을 정하여 고시한다.
• 제조·가공·사용·조리·보존방법에 관한 기준
• 성분에 관한 규격

정답 ②

14 ☑ 확인 Check!
○ □
△ □
✕ □

영업의 허가 및 신고를 받아야 하는 관청이 다른 것은?

① 식품운반업
② 식품조사처리업
③ 단란주점업
④ 유흥주점업

해설

허가를 받아야 하는 영업 및 허가관청(영 제23조)
• 식품조사처리업 : 식품의약품안전처장
• 단란주점영업과 유흥주점영업 : 특별자치시장·특별자치도지사 또는 시장·군수·구청장
※ 식품운반업은 특별자치시장·특별자치도지사 또는 시장·군수·구청장에게 신고를 하여야 하는 영업이다(영 제25조 제1항).

정답 ②

15 ☑ 확인 Check!
○ □
△ □
✕ □

영업을 하려는 자가 받아야 하는 식품위생에 관한 교육시간으로 옳은 것은?

① 식품제조·가공업 – 12시간
② 식품운반업 – 8시간
③ 옹기류제조업 – 8시간
④ 식품접객업 – 6시간

해설

교육시간(규칙 제52조 제2항)
• 식품제조·가공업, 식품첨가물제조업 및 공유주방 운영업을 하려는 자 : 8시간
• 식품운반업, 식품소분·판매업, 식품보존업, 용기·포장류제조업을 하려는 자 : 4시간
• 즉석판매제조·가공업 및 식품접객업을 하려는 자 : 6시간
• 집단급식소를 설치·운영하려는 자 : 6시간

정답 ④

16 ☑ 확인 Check!
○ □
△ □
✕ □

조리사의 보수교육을 위임받은 집단은 교육실시 결과를 누구에게 보고하여야 하는가?

① 교육청
② 시·도지사
③ 관할 시장
④ 식품의약품안전처장

해설

교육의 위탁(영 제38조 제2항)
교육업무를 위탁받은 전문기관 또는 단체는 조리사 및 영양사에 대한 교육을 실시하고, 교육이수자 및 교육시간 등 교육실시 결과를 식품의약품안전처장에게 보고하여야 한다.

정답 ④

17 ☑ 확인 Check!
○ □
△ □
✕ □

식품위생법상 집단급식소 운영자의 준수사항으로 틀린 것은?

① 실험 등의 용도로 사용하고 남은 동물을 처리하여 조리해서는 안 된다.
② 지하수를 먹는 물로 사용하는 경우 수질검사의 모든 항목검사는 1년마다 하여야 한다.
③ 식중독이 발생한 경우 원인 규명을 위한 행위를 방해하여서는 아니 된다.
④ 동일 건물에서 동일 수원을 사용하는 경우 타 업소의 수질검사 결과로 갈음할 수 있다.

해설

①·③·④ 식품위생법 제88조
집단급식소의 설치·운영자의 준수사항(규칙 [별표 24])
수돗물이 아닌 지하수 등을 먹는 물 또는 식품의 조리·세척 등에 사용하는 경우에는 「먹는물관리법」에 따른 먹는물 수질검사기관에서 다음의 구분에 따른 검사를 받아야 한다.
• 모든 항목검사 : 2년마다 「먹는물 수질기준 및 검사 등에 관한 규칙」 제2조에 따른 먹는 물의 수질기준에 따른 검사

정답 ②

18 ☑ 확인 Check! ○ □ △ □ × □

보기는 산업안전보건법상 용어의 정의이다. ( ) 안에 들어갈 알맞은 것은? ✔신유형

┌ 보기 ┐

( )란 노무를 제공하는 사람이 업무에 관계되는 건설물·설비·원재료·가스·증기·분진 등에 의하거나 작업 또는 그 밖의 업무로 인하여 사망 또는 부상하거나 질병에 걸리는 것을 말한다.

① 중대재해
② 산업재해
③ 안전보건진단
④ 작업환경측정

해설

② 산업재해에 대한 설명이다(법 제2조).
① 중대재해 : 산업재해 중 사망 등 재해 정도가 심하거나 다수의 재해자가 발생한 경우로서 고용노동부령으로 정하는 재해
③ 안전보건진단 : 산업재해를 예방하기 위하여 잠재적 위험성을 발견하고 그 개선대책을 수립할 목적으로 조사·평가하는 것
④ 작업환경측정 : 작업 환경 실태를 파악하기 위하여 해당 근로자 또는 작업장에 대하여 사업주가 유해인자에 대한 측정계획을 수립한 후 시료를 채취하고 분석·평가하는 것

정답 ②

19 ☑ 확인 Check! ○ □ △ □ × □

자외선에 대한 설명으로 틀린 것은?

① 가시광선보다 짧은 파장이다.
② 피부의 홍반 및 색소침착을 일으킨다.
③ 인체 내 비타민 D를 형성하게 하여 구루병을 예방한다.
④ 고열 물체의 복사열을 운반하므로 열선이라고도 하며, 피부온도의 상승을 일으킨다.

해설

④는 적외선에 대한 설명이다.

정답 ④

20 ☑ 확인 Check! ○ □ △ □ × □

다수인이 밀집한 실내 공기가 물리·화학적 조성의 변화로 불쾌감, 두통, 권태, 현기증 등을 일으키는 것은?

① 빈혈
② 진균독
③ 군집독
④ 산소중독

해설

군집독의 예방법으로는 환기가 가장 좋다.

정답 ③

21 ☑ 확인 Check! ○ □ △ □ × □

하수처리 방법 중에서 처리의 부산물로 메탄가스 발생이 많은 것은?

① 활성오니법
② 살수여상법
③ 혐기성 처리법
④ 산화지법

해설

혐기성 처리법은 분뇨, 폐수처리 등에 주로 사용되며 대표적인 시설로는 혐기성 소화조를 들 수 있다.

정답 ③

22 ☑ 확인 Check! ○ □ △ □ × □

예방접종이 감염병 관리상 갖는 의미는?

① 병원소의 제거
② 감염원의 제거
③ 환경의 관리
④ 감수성 숙주의 관리

해설

감수성 숙주란 감염된 환자가 아닌 감염 위험성을 가진 환자이다. 예방접종은 감염성 질병을 예방하기 위한 활동이므로 감수성 숙주를 관리하는 것이다.

정답 ④

23 장티푸스 예방대책으로 적절하지 않은 것은?

① 검역을 강화한다.
② 환경위생관리를 강화한다.
③ 예방접종을 강화한다.
④ 보균자 관리를 강화한다.

해설

장티푸스 예방대책

구분	세부 내용
관리	환자 격리, 무증상 감염인 관리, 접촉자 관리
일반적 예방	올바른 손 씻기, 안전한 음식 섭취(음식 익혀먹기, 물 끓여 마시기), 위생적인 조리
예방 접종	질병에 걸릴 가능성이 높은 사람이나, 장티푸스에 걸려 타인에게 전염시킬 위험이 높은 사람(식품위생업소종사자, 집단급식소종사자, 급수시설 관리자 등)만 예방접종이 필요

정답 ①

24 응급 상황 시 취해야 할 행동 단계의 순서로 올바른 것은? ✔신유형

① 119 신고(call) → 현장조사(check) → 처치 및 도움(care)
② 119 신고(call) → 처치 및 도움(care) → 현장조사(check)
③ 처치 및 도움(care) → 현장조사(check) → 119 신고(call)
④ 현장조사(check) → 119 신고(call) → 처치 및 도움(care)

해설

응급 상황 시 행동 단계 : 현장조사 → 119 신고 → 처치 및 도움

정답 ④

25 증식에 필요한 최저 수분활성도(Aw)가 높은 미생물부터 바르게 나열된 것은?

① 세균 – 곰팡이 – 효모
② 곰팡이 – 효모 – 세균
③ 세균 – 효모 – 곰팡이
④ 효모 – 곰팡이 – 세균

해설

수분활성도의 값은 1 미만으로 세균 0.91, 효모 0.88, 곰팡이 0.80 정도이다.

정답 ③

26 한천의 용도가 아닌 것은?

① 훈연제품의 산화방지제
② 푸딩, 양갱 등의 젤화제
③ 유제품, 청량음료 등의 안정제
④ 곰팡이, 세균 등의 배지

해설

한천의 용도
• 젤리, 푸딩 등의 젤화제
• 아이스크림, 요구르트, 청량음료의 안정제
• 통조림 내의 변색방지제
• 커피, 맥주 등의 청징제(淸澄劑)
• 곰팡이, 세균 등의 배지

정답 ①

27

☑ 확인
Check!

○ □
△ □
X □

우유 100g 중에 당질 5g, 단백질 4g, 지방 3.5g이 들어 있다면 우유 180g은 몇 kcal를 내는가?

① 114.5kcal
② 121.5kcal
③ 131.5kcal
④ 142.3kcal

해설

우유 100g의 열량
= (5g × 4kcal/g) + (4g × 4kcal/g)
  + (3.5g × 9kcal/g)
= 67.5kcal
우유 180g의 열량을 x라 하면
100g : 67.5kcal = 180g : x
∴ $x = \dfrac{180g \times 67.5kcal}{100g} = 121.5kcal$

정답 ②

28

☑ 확인
Check!

○ □
△ □
X □

비타민 E에 대한 설명으로 틀린 것은?

① 지용성 비타민이다.
② 산화방지제로 사용한다.
③ 여러 가지 이성체가 있다.
④ 식물성 식품보다 동물성 식품에 많다.

해설

비타민 E(토코페롤)는 주로 식물성 지방에 들어 있다.

정답 ④

29

☑ 확인
Check!

○ □
△ □
X □

오이피클 제조 시 오이의 녹색이 녹갈색으로 변하는 이유는?

① 클로로필라이드가 생겨서
② 클로로필린이 생겨서
③ 페오피틴이 생겨서
④ 잔토필이 생겨서

해설

녹색 채소에 있는 클로로필은 산성용액 중에서 분자 중의 마그네슘이 유리되고 녹갈색의 페오피틴으로 된다.

정답 ③

30

☑ 확인
Check!

○ □
△ □
X □

감자는 껍질을 벗겨 두면 색이 변화되는데 이를 막기 위한 방법은?

① 물에 담근다.
② 냉장고에 보관한다.
③ 냉동시킨다.
④ 공기 중에 방치한다.

해설

감자에 있는 타이로시나제(타이로시네이스)라는 수용성 효소는 공기와 결합하면 갈변하게 되므로, 이를 막기 위해서는 물에 담가 두어 공기와의 접촉을 차단하는 것이 중요하다.

정답 ①

31

☑ 확인
Check!

○ □
△ □
X □

국이나 전골 등에 국물 맛을 독특하게 내는 조개류의 성분은?

① 아이오딘
② 주석산
③ 구연산
④ 호박산

해설

호박산은 조개류에 들어 있는 성분으로 독특한 감칠맛을 낸다.

정답 ④

32

☑ 확인
Check!

○ □
△ □
✕ □

다음 중 간장의 지미성분은?

① 포도당(glucose)
② 전분(starch)
③ 글루탐산(glutamic acid)
④ 아스코브산(ascorbic acid)

해설
글루탐산은 다시마에 많이 함유되어 있으며 간장, 고추장, 된장 등에 포함되어 맛을 낸다.

정답 ③

35

☑ 확인
Check!

○ □
△ □
✕ □

다음 식품의 감별법 중 틀린 것은?

① 감자 – 병충해, 발아, 외상, 부패 등이 없는 것
② 송이버섯 – 봉오리가 크고 줄기가 부드러운 것
③ 생과일 – 성숙하고 신선하며 청결한 것
④ 달걀 – 표면이 거칠고 광택이 없는 것

해설
송이버섯은 봉오리가 자루보다 약간 굵으며 줄기가 단단해야 좋은 것이다.

정답 ②

33

☑ 확인
Check!

○ □
△ □
✕ □

날콩에 함유된 단백질의 체내 이용을 저해하는 것은?

① 펩신
② 트립신
③ 글로불린
④ 안티트립신

해설
날콩에는 소화를 방해하는 효소인 안티트립신이 들어 있어 콩을 날로 먹으면 소화력이 떨어진다.

정답 ④

34

☑ 확인
Check!

○ □
△ □
✕ □

입고가 먼저 된 것부터 순차적으로 출고하여 출고 단가를 결정하는 방법은?

① 선입선출법
② 후입선출법
③ 이동평균법
④ 총평균법

해설
② 후입선출법 : 최근에 구입한 물품을 먼저 사용한다는 원칙에 의해 자산을 평가하는 방법
③ 이동평균법 : 구입 단가가 다른 재료를 구입할 때마다 재고량과의 가중평균가를 산출하여 이를 소비재료의 가격으로 하는 방법
④ 총평균법 : 일정 기간의 구매 물품 총액을 구입 수량으로 나눈 평균단가를 가격으로 하는 방법

정답 ①

36

☑ 확인
Check!

○ □
△ □
✕ □

어떤 음식의 직접원가는 500원, 제조원가는 800원, 총원가는 1,000원이다. 이 음식의 판매관리비는?

① 200원
② 300원
③ 400원
④ 500원

해설
• 직접원가 = 직접재료비 + 직접노무비 + 직접경비
• 제조원가 = 직접원가 + 제조간접비
• 총원가 = 제조원가 + 판매관리비
• 판매원가 = 총원가 + 이익
• 1,000원(총원가) = 800원(제조원가) + 판매관리비
∴ 판매관리비 = 200원

정답 ①

37 ☑ 확인 Check! ○ □ △ □ X □

가열 조리방법에 대한 설명으로 옳은 것은?

① 가열할 때는 식품의 내부와 표면 온도차를 줄이기 위해서 식품을 뜨거운 물에 넣는다.
② 데치기는 식품의 모양을 그대로 유지하며, 수용성 성분의 용출이 적은 것이 특징이다.
③ 구이는 높은 온도에서 가열 조리하는 방법으로 독특한 풍미를 갖는다.
④ 볶기, 조리기, 튀기기는 건열 조리방법이다.

해설
① 물에 삶거나 끓일 때에는 목적에 따라 찬물 또는 끓는 물에 넣고 가열한다.
② 찌기에 대한 설명이다.
④ 조리기는 습열 조리방법이다.

정답 ③

38 ☑ 확인 Check! ○ □ △ □ X □

찹쌀의 아밀로스와 아밀로펙틴에 대한 설명 중 맞는 것은?

① 아밀로스 함량이 더 많다.
② 아밀로스와 아밀로펙틴의 함량이 거의 같다.
③ 아밀로펙틴으로 이루어져 있다.
④ 아밀로펙틴은 존재하지 않는다.

해설
찹쌀이나 찰옥수수, 차조 등의 찰 전분은 거의 아밀로펙틴으로만 구성되어 있다.

정답 ③

39 ☑ 확인 Check! ○ □ △ □ X □

밀가루의 용도별 분류는 어느 성분을 기준으로 하는가?

① 글리아딘
② 글로불린
③ 글루타민
④ 글루텐

해설
글루텐 함량에 따른 밀가루의 용도

종류	글루텐 함량	용도
강력분	13% 이상	식빵, 마카로니
중력분	10~13%	면류, 만두류
박력분	10% 이하	케이크, 쿠키, 튀김옷

정답 ④

40 ☑ 확인 Check! ○ □ △ □ X □

두류 조리 시 두류를 연화시키는 방법으로 틀린 것은?

① 1% 정도의 식염용액에 담갔다가 그 용액으로 가열한다.
② 초산용액에 담근 후 칼슘, 마그네슘 이온을 첨가한다.
③ 약알칼리성의 중조수에 담갔다가 그 용액으로 가열한다.
④ 습열 조리 시 연수를 사용한다.

해설
두류에 칼슘과 마그네슘 이온을 첨가하면 두류가 경화되기 때문에 두부를 만들 때 사용한다.

정답 ②

41 다음 중 열매를 이용하는 열매채소는?

☑ 확인
Check!

○ □
△ □
X □

① 호박   ② 시금치
③ 마늘   ④ 배추

해설

생식기관인 열매를 식용하는 채소(열매채소)에는 오이, 호박 등의 박과(科) 채소, 고추, 토마토, 가지 등의 가지과 채소 등이 있다. 시금치와 배추는 잎과 줄기를 이용하는 잎줄기채소이고, 마늘은 뿌리채소이다.

정답 ①

42 마멀레이드에 대한 설명으로 옳은 것은?

☑ 확인
Check!

○ □
△ □
X □

① 과즙과 과육을 60%의 설탕 농도로 농축한 것
② 과실을 잘 건조한 건조과일
③ 오렌지나 레몬 껍질로 만든 잼
④ 투명한 과즙을 70%의 설탕 농도로 농축하여 굳힌 것

해설

마멀레이드(marmalade)는 감귤류의 껍질이나 과육에 설탕을 넣은 후 조려 만든 잼이다.

정답 ③

43 일반적으로 젤라틴이 사용되지 않는 것은?

☑ 확인
Check!

○ □
△ □
X □

① 양갱
② 아이스크림
③ 마시멜로
④ 족편

해설

젤라틴은 젤리, 샐러드, 족편 등의 응고제나 마시멜로, 아이스크림 및 기타 얼린 후식 등에 유화제로 쓰인다.
① 양갱은 해조류의 일종인 한천과 설탕으로 만든다.

정답 ①

44 고기의 질긴 결합조직 부위를 물과 함께 장시간 끓였을 때 연해지는 이유는?

☑ 확인
Check!

○ □
△ □
X □

① 엘라스틴이 알부민으로 변화되어 용출되어서
② 엘라스틴이 젤라틴으로 변화되어 용출되어서
③ 콜라겐이 알부민으로 변화되어 용출되어서
④ 콜라겐이 젤라틴으로 변화되어 용출되어서

해설

육류의 결합조직을 장시간 물에 끓이면 콜라겐이 젤라틴으로 되면서 부드러워진다.

정답 ④

45

☑ 확인
Check!

○ □
△ □
✕ □

우유를 가열할 때 용기 바닥이나 옆에 눌어붙은 것은 주로 어떤 성분인가?

① 카세인　　　　② 유청
③ 레시틴　　　　④ 유당

해설

우유를 가열할 때 용기 바닥에 눌어붙는 이유는 유청 때문이다.

정답 ②

46

☑ 확인
Check!

○ □
△ □
✕ □

난백의 기포성에 관한 설명으로 옳은 것은?

① 신선한 달걀의 난백이 기포 형성이 잘된다.
② 수양난백이 농후난백보다 기포 형성이 잘된다.
③ 난백거품을 낼 때 다량의 설탕을 넣으면 기포 형성이 잘된다.
④ 실온에 둔 것보다 냉장고에서 꺼낸 난백의 기포 형성이 쉽다.

해설

농후난백은 신선한 달걀의 특징이다. 신선한 달걀은 오래된 달걀보다 기포 형성이 잘되지 않는다.
달걀의 난백
• 농후난백 : 날달걀을 깼을 때 난황 주변에 뭉쳐 있는 난백
• 수양난백 : 옆으로 넓게 퍼지는 난백

정답 ②

47

☑ 확인
Check!

○ □
△ □
✕ □

어패류 조리방법 중 틀린 것은?

① 조개류는 낮은 온도에서 서서히 조리하여야 단백질의 급격한 응고로 인한 수축을 막을 수 있다.
② 생선은 결체조직의 함량이 높으므로 주로 습열 조리법을 사용해야 한다.
③ 생선 조리 시 식초를 넣으면 생선이 단단해진다.
④ 생선 조리에 사용하는 파, 마늘은 비린내 제거에 효과적이다.

해설

생선은 육류보다 결체조직 함량이 적어서 연하기 때문에 잘 부스러진다. 따라서 습열 조리법보다는 건열 조리법으로 조리하는 것이 적절하다.

정답 ②

48

☑ 확인
Check!

○ □
△ □
✕ □

어류의 염장법 중 건염법(마른간법)에 대한 설명으로 틀린 것은?

① 식염의 침투가 빠르다.
② 품질이 균일하지 못하다.
③ 선도가 낮은 어류로 염장을 할 경우 생산량이 증가한다.
④ 지방질의 산화로 변색이 쉽게 일어난다.

해설

선도가 높은 어류로 염장을 해야 생산량이 증가한다.

정답 ③

49 연화 작용력이 가장 작은 것은?

☑ 확인
Check!

○ □
△ □
✕ □

① 버터
② 쇼트닝
③ 마가린
④ 라드

해설

연화작용
• 밀가루를 반죽할 때 지방을 넣으면 글루텐의 결합을 방해하며 제품을 연하고 부드럽게 한다.
• 연화력 순서 : 라드 > 쇼트닝 > 버터 > 마가린

정답 ③

50 CA저장에 가장 적합한 식품은?

☑ 확인
Check!

○ □
△ □
✕ □

① 육류
② 과일류
③ 우유
④ 생선류

해설

CA(Controlled Atmosphere)저장은 냉장실의 온도와 공기조성을 함께 제어하여 저장하는 방법으로, 주로 청과물(특히, 사과)의 저장에 많이 사용된다. 온도는 적당히 낮추고, 냉장실 내 공기 중의 이산화탄소 분압을 높이고 산소 분압은 낮춤으로써 호흡을 억제하는 방식이다.

정답 ②

51 냉동 육류를 해동시키는 방법 중 영양소 파괴가 가장 적은 것은?

☑ 확인
Check!

○ □
△ □
✕ □

① 실온에서 해동한다.
② 40℃의 미지근한 물에 담근다.
③ 냉장고에서 해동한다.
④ 비닐봉지에 싸서 물속에 담근다.

해설

높은 온도에서 해동하면 조직이 상해서 액즙(드립)이 많이 나와 맛과 영양소의 손실이 크므로 냉장고나 흐르는 냉수에서 해동하는 것이 좋다.

정답 ③

52 소금의 종류와 설명을 연결한 것 중 옳지 않은 것은?

☑ 확인
Check!

○ □
△ □
✕ □

① 호렴 – 입자가 크고 색이 약간 검다.
② 재제염 – 희고 입자가 곱다.
③ 식탁염 – 염화나트륨과 염화마그네슘이 많고 장을 담그거나 채소를 절일 때 사용한다.
④ 가공염 – 식탁염에 다른 맛을 내는 성분을 첨가한 소금이다.

해설

소금의 종류
• 호렴 : 장을 담그거나 생선, 채소를 절일 때 사용하며 입자가 크고 색이 약간 검다.
• 재제염 : 보통 꽃소금이라고 하며 간을 맞추거나 적은 양의 채소나 생선을 절일 때 사용한다.
• 식탁염 : 이온교환법으로 만든 정제도가 높은 소금으로, 설탕처럼 입자가 곱다.
• 가공염 : 식탁염에 다른 맛을 내는 성분을 첨가한 소금으로, 화학조미료를 10% 첨가한 것이다.

정답 ③

53

한국 음식의 상차림과 예절에 대한 설명으로 옳지 않은 것은?　✓신유형

① 한식은 본래 독상이 원칙으로, 식사하는 사람 앞까지 상을 운반한다.

② 김치 국물이나 국 국물은 그릇째 들이마시지 않으며 숟가락으로 떠서 마시되 소리를 내지 않는다.

③ 숭늉은 대접에 담아 쟁반에 받쳐서 들고 가 상 위의 국그릇을 내려놓은 다음 숭늉그릇을 올린다.

④ 교자상이나 두레상차림의 밥은 처음부터 국과 같이 올리도록 한다.

해설

교자상은 명절, 가정의 큰 잔치 또는 회식 등에 많은 사람이 함께 모여 식사를 하는 경우 차리는 상이다. 음식은 한꺼번에 차리지 말고 처음에는 술과 식욕을 돋울 수 있는 전채 음식을 낸 다음 순차적으로 다른 음식을 대접하는 것이 좋다.

정답 ④

54

밥을 짓기 위한 곡류 세척에 관한 설명으로 옳지 않은 것은?　✓신유형

① 곡류 세척은 맑은 물이 나올 때까지 세척한다.

② 쌀을 씻을 때 전분, 수용성 단백질, 지방, 섬유소 등 백미의 0.5~1%가 손실된다.

③ 헹구는 작업을 3~5회 반복하여 유해물질이 잔류되지 않도록 한다.

④ 이물질을 제거하기 위해 되도록 오래 씻는 것이 좋다.

해설

쌀을 씻을 때는 수용성 단백질, 수용성 비타민, 향미 물질 등 수용성 물질의 손실을 최소화하기 위해 단시간에 흐르는 물에 씻어야 한다.

정답 ④

55

죽 조리방법에 대한 설명으로 옳은 것은?

① 죽을 쑤는 냄비나 솥은 얇은 재질의 것이 좋다.

② 일반적인 죽의 물 양은 쌀 용량의 5~6배 정도가 적당하다.

③ 간은 처음부터 하는 것이 좋다.

④ 죽을 쑤는 동안에는 자주 저어주는 것이 좋다.

해설

① 죽을 쑤는 냄비나 솥은 재질이 두꺼운 것이 좋다. 돌이나 옹기로 된 것이 열을 부드럽게 전하여 오래 끓이기에 적합하다.

③ 간은 곡물이 완전히 호화되어 부드럽게 퍼진 후에 하는 것이 좋다. 기본 간은 아주 약하게 하고, 먹는 사람의 기호에 따라 간장, 소금, 설탕, 꿀 등으로 맞추도록 한다.

④ 죽을 쑤는 동안에 너무 자주 젓지 않는 것이 좋으며, 저을 때는 반드시 나무주걱으로 젓는다.

정답 ②

56

다음 중 토장국이 아닌 것은?　✓신유형

① 완자탕　　　　② 아욱국

③ 근댓국　　　　④ 냉이국

해설

완자탕은 다진 소고기, 두부 등으로 완자를 빚어 맑은장국에 넣고 끓인 국이다.

정답 ①

57

☑ 확인
Check!
○ □
△ □
✕ □

찌개에 쓸 생선 손질에 대한 내용 중 옳지 않은 것은?

① 민물생선의 비린내 성분인 피페리딘(piperidine) 은 내장 부분에 많다.
② 생선을 씻을 때 소금물보다는 흐르는 물을 사용 하는 것이 좋다.
③ 생선을 용도에 맞게 자른 뒤에는 되도록 물로 씻지 말아야 한다.
④ 비린내를 없애기 위해 흐르는 물에 표피, 아가 미, 내장 순으로 씻는다.

해설
생선 비린내의 주원인인 트리메틸아민(TMA)과 민 물생선의 비린내 성분인 피페리딘(piperidine)은 표 피 부분에 많으며, 수용성이므로 흐르는 물에 손으로 살살 문지르면서 씻는다. 이때 소금물은 호염성 장염 비브리오균이 번식하기 쉽기 때문에 소금물보다는 흐르는 물을 사용하는 것이 좋다.

정답 ①

58

☑ 확인
Check!
○ □
△ □
✕ □

볶음 조리에 대한 설명으로 옳지 않은 것은?

① 팬을 달군 후 소량의 기름을 넣고 볶는 것이 좋다.
② 볶음 조리는 팬을 달군 후 높은 온도에서 단시간 에 하는 것이 좋다.
③ 볶음을 할 때는 큰 냄비보다 바닥면이 좁은 냄비 를 사용하는 것이 좋다.
④ 볶음을 할 때 강한 불로 시작하여 끓기 시작하면 중불로 줄인다.

해설
조림·볶음을 할 때 작은 냄비보다는 바닥에 닿는 면이 넓은 큰 냄비를 사용해야 재료가 균일하게 익고 양념장이 골고루 배어들어 맛이 좋아진다.

정답 ③

59

☑ 확인
Check!
○ □
△ □
✕ □

구이 조리 시 굽는 방법에 관한 설명으로 옳지 않은 것은?

① 지방이 많은 덩어리 고기는 저열에서 로스팅 (roasting)하면 지방이 흘러내리면서 풍미가 향 상된다.
② 생선은 프라이팬에 낮은 온도에서 서서히 온도 를 높혀 가며 굽는다.
③ 직접구이 시 불과 식품 사이의 거리를 조절하여 온도를 맞춘다.
④ 간접구이 시 철판에 기름을 칠하여 식품이 달라 붙지 않게 한다.

해설
생선을 통으로 구울 때는 제공하는 면 쪽을 먼저 갈 색이 되도록 구운 다음, 프라이팬 또는 석쇠에서 약 한 불로 천천히 구워서 속까지 익힌다.

정답 ②

60

☑ 확인
Check!
○ □
△ □
✕ □

김치의 숙성 중 가장 많이 생성되는 유기산은?

① 젖산(lactic acid)
② 사과산(malic acid)
③ 아세트산(acetic acid)
④ 올레인산(oleic acid)

해설
김치의 숙성 중 많이 생성되는 물질로는 젖산(lactic acid), 구연산(citric acid), 주석산(tartaric acid) 등 이 있다.

정답 ①

01 식품 취급자의 위생에 대한 설명 중 옳은 것은?

☑ 확인
Check!

○ □
△ □
✗ □

① 위생복에 손을 닦는다.
② 피부는 세균 증식의 장소이므로 자주 씻는다.
③ 손목시계를 착용하여 수시로 조리시간을 확인할 수 있도록 한다.
④ 반지를 끼는 것은 위생상 문제가 되지 않는다.

해설

① 오염된 손을 위생복에 닦으면 교차오염이 발생할 수 있다.
③, ④ 손목시계, 반지 등은 이물질 혼입의 원인이 되므로 작업장에 반입을 금한다.

정답 ②

02 식품의 부패 또는 변질과 관련이 적은 것은?

☑ 확인
Check!

○ □
△ □
✗ □

① 수분   ② 온도
③ 압력   ④ 효소

해설

식품은 미생물, 물리적 작용, 화학적 작용 등에 의해 부패 또는 변질된다. 수분, 온도는 미생물의 생육에 필요한 조건이며, 효소는 식품의 갈변현상의 원인으로 식품의 변질과 관련이 있다.

정답 ③

03 기생충과 중간숙주의 연결이 틀린 것은?

☑ 확인
Check!

○ □
△ □
✗ □

① 십이지장충 – 모기
② 말라리아 – 사람
③ 폐흡충 – 가재, 게
④ 무구조충 – 소

해설

십이지장충(구충)은 중간숙주가 없는 기생충이며, 모기는 사상충의 중간숙주이다.

정답 ①

04 식품 취급자가 손을 씻는 방법으로 적합하지 않은 것은?

☑ 확인
Check!

○ □
△ □
✗ □

① 팔에서 손으로 씻어 내려온다.
② 손을 씻은 후 비눗물을 흐르는 물에 충분히 씻는다.
③ 역성비누 원액을 몇 방울 손에 받아 30초 이상 문지르고 흐르는 물로 씻는다.
④ 살균효과를 증대시키기 위해 역성비누액에 일반비누액을 섞어 사용한다.

해설

역성비누는 세척력은 없으나 살균을 목적으로 사용한다. 일반비누와 섞어 사용하거나, 손에 유기물이 존재하면 살균효과가 떨어지므로 일반비누로 손을 세척 후 역성비누로 소독해야 한다.

정답 ④

05 식품첨가물에 대한 설명으로 잘못된 것은?

☑ 확인
Check!

○ □
△ □
✕ □

① 식품 본래의 성분 이외의 것을 말한다.
② 식품의 조리, 가공 시 첨가하는 물질을 말한다.
③ 천연물질과 화학적 합성품을 포함한다.
④ 우발적으로 혼입되는 비의도적 식품첨가물도 포함한다.

〔해설〕
식품첨가물 정의(법 제2조 제2호)
식품을 제조·가공·조리 또는 보존하는 과정에서 감미, 착색, 표백 또는 산화방지 등을 목적으로 식품에 사용되는 물질을 말한다. 이 경우 기구·용기·포장을 살균·소독하는 데에 사용되어 간접적으로 식품으로 옮아갈 수 있는 물질을 포함한다.

정답 ④

06 우리나라에서 간장에 사용할 수 있는 보존료는?

☑ 확인
Check!

○ □
△ □
✕ □

① 프로피온산(propionic acid)
② 이초산나트륨(sodium diacetate)
③ 안식향산(benzoic acid)
④ 소브산(sorbic acid)

〔해설〕
안식향산 및 안식향산나트륨은 섭취하여도 배뇨 시 체외로 배출되므로 안전성이 높아 탄산음료, 간장, 인삼음료, 잼류, 마가린 등에 사용되는 보존료이다.

정답 ③

07 HACCP 적용 순서 중에서 HACCP 계획이 효과적이고 효율적인가를 확인하기 위하여 평가하는 절차는? ✔신유형

☑ 확인
Check!

○ □
△ □
✕ □

① 한계기준 설정
② 중요관리점 설정
③ 검증 절차 및 방법 설정
④ 개선 조치방법 설정

〔해설〕
③ HACCP 관리계획이 효과적이고 효율적인가 확인하기 위해 정기적으로 평가하는 일련의 활동이다.
① 설정된 중요관리점(CCP)에서의 위해요소 관리가 허용 범위 내에서 잘 이루어지고 있는지 여부를 판단할 수 있는 기준을 설정하는 것이다.
② 식품안전관리인증기준을 적용하여 식품의 위해요소를 예방·제거하거나 허용 수준 이하로 감소시켜 해당 식품의 안전성을 확보할 수 있는 중요한 과정 또는 공정이다.
④ 모니터링 결과 중요관리점의 한계기준을 벗어난 경우 취하는 일련의 조치이다.

정답 ③

08 식품에서 대장균이 검출되었을 때 식품위생상 중요한 의미는?

☑ 확인
Check!

○ □
△ □
✕ □

① 대장균 자체가 병원성이므로 위험하다.
② 음식물이 변패 또는 부패되었다.
③ 대장균은 비병원성이므로 위생적이다.
④ 병원미생물의 오염 가능성이 있다.

〔해설〕
대장균은 인체에 직접 유해작용을 하는 것은 아니지만, 검출방법이 간편하고 정확하여 다른 미생물이나 분변오염을 추측할 수 있다.

정답 ④

09

알레르기성 식중독에 관계되는 원인 물질과 균은?

① 아세토인(acetoin), 살모넬라균
② 지방(fat), 장염 비브리오균
③ 엔테로톡신(enterotoxin), 포도상구균
④ 히스타민(histamine), 모르가니균

해설

사람이나 동물의 장내에 상주하는 모르가니균은 알레르기를 일으키는 히스타민을 생성한다.

정답 ④

10

복어독의 특징에 관한 설명으로 옳은 것은?

① 테트로도톡신은 알칼리에 강하고 산에 약하다.
② 열에 대한 저항성이 약해 4시간 정도 가열하면 거의 파괴된다.
③ 복어독은 신경독으로 수족 및 전신의 운동마비, 호흡 및 혈관 운동마비, 지각 신경마비를 일으킨다.
④ 복어독은 무색, 무미, 무취이나 물과 알코올에 녹는다.

해설

복어독은 테트로도톡신이라는 맹독성을 가진 동물성 자연독으로, 독성이 강하고, 물에 녹지 않으며, 높은 열에 끓여도 파괴되지 않는다. 중독증상으로 신경계통의 마비 증상, 호흡과 혈관 운동마비, 지각 신경마비, 전신의 운동마비 등을 일으킨다.

 정답 ③

11

다음 중 이타이이타이병과 관계있는 중금속 물질은?

① 수은(Hg)
② 카드뮴(Cd)
③ 크로뮴(Cr)
④ 납(Pb)

해설

이타이이타이병
일본 도야마현의 진즈강 하류에서 발생한 카드뮴에 의한 공해병으로 '아프다, 아프다(일본어로 이타이, 이타이).'라고 하는 데에서 유래되었다. 카드뮴에 중독되면 신장에 이상이 발생하고 칼슘이 부족하게 되어 뼈가 물러지며 작은 움직임에도 골절이 일어나며 결국 죽음에 이르게 된다.

정답 ②

12

식품접객업소의 조리식품 등에 대한 기준 및 규격에 따른 조리용 칼·도마, 식기류의 미생물 규격은?(단, 사용 중인 것은 제외한다)

① 살모넬라 음성, 대장균 양성
② 살모넬라 음성, 대장균 음성
③ 황색포도상구균 양성, 대장균 음성
④ 황색포도상구균 음성, 대장균 양성

해설

식품접객업소(집단급식소 포함)의 조리식품 등에 대한 기준 및 규격(식품의 기준 및 규격)
칼·도마 및 숟가락, 젓가락, 식기, 찬기 등 음식을 먹을 때 사용하거나 담는 것(사용 중인 것은 제외)
• 살모넬라 : 음성이어야 한다.
• 대장균 : 음성이어야 한다

 정답 ②

13 ☑ 확인 Check! ○□ △□ ×□

식품접객업 중 시설기준상 객실을 설치할 수 없는 영업은?

① 유흥주점영업
② 일반음식점영업
③ 단란주점영업
④ 휴게음식점영업

해설

업종별 시설기준(규칙 [별표 14])
휴게음식점 또는 제과점 : 객실(투명한 칸막이 또는 투명한 차단벽을 설치하여 내부가 전체적으로 보이는 경우는 제외)을 둘 수 없으며, 객석을 설치하는 경우 객석에는 높이 1.5m 미만의 칸막이(이동식 또는 고정식)를 설치할 수 있다. 이 경우 2면 이상을 완전히 차단하지 아니하여야 하고, 다른 객석에서 내부가 서로 보이도록 하여야 한다.

정답 ④

14 ☑ 확인 Check! ○□ △□ ×□

다음 중 식품위생법령상 영업신고 대상 업종이 아닌 것은?

① 위탁급식영업
② 식품냉동 · 냉장업
③ 즉석판매제조 · 가공업
④ 양곡가공업 중 도정업

해설

영업신고를 하여야 하는 업종(영 제25조 제1항)
특별자치시장 · 특별자치도지사 또는 시장 · 군수 · 구청장에게 신고를 하여야 하는 영업은 다음과 같다.
• 즉석판매제조 · 가공업
• 식품운반업
• 식품소분 · 판매업
• 식품냉동 · 냉장업
• 용기 · 포장류제조업
• 휴게음식점영업, 일반음식점영업, 위탁급식영업 및 제과점영업

정답 ④

15 ☑ 확인 Check! ○□ △□ ×□

집단급식소의 설치 · 운영자의 준수사항으로 틀린 것은?

① 소비기한이 경과된 원료 또는 완제품을 조리할 목적으로 보관하거나 이를 음식물의 조리에 사용하여서는 아니 된다.
② 깨끗한 지하수를 식기 세척의 용도로만 사용할 경우 별도의 검사를 받지 않아도 된다.
③ 동물의 내장을 조리한 경우에는 이에 사용한 기계, 기구류 등을 세척하고 살균하여야 한다.
④ 물수건, 숟가락, 젓가락, 식기 등은 살균 · 소독제 또는 열탕의 방법으로 소독한 것을 사용하여야 한다.

해설

집단급식소의 설치 · 운영자의 준수사항(규칙 [별표 24])
수돗물이 아닌 지하수 등을 먹는 물 또는 식품의 조리, 세척 등에 사용하는 경우에는 「먹는물관리법」에 따른 먹는물 수질검사기관에서 검사를 받아야 한다.

정답 ②

16 ☑ 확인 Check! ○□ △□ ×□

다음 중 온열 요소가 아닌 것은?

① 기온
② 기습
③ 기류
④ 기압

해설

온열의 3요소 : 기온, 기습, 기류

정답 ④

17 조리사 면허취소에 해당하지 않는 것은?

① 식중독 사고 발생에 직무상의 책임이 있는 경우
② 면허를 타인에게 대여하여 사용하게 한 경우
③ 조리사가 마약이나 그 밖의 약물에 중독이 된 경우
④ 조리사 면허의 취소처분을 받고 그 취소된 날부터 2년이 지나지 아니한 경우

해설

면허취소 등(법 제80조 제1항)
식품의약품안전처장 또는 특별자치시장·특별자치도지사·시장·군수·구청장은 조리사가 다음 어느 하나에 해당하면 그 면허를 취소하거나 6개월 이내의 기간을 정하여 업무정지를 명할 수 있다.
• 조리사 면허의 결격사유의 어느 하나(정신질환자, 감염병환자, 마약이나 약물 중독자, 조리사 면허의 취소처분을 받고 그 취소된 날부터 1년이 지나지 아니한 자)에 해당하게 되는 경우(반드시 취소)
• 교육을 받지 아니한 경우
• 식중독이나 그 밖에 위생과 관련한 중대한 사고 발생에 직무상의 책임이 있는 경우
• 면허를 타인에게 대여하여 사용하게 한 경우
• 업무정지기간 중에 조리사의 업무를 하는 경우(반드시 취소)

정답 ④

18 다음 중 식품위생법에서 다루는 내용은?

① 조리사의 면허 결격사유
② 디프테리아 예방
③ 공중이용시설의 위생관리
④ 가축전염병의 검역 절차

해설

② 감염병의 예방 및 관리에 관한 법률
③ 공중위생관리법
④ 가축전염병예방법

정답 ①

19 농수산물의 원산지 표시대상별 표시방법에 대한 설명 중 틀린 것은?

① 쇠고기는 식육의 종류를 한우, 젖소, 육우로 구분하여 표시한다.
② 수입한 소를 국내에서 3개월 이상 사육한 후 국내산으로 유통하는 경우에는 '국내산'으로 표시하고 괄호 안에 출생국가명을 함께 표기한다.
③ 수입한 돼지 또는 양을 국내에서 2개월 이상 사육한 후 국내산으로 유통하는 경우 '국산'으로 표기하고 괄호 안에 출생국가명을 함께 표기한다.
④ 수입한 닭을 국내에서 1개월 이상 사육한 후 국내산으로 유통하는 경우에는 '국산'으로 표시하되, 괄호 안에 출생국가명을 함께 표시한다.

해설

원산지 표시대상별 표시방법(규칙 [별표 4])
쇠고기는 국내산(국산)의 경우 "국산"이나 "국내산"으로 표시하고, 식육의 종류를 한우, 젖소, 육우로 구분하여 표시한다. 다만, 수입한 소를 국내에서 6개월 이상 사육한 후 국내산(국산)으로 유통하는 경우에는 "국산"이나 "국내산"으로 표시하되, 괄호 안에 식육의 종류 및 출생국가명을 함께 표시한다.

정답 ②

20 건강선(Dorno-ray)이란?

① 감각온도를 표시한 도표
② 가시광선
③ 강력한 진동으로 살균작용을 하는 음파
④ 자외선 중 살균효과를 가지는 파장

해설

건강선(Dorno-ray)은 파장이 2,900~3,200 Å인 자외선으로 살균작용을 한다.

정답 ④

21 혐기성 하수처리 방법은?

☑ 확인 Check!
○ □
△ □
× □

① 살수여상법
② 활성오니법
③ 산화지법
④ 임호프탱크법

해설

하수처리 방법

• 혐기성 분해처리 : 임호프탱크법, 부패조처리법 등
• 호기성 분해처리 : 살수여상법, 활성오니법, 회전원판법, 산화지법 등

정답 ④

22 감염병과 감염경로의 연결이 틀린 것은?

☑ 확인 Check!
○ □
△ □
× □

① 성병 – 직접 접촉
② 폴리오 – 공기 감염
③ 결핵 – 개달물 감염
④ 파상풍 – 토양 감염

해설

② 폴리오 바이러스는 급성기 환자의 인후분비물과 분변을 통해 배설되며 많은 사람이 분변오염을 통해서 감염된다.

정답 ②

23 감염병 관리상 환자의 격리를 필요로 하지 않는 것은?

☑ 확인 Check!
○ □
△ □
× □

① 공수병
② 에볼라바이러스병
③ 장티푸스
④ 콜레라

해설

「감염병의 예방 및 관리에 관한 법률」 제2조에 따르면, 감염병 관리상 환자의 격리가 필요한 감염병은 제1급 감염병(음압격리와 같은 높은 수준의 격리)과 제2급 감염병이다. 보기에서 공수병은 제3급 감염병, 에볼라바이러스병은 제1급 감염병, 장티푸스·콜레라는 제2급 감염병에 해당한다.

정답 ①

24 조리장비와 도구의 안전관리를 위한 점검 중 관리주체가 필요하다고 판단될 때 실시하는 정밀점검 수준의 안전점검은?

☑ 확인 Check!
○ □
△ □
× □

① 정기점검
② 긴급점검
③ 일상점검
④ 연중점검

해설

긴급점검은 관리주체가 필요하다고 판단될 때 실시하는 정밀점검 수준의 안전점검으로, 손상점검과 특별점검이 있다.

• 손상점검 : 재해나 사고에서 비롯된 구조적 손상 등에 대하여 긴급히 시행하는 점검
• 특별점검 : 결함이 의심되는 경우나 사용제한 중인 시설물의 사용 여부 등을 판단하기 위해 실시하는 점검

정답 ②

25

식품에 존재하는 물의 형태 중 자유수에 대한 설명으로 틀린 것은?

① 식품에서 미생물의 번식에 이용된다.

② -20℃에서도 얼지 않는다.

③ 100℃에서 증발하여 수증기가 된다.

④ 식품을 건조시킬 때 쉽게 제거된다.

해설

결합수와 자유수(유리수)

결합수	자유수(유리수)
• 식품을 건조해도 증발되지 않는다.	• 식품을 건조시키면 쉽게 증발한다.
• 압력을 가해 압착해도 쉽게 제거되지 않는다.	• 압력을 가하여 압착하면 제거된다.
• 0℃ 이하에서도 동결되지 않는다.	• 0℃ 이하에서 동결된다.
• 용질에 대해 용매로 작용하지 못한다.	• 용질에 대해 용매로 작용한다.
• 미생물의 생육과 번식에 이용되지 못한다.	• 미생물의 생육과 번식에 이용된다.
• 보통의 물보다 밀도가 크다.	• 식품의 변질에 영향을 준다.

정답 ②

26

해조류 가공제품이 아닌 것은?

① 한천(agar)

② 카라기난(carrageenan)

③ 알긴산(arginic acid)

④ LBG(Locust Bean Gum)

해설

해조류 성분을 추출하여 만드는 해조류 가공품에는 한천, 알긴산, 카라기난 등이 있다.
④ LBG는 천연 검의 한 종류이다.

정답 ④

27

다음 중 젤라틴을 이용하는 음식이 아닌 것은?

① 과일젤리

② 족편

③ 두부

④ 아이스크림

해설

③ 두부는 대두로 만든 두유를 70℃ 정도에서 응고제를 가하여 응고시킨 것이다.
젤라틴
• 원료 : 동물의 가죽, 연골, 힘줄 등에 열을 가해 얻게 되는 유도단백질
• 특징 : 젤라틴의 응고성을 이용하여 음식물의 단단함을 갖춤

정답 ③

28

알칼리성 식품이 아닌 것은?

① 오이

② 달걀

③ 우유

④ 토마토

해설

식품의 분류
• 알칼리성 식품 : 나트륨, 칼슘, 칼륨, 마그네슘을 함유한 식품(채소, 과일, 우유, 기름, 굴 등)
• 산성 식품 : 인, 황, 염소를 함유한 식품(곡류, 육류, 어패류, 달걀류 등)

정답 ②

29

채소의 가공 시 가장 손실되기 쉬운 비타민은?

① 비타민 A

② 비타민 D

③ 비타민 C

④ 비타민 E

해설

비타민 C는 수용성이고 쉽게 산화되어 식품의 판매, 가공, 저장 중에 파괴되기 쉽다.

정답 ③

30 다음 중 식물성 색소가 아닌 것은?

☑ 확인
Check!

○ □
△ □
✕ □

① 클로로필
② 카로티노이드
③ 마이오글로빈
④ 플라보노이드

(해설)
식물성 색소에는 클로로필, 카로티노이드, 플라보노이드, 베타시아닌, 갈변색소 등이 있다.
③ 마이오글로빈은 동물성 색소이다.

정답 ③

31 밀감이 쉽게 갈변되지 않는 주된 이유는?

☑ 확인
Check!

○ □
△ □
✕ □

① 비타민 C의 함량이 많으므로
② Cu, Fe 등의 금속이온이 많으므로
③ 섬유소 함량이 많으므로
④ 비타민 A의 함량이 많으므로

(해설)
레몬이나 밀감처럼 신맛이 많이 나는 과일은 환원성 물질인 비타민 C 함량이 많아서 쉽게 갈변되지 않는다.

정답 ①

32 다음 중 액체가 흐르기 쉬운지 어려운지를 나타내는 성질을 나타내는 것은? ✔신유형

☑ 확인
Check!

○ □
△ □
✕ □

① 탄성
② 점성
③ 가소성
④ 기포성

(해설)
점성은 내부의 마찰력에 의해 일어나는 끈끈한 액체의 성질이다.

정답 ②

33 식단 작성 시 무기질과 비타민을 공급하려면 어떤 식품군으로 구성하는 것이 가장 좋은가?

☑ 확인
Check!

○ □
△ □
✕ □

① 유지류, 어패류
② 곡류, 감자류
③ 채소류, 과일류
④ 육류, 두류

(해설)
기초식품군

주요 영양소	식품군
단백질	수조육류, 어패류, 알류, 콩류, 견과류
칼슘	우유 및 유제품, 뼈째 먹는 생선
무기질과 비타민	채소류, 과일류, 해조류, 버섯류
탄수화물	곡류, 감자류
지방	식물성 기름, 동물성 지방, 가공유지

정답 ③

34 입고량, 출고량, 재고량 등을 계속적으로 기록하는 것은? ✔신유형

☑ 확인
Check!

○ □
△ □
✕ □

① 영구재고 시스템
② 선입선출 시스템
③ 실사재고 시스템
④ 후입선출 시스템

(해설)
물품의 입고 수량과 출고 수량을 계속적으로 기록하여 적정 재고량을 유지하는 방법은 영구재고 시스템이다.

정답 ①

35 식품 구입 시의 감별방법으로 틀린 것은?

☑ 확인 Check!
○ □
△ □
× □

① 육류가공품인 소시지의 색은 담홍색이며 탄력성이 없는 것
② 밀가루는 잘 건조되고 덩어리가 없으며 냄새가 없는 것
③ 감자는 굵고 상처가 없으며 발아되지 않은 것
④ 생선은 탄력이 있으며 아가미는 선홍색이고 눈알이 맑은 것

해설
① 육류가공품은 색깔이 곱고 습기가 있으며 탄력이 있는 것이 신선하다.

정답 ①

---

36 보기에 따라 총원가를 산출하면 얼마인가?

☑ 확인 Check!
○ □
△ □
× □

┌ 보기 ─────────────
• 직접재료비 170,000원
• 간접재료비 55,000원
• 직접노무비 80,000원
• 간접노무비 50,000원
• 직접경비 5,000원
• 간접경비 65,000원
• 판매경비 5,500원
• 일반관리비 10,000원
└──────────────────

① 425,000원
② 430,500원
③ 435,000원
④ 440,500원

해설
총원가 = 제조원가 + 판매관리비
　　　　= 170,000 + 55,000 + 80,000 + 50,000
　　　　　+ 5,000 + 65,000 + 5,500 + 10,000
　　　　= 440,500원

정답 ④

---

37 조리장의 입지조건으로 적당하지 않은 것은?

☑ 확인 Check!
○ □
△ □
× □

① 재료의 반입, 오물의 반출이 편리한 곳
② 사고 발생 시 대피하기 쉬운 곳
③ 조리장이 지하층에 위치하여 조용한 곳
④ 급 · 배수가 용이하고 소음, 악취, 분진, 공해 등이 없는 곳

해설
조리장의 입지조건
• 통풍 · 채광 및 급수와 배수가 용이한 곳이 좋다.
• 소음 · 악취 · 가스 · 분진 등이 없는 곳이어야 한다.
• 변소 및 오물처리장 등에서 오염될 염려가 없을 정도의 거리에 떨어져 있는 곳이 좋다.
• 물건 구입 및 반출이 용이한 곳이 좋다.
• 종업원의 출입이 편리한 곳으로 작업에 불편하지 않은 곳이어야 한다.

정답 ③

---

38 β-전분이 가열에 의해 α-전분으로 되는 현상은?

☑ 확인 Check!
○ □
△ □
× □

① 호화
② 호정화
③ 산화
④ 노화

해설
전분의 호화(gelatinization, α화)
전분에 있는 분자가 파괴된 후 수분이 들어가서 팽윤 상태가 되고, 열을 가하면 소화가 잘되면서 맛있는 전분 상태가 되는 현상이다.

정답 ①

---

39 다음 중 쌀의 가공품이 아닌 것은?

☑ 확인 Check!
○ □
△ □
× □

① 강화미
② 팽화미
③ 현미
④ 알파미

해설
현미는 벼에서 왕겨층 20%를 제거한 것으로 배아, 배유, 섬유소가 포함되어 있다.

정답 ③

40 두부에 대한 설명으로 틀린 것은?

① 두부는 두유를 만들어 80~90℃에서 응고제를 조금씩 넣으면서 저어 단백질을 응고시킨 것이다.
② 응고된 두유를 굳히기 전은 순두부라 하고 일반 두부와 순두부 사이의 경도를 갖는 것은 연두부라 한다.
③ 두부를 데칠 경우는 가열하는 물에 식염을 조금 넣으면 더 부드러운 두부가 된다.
④ 응고제의 양이 적거나 가열시간이 짧으면 두부가 딱딱해진다.

해설
응고제의 양이 많거나 가열시간이 길면 두부가 딱딱해진다.

정답 ④

41 조리방법에 대한 설명 중 틀린 것은?

① 사골의 핏물을 우려내기 위해 찬물에 담가 혈색소인 수용성 헤모글로빈을 용출시켰다.
② 양파를 썬 후 강한 향을 없애기 위해 식초를 뿌려 효소작용을 억제시켰다.
③ 무 초절이 쌈을 할 때 얇게 썬 무를 식소다 물에 담가 두면 무의 색소 성분이 알칼리에 의해 더욱 희게 유지된다.
④ 모양을 내어 썬 양송이에 레몬즙을 뿌려 색이 변하는 것을 억제시켰다.

해설
무, 배추, 양파에는 안토잔틴이 있는데, 이는 알칼리성에서 황색으로 변한다.

정답 ③

42 사과나 딸기 등이 잼에 이용되는 가장 중요한 이유는?

① 과숙이 잘되어 좋은 질감을 형성하기 때문이다.
② 펙틴과 유기산이 함유되어 잼 제조에 적합하기 때문이다.
③ 색을 아름답게 하여 잼의 상품가치를 높이기 때문이다.
④ 새콤한 맛 성분이 잼 맛에 적합하기 때문이다.

해설
펙틴은 다당의 종류로 잼의 점도를 높이는 역할을 한다. 유기산은 펙틴의 점도를 돕는 역할을 하며 잼을 만들 때 첨가하는 설탕을 분해하는 역할을 한다.

정답 ②

43 동물이 도축된 후 화학변화가 일어나 근육이 긴장되어 굳어지는 현상은?

① 사후경직   ② 자기소화
③ 산화   ④ 팽화

해설
동물을 도살하여 방치하면 조직이 단단해지는 사후경직 현상이 일어난다. 이 기간이 지나면 근육 자체 자기소화 현상이 일어나면서 고기가 연해지고, 풍미가 좋아지고 소화도 잘되는 숙성 현상이 일어난다.

정답 ①

44

☑ 확인 Check!

○ □
△ □
✕ □

육류 조리방법에 대한 설명으로 옳은 것은?

① 돼지고기찜에 토마토를 넣으려면 처음부터 함께 넣는다.

② 편육은 끓는 물에 넣어 삶는다.

③ 탕을 끓일 때는 끓는 물에 소금을 약간 넣은 후 고기를 넣는다.

④ 장조림을 할 때는 먼저 간장을 넣고 끓여야 한다.

(해설)

편육 고기를 삶을 때에는 끓는 물에 넣어 근육 표면의 단백질이 빨리 응고되게 하여야 수용성 물질이 물에 녹지 않는다.

(정답) ②

45

☑ 확인 Check!

○ □
△ □
✕ □

유화(emulsion)와 관련이 적은 식품은?

① 버터 　　　② 생크림

③ 묵 　　　　④ 우유

(해설)

유화란 물과 기름처럼 두 가지 이상의 액체를 잘 섞어 에멀션 상태로 만드는 것을 말한다. 유중수적형(버터, 마가린)과 수중유적형(우유, 아이스크림, 생크림, 마요네즈)이 있다.

(정답) ③

46

☑ 확인 Check!

○ □
△ □
✕ □

달걀의 조리 특성과 요리의 상호관계로 가장 거리가 먼 것은?

① 응고성 – 달걀찜

② 유화성 – 마요네즈

③ 기포성 – 스펀지케이크

④ 가소성 – 수란

(해설)

달걀의 조리 특성
• 열응고성 : 달걀찜, 커스터드, 푸딩 등
• 유화성 : 마요네즈, 아이스크림 등
• 기포성 : 스펀지케이크, 엔젤케이크 등

(정답) ④

47

☑ 확인 Check!

○ □
△ □
✕ □

생선 육질이 소고기 육질보다 연한 것은 주로 어떤 성분의 차이에 의한 것인가?

① 글리코겐(glycogen)

② 헤모글로빈(hemoglobin)

③ 포도당(glucose)

④ 콜라겐(collagen)

(해설)

어류에 들어 있는 콜라겐은 경단백질의 일종인 저분자 콜라겐이다. 이 저분자 콜라겐은 동물성 콜라겐보다 상대적으로 분자 크기가 작아서 육질이 부드럽고 소화 흡수 속도가 빠르다.

(정답) ④

48

☑ 확인 Check!

○ □
△ □
✕ □

어패류의 조리법에 대한 설명으로 옳은 것은?

① 조개류는 높은 온도에서 조리하여 단백질을 급격히 응고시킨다.

② 바닷가재는 껍질이 두꺼우므로 찬물에 넣어 오래 끓여야 한다.

③ 작은 생새우는 강한 불에서 연한 갈색이 될 때까지 삶은 후 배 쪽에 위치한 모래정맥을 제거한다.

④ 생선숙회는 신선한 생선편을 끓는 물에 살짝 데치거나 끓는 물을 생선에 끼얹어 회로 이용한다.

(해설)

① 조개류는 높은 온도에서 오랫동안 조리하면 단백질이 응고되어 수축되고 질겨진다.

② 바닷가재는 물이 끓은 후에 찜통에 넣고 찐다.

③ 새우는 물에 소금과 식초를 넣고 중간 불에서 분홍빛이 나도록 삶는다.

(정답) ④

49 ☑ 확인 Check!

유지의 발연점이 낮아지는 원인에 대한 설명으로 틀린 것은?

① 유리지방산의 함량이 낮은 경우
② 튀김기의 표면적이 넓은 경우
③ 기름에 이물질이 많이 들어 있는 경우
④ 오래 사용하여 기름이 지나치게 산패된 경우

해설
발연점은 일정한 온도에서 열분해를 일으켜 지방산과 글리세롤로 분해되어 연기가 나기 시작하는 온도로, 유리지방산의 함량이 적으면 발연점이 높아진다.

정답 ①

50 ☑ 확인 Check!

미생물의 발육을 억제하기 위한 식품 저장법을 이용한 조리는? ✔신유형

① 샐러드
② 딸기 잼
③ 갈비찜
④ 생선구이

해설
딸기 잼은 당장법을 이용하여 만든다. 당장법은 농도 50% 이상의 설탕에 식품을 절여 미생물의 발육을 억제하는 저장법으로, 잼, 젤리, 연유 등에 이용된다.

정답 ②

51 ☑ 확인 Check!

냉동생선을 해동하는 방법으로 위생적이며 영양 손실이 가장 적은 경우는?

① 냉장고 속에서 해동한다.
② 40℃의 미지근한 물에 담가 둔다.
③ 18~22℃의 실온에 방치한다.
④ 흐르는 물에 담가 둔다.

해설
냉동생선은 5~6℃에서 해동해야 단백질의 변성이 가장 적으므로 냉장 해동을 하는 것이 좋다.

정답 ①

52 ☑ 확인 Check!

다음 중 식초를 첨가하였을 때 얻어지는 효과가 아닌 것은?

① 방부성
② 콩의 연화
③ 생선 가시 연화
④ 생선의 비린내 제거

해설
콩을 빨리 연화시키는 방법에는 1%의 식염수에 담가 두었다가 끓이는 방법과 0.3%의 탄산수소나트륨을 가하여 끓이는 방법 등이 있다.

정답 ②

53 한식 전류 요리가 아닌 것은? ✔신유형

☑ 확인
Check!

○ □
△ □
✕ □

① 화전
② 육원전
③ 표고전
④ 풋고추전

해설
화전은 찹쌀가루를 반죽하여 진달래나 개나리, 국화 등의 꽃잎이나 대추를 붙여서 기름에 지진 떡이다.

정답 ①

---

54 보기는 밥물의 분량에 대한 설명이다. ㉠, ㉡에 들어갈 수치가 알맞게 연결된 것은?

☑ 확인
Check!

○ □
△ □
✕ □

┌ 보기 ┐
밥물은 쌀의 용량, 즉 부피의 (㉠) 정도가 적당하고, 중량으로는 (㉡)가 적당하다.
└─────┘

① ㉠ 1.2배, ㉡ 1.2배
② ㉠ 1.2배, ㉡ 1.5배
③ ㉠ 1.5배, ㉡ 1.5배
④ ㉠ 2배, ㉡ 2배

해설
밥물의 분량
• 쌀 부피의 1.2배 정도, 쌀 중량의 1.5배가 적당하다.
• 맛있는 밥의 수분은 65% 전후이다.
• 다 된 밥의 중량은 쌀의 2.2~2.4배 정도이다.
• 맛이 있는 밥을 짓기 위해서는 물에 불린 다음 짓는 것이 좋다.
• 쌀을 불릴 때 쌀입자에 물이 침투하여 전분 내의 비결정분자와 결합하여 쌀알은 팽창하고 부피가 늘어난다.

정답 ②

---

55 죽의 설명으로 연결이 잘못된 것은?

☑ 확인
Check!

○ □
△ □
✕ □

① 미음 – 쌀알을 오래 끓여 체에 밭친 죽
② 옹근죽 – 쌀알을 통으로 쑤는 죽
③ 비단죽 – 곡물의 전분을 물에 풀어서 끓인 죽
④ 원미죽 – 쌀알을 굵게 갈아서 쑤는 죽

해설
비단죽은 쌀알을 완전히 곱게 갈아서 쑤는 죽이다.

정답 ③

---

56 국의 국물과 건더기의 비율로 적절한 것은? ✔신유형

☑ 확인
Check!

○ □
△ □
✕ □

① 2 : 6
② 4 : 6
③ 7 : 3
④ 1 : 2

해설
국은 국물이 주가 되는 음식으로, 국물과 건더기의 비율이 6 : 4 또는 7 : 3으로 구성된다.

정답 ③

57 다음 중 삼합초의 재료가 아닌 것은?

☑ 확인
Check!

○ □
△ □
✕ □

① 해삼 ② 전복
③ 소고기 ④ 꽈리고추

(해설)

삼합초는 홍합, 전복, 해삼, 양념한 소고기를 모두 합쳐 조린 음식이다.

정답 ④

58 보기에서 설명하는 한식의 조리법은?

☑ 확인
Check!

○ □
△ □
✕ □

┌ 보기 ┐

육류, 어패류, 채소류를 끓는 물에 삶거나 데쳐서 익힌 후 썰어서 초고추장이나 겨자즙 등을 찍어 먹는 조리법이다.

① 숙채 ② 생채
③ 회 ④ 숙회

(해설)

숙회는 육류, 어패류, 채소류를 끓는 물에 삶거나 데쳐서 익힌 후 썰어서 초고추장이나 겨자즙 등을 찍어 먹는 조리법이다. 숙회에는 문어숙회, 오징어숙회, 미나리강회, 파강회, 어채, 두릅회 등이 있다.

정답 ④

59 생선을 프라이팬이나 석쇠에 구울 때 들러붙지 않도록 하는 방법으로 옳지 않은 것은?

☑ 확인
Check!

○ □
△ □
✕ □

① 낮은 온도에서 서서히 굽는다.
② 기구의 금속면을 테플론(teflon)으로 처리한 것을 사용한다.
③ 기구의 표면에 기름을 칠하여 막을 만들어준다.
④ 기구를 먼저 달구어서 사용한다.

(해설)

생선은 프라이팬을 미리 뜨겁게 달군 후에 센 불에서 재빠르게 익히고, 중불로 나머지를 익혀 준다.

정답 ①

60 김치의 독특한 맛을 나타내는 성분과 거리가 먼 것은?

☑ 확인
Check!

○ □
△ □
✕ □

① 유기산 ② 젖산
③ 지방 ④ 아미노산

(해설)

김치가 발효되면서 유기산이 생성되는데 이는 김치의 산도를 증가시키고 pH는 감소시킨다. 숙성 중에는 젖산, 구연산, 주석산, 아미노산이 많이 생성되어 김치의 독특한 맛을 낸다.

정답 ③

01 바퀴벌레의 특성이 아닌 것은?

☑ 확인
Check!

○ ☐
△ ☐
✕ ☐

① 잡식성　　　　② 군거성
③ 독립성　　　　④ 질주성

해설
바퀴벌레의 특성 : 야간 활동성, 질주성, 군거성, 잡식
성 등

정답 ③

02 식품의 변질을 설명한 것으로 옳지 않은 것은?

☑ 확인
Check!

○ ☐
△ ☐
✕ ☐

① 산패 – 유지식품의 지방질 산화
② 발효 – 화학물질에 의한 유기화합물의 분해
③ 변질 – 식품의 품질 저하
④ 부패 – 단백질과 유기물이 부패미생물에 의해
　　분해

해설
발효 : 탄수화물이 미생물의 작용을 받아 유기산, 알
코올 등을 생성하게 되는 현상을 말한다.

정답 ②

03 기생충과 중간숙주와의 연결이 틀린 것은?

☑ 확인
Check!

○ ☐
△ ☐
✕ ☐

① 구충 – 오리
② 간디스토마 – 민물고기
③ 무구조충 – 소
④ 유구조충 – 돼지

해설
구충(십이지장충)은 채소류를 통해 감염되는 기생충
으로 중간숙주가 없다.

정답 ①

04 다음 중 자외선을 이용하여 살균할 때 가장 유효한 파장은?

☑ 확인
Check!

○ ☐
△ ☐
✕ ☐

① 260~280nm
② 350~360nm
③ 450~460nm
④ 550~560nm

해설
자외선의 살균력은 260~280nm의 파장에서 가장
유효하다.

정답 ①

05

☑ 확인
Check!

○ □
△ □
✕ □

색소를 함유하고 있지는 않지만 식품 중의 성분과 결합하여 색을 안정화시키면서 선명하게 하는 식품첨가물은?

① 착색료
② 보존료
③ 발색제
④ 산화방지제

해설

① 착색료 : 식품의 가공 공정에서 퇴색되는 색을 복원하거나 외관을 보기 좋게 하기 위해 사용하는 첨가물
② 보존료 : 식품 저장 중 미생물의 증식으로 일어나는 식품의 부패나 변질을 방지하기 위해 사용되는 첨가물
④ 산화방지제 : 유지의 산패 및 식품의 변색이나 퇴색을 방지하기 위해 사용하는 첨가물

정답 ③

07

☑ 확인
Check!

○ □
△ □
✕ □

식품 및 축산물 안전관리인증기준(HACCP) 수행단계에서 가장 먼저 실시하는 것은?

① 기록유지 방법의 설정
② 식품의 위해요소 분석
③ 관리기준 설정
④ 중요관리점 규명

해설

안전관리인증기준(HACCP)의 수행절차
• 원칙 1 : 위해요소 분석
• 원칙 2 : 중요관리점(CCP) 결정
• 원칙 3 : 한계기준 설정
• 원칙 4 : 모니터링 체계 확립
• 원칙 5 : 개선 조치방법 수립
• 원칙 6 : 검증 절차 및 방법 수립
• 원칙 7 : 문서화 및 기록 유지방법 설정

정답 ②

06

☑ 확인
Check!

○ □
△ □
✕ □

과채류의 품질 유지를 위한 피막제로만 사용되는 식품첨가물은?

① 인산나트륨
② 몰포린지방산염
③ 만니톨
④ 실리콘수지

해설

몰포린지방산염은 신선도 유지를 위해 표면 처리하는 식품첨가물로, 과일·채소류의 표피에 피막제 목적에 한하여 사용하여야 한다.

정답 ②

08

☑ 확인
Check!

○ □
△ □
✕ □

세균성 식중독과 병원성 소화기계 감염병을 비교한 것으로 틀린 것은?

	세균성 식중독	병원성 소화기계 감염병
①	많은 균량으로 발병	균량이 적어도 발병
②	2차 감염이 빈번함	2차 감염이 없음
③	식품위생법으로 관리	감염병예방법으로 관리
④	비교적 짧은 잠복기	비교적 긴 잠복기

해설

세균성 식중독은 2차 감염이 드물고, 병원성 소화기계 감염병(경구감염병)은 2차 감염이 비교적 빈번하다.

정답 ②

09

☑ 확인
Check!

○ □
△ □
✕ □

사시, 동공확대, 언어장애 등 특유의 신경마비 증상을 나타내며 비교적 높은 치사율을 보이는 식중독 원인균은?

① 클로스트리듐 보툴리눔균
② 황색포도상구균
③ 병원성 대장균
④ 바실루스 세레우스균

해설

클로스트리듐 보툴리눔균은 불충분하게 가열, 살균 후 밀봉 저장한 식품(통조림, 소시지, 병조림, 햄) 등 원인 식품의 섭취로 인해 신경계의 마비 증상이 나타난다. 비교적 다른 세균성 식중독에 비해 치사율이 높다.

정답 ①

10

☑ 확인
Check!

○ □
△ □
✕ □

바지락 속에 들어 있는 독성분은?

① 베네루핀(venerupin)
② 솔라닌(solanine)
③ 무스카린(muscarine)
④ 아마니타톡신(amanitatoxin)

해설

② 솔라닌 : 감자의 발아 부위와 녹색 부위
③ 무스카린 : 독버섯
④ 아마니타톡신 : 독버섯

정답 ①

11

☑ 확인
Check!

○ □
△ □
✕ □

700℃ 이하로 구운 옹기독에 음식물을 넣으면 유해물질이 용출되는데, 이때의 유독성분은 무엇인가?

① 주석(Sn)
② 납(Pb)
③ 아연(Zn)
④ 폴리염화바이페닐(PCB)

해설

납(Pb)의 중독 경로 : 통조림의 땜납, 도자기나 법랑 용기의 안료, 납 성분이 함유된 수도관, 납 함유 연료의 배기가스 등

정답 ②

12

☑ 확인
Check!

○ □
△ □
✕ □

다음 중 식품위생법상 식품위생의 대상은?

① 식품, 약품, 기구, 용기, 포장
② 조리법, 조리시설, 기구, 용기, 포장
③ 조리법, 단체급식, 기구, 용기, 포장
④ 식품, 식품첨가물, 기구, 용기, 포장

해설

식품위생의 정의(법 제2조 제11호)
식품위생이란 식품, 식품첨가물, 기구 또는 용기·포장을 대상으로 하는 음식에 관한 위생을 말한다.

정답 ④

13 ☑ 확인 Check!
○ □
△ □
✕ □

일반음식점의 모범업소 지정기준이 아닌 것은?

① 화장실에 1회용 위생종이 또는 에어타월이 비치되어 있어야 한다.
② 주방에는 입식조리대가 설치되어 있어야 한다.
③ 1회용 컵을 사용하여야 한다.
④ 종업원은 청결한 위생복을 입고 있어야 한다.

해설
일반음식점의 모범업소 지정기준(규칙 [별표 19])
1회용 컵, 1회용 숟가락, 1회용 젓가락 등을 사용하지 않아야 한다.

정답 ③

---

14 ☑ 확인 Check!
○ □
△ □
✕ □

중국에서 수입한 배추(절인 배추 포함)를 사용하여 국내에서 배추김치로 조리하여 판매하는 경우, 원산지 표시방법으로 적절한 것은? ✔신유형

① 배추김치(중국산)
② 배추김치(배추: 중국산)
③ 배추김치(국내산과 중국산을 섞음)
④ 배추김치(국내산)

해설
배추김치의 원산지 표시방법(규칙 [별표 4])
국내에서 배추김치를 조리하여 판매·제공하는 경우에는 "배추김치"로 표시하고, 그 옆에 괄호로 배추김치의 원료인 배추(절인 배추를 포함)의 원산지를 표시한다. 이 경우 고춧가루를 사용한 배추김치의 경우에는 고춧가루의 원산지를 함께 표시한다.
예 • 배추김치(배추: 국내산, 고춧가루: 중국산), 배추김치(배추: 중국산, 고춧가루: 국내산)
• 고춧가루를 사용하지 않은 배추김치: 배추김치(배추: 국내산)

정답 ②

---

15 ☑ 확인 Check!
○ □
△ □
✕ □

판매의 목적으로 식품 등을 제조·가공·소분·수입 또는 판매한 영업자가 식품 등의 위해와 관련이 있는 규정을 위반하여 유통 중인 해당 식품 등을 회수하고자 할 때 회수계획을 보고해야 하는 대상이 아닌 것은?

① 시·도지사
② 식품의약품안전처장
③ 보건소장
④ 시장·군수·구청장

해설
위해식품 등의 회수(법 제45조 제1항)
판매의 목적으로 식품 등을 제조·가공·소분·수입 또는 판매한 영업자는 해당 식품 등이 위해와 관련 있는 규정을 위반한 사실을 알게 된 경우에는 지체없이 유통 중인 해당 식품 등을 회수하거나 회수하는 데 필요한 조치를 하여야 한다. 이 경우 영업자는 회수계획을 식품의약품안전처장, 시·도지사 또는 시장·군수·구청장에게 미리 보고하여야 하며, 회수 결과를 보고받은 시·도지사 또는 시장·군수·구청장은 이를 지체없이 식품의약품안전처장에게 보고하여야 한다.

정답 ③

---

16 ☑ 확인 Check!
○ □
△ □
✕ □

식품위생법상 조리사에 대한 내용으로 적절하지 않은 것은?

① 마약이나 그 밖의 약물 중독자는 조리사 면허를 받을 수 없다.
② 집단급식소에 종사하는 조리사와 영양사는 교육을 받아야 한다.
③ 조리사 면허의 취소처분을 받고 그 취소된 날부터 2년이 지나지 않으면 조리사 면허를 받을 수 없다.
④ 집단급식소 운영자 자신이 조리사로서 직접 음식물을 조리하는 경우에는 조리사를 두지 않아도 된다.

해설
결격사유(법 제54조 제4호)
조리사 면허의 취소처분을 받고 그 취소된 날부터 1년이 지나지 아니한 자는 조리사 면허를 받을 수 없다.

정답 ③

17

☑ 확인 Check!
○ □
△ □
X □

농수산물의 원산지 표시 등에 관한 법률상 원산지 표시 등의 위반에 대한 처분을 하는 주체가 아닌 것은? ✓신유형

① 식품의약품안전처장
② 해양수산부장관
③ 관세청장
④ 시장·군수·구청장

해설

원산지 표시 등의 위반에 대한 처분 등(법 제9조 제1항)
농림축산식품부장관, 해양수산부장관, 관세청장, 시·도지사 또는 시장·군수·구청장은 제5조(원산지 표시)나 제6조(거짓 표시 등의 금지)를 위반한 자에 대하여 표시의 이행·변경·삭제 등 시정명령, 위반 농수산물이나 그 가공품의 판매 등 거래행위 금지의 처분을 할 수 있다.

정답 ①

18

☑ 확인 Check!
○ □
△ □
X □

세계보건기구(WHO)가 정의한 건강의 내용이 아닌 것은?

① 육체적으로 완전한 상태
② 정신적으로 완전한 상태
③ 영양적으로 완전한 상태
④ 사회적 안녕의 완전한 상태

해설

WHO가 정의한 건강이란 육체적, 정신적, 사회적으로 모두 완전한 상태를 말한다.

정답 ③

19

☑ 확인 Check!
○ □
△ □
X □

미생물 살균에 가장 효과적인 것은?

① 가시광선
② X-선
③ 자외선
④ 적외선

해설

자외선은 일광 중 파장이 가장 짧으며, 2,600~2,800Å에서 살균작용이 가장 강하다.

정답 ③

20

☑ 확인 Check!
○ □
△ □
X □

다음 중 기온역전 현상의 발생 조건은?

① 상부 기온이 하부 기온보다 낮을 때
② 상부 기온이 하부 기온보다 높을 때
③ 상부 기온과 하부 기온이 같을 때
④ 안개와 매연이 심할 때

해설

지표면 하부 기온의 온도가 낮고, 상부 기온이 높아지면 기온역전 현상이 나타난다. 이 현상은 고기압 상태에 바람이 불지 않고 일교차가 큰 날에 잘 발생한다.

정답 ②

21

☑ 확인 Check!
○ □
△ □
X □

보기의 ( )에 들어갈 내용으로 알맞은 것은?

┌보기┐
생물화학적 산소요구량(BOD)은 일반적으로 ( )을 ( )에서 ( )간 안정화시키는 데 소비한 산소량을 말한다.
└───┘

① 무기물질, 15℃, 5일
② 무기물질, 15℃, 7일
③ 유기물질, 20℃, 5일
④ 유기물질, 20℃, 7일

해설

생물화학적 산소요구량은 일반적으로 유기물질을 20℃에서 5일간 안정화시키는 데 소비한 산소량을 말한다.

정답 ③

22 감염병 중에서 비말감염과 관계가 먼 것은?

① 백일해
② 디프테리아
③ 발진열
④ 중동호흡기증후군

해설
③ 발진열은 *Rickettsia typhi*균에 감염된 쥐벼룩이 사람을 물어 감염되는 질병이다.

정답 ③

23 인공능동면역의 방법에 해당하지 않는 것은?

① 생균백신 접종
② 글로불린 접종
③ 사균백신 접종
④ 순화독소 접종

해설
인공능동면역은 인위적으로 항원을 체내에 투입하여 항체가 생산되도록 하는 방법이며 생균백신, 사균백신, 순화독소 등을 사용하는 예방접종을 말한다.

정답 ②

24 안전한 작업환경에 대한 설명으로 적절하지 않은 것은?

① 작업장 온도는 겨울에는 18.3~21.1℃ 사이, 여름에는 20.6~22.8℃ 사이를 유지한다.
② 적정한 상대습도는 40~60% 정도이다.
③ 적재물은 사용시기, 용도별로 구분하여 정리하고, 먼저 사용할 것은 하부에 보관한다.
④ 조리작업장의 권장 조도는 50~100lx 정도이다.

해설
조리작업장의 권장 조도는 143~161lx이다.

정답 ④

25 식품의 수분활성도(Aw)란?

① 자유수와 결합수의 비
② 식품의 상대습도와 주위의 온도와의 비
③ 식품의 단위시간당 수분증발량
④ 식품의 수증기압과 그 온도에서의 물의 수증기압의 비

해설
수분활성도란 식품의 수증기압과 그 온도에서의 물의 수증기압의 비로 채소, 과일 등은 수분활성도가 높고, 곡류는 수분활성도가 낮다.

정답 ④

26 다음 중 이당류에 속하는 것은?

① 설탕(sucrose)
② 전분(starch)
③ 과당(fructose)
④ 갈락토스(galactose)

해설
탄수화물의 분류
• 단당류 : 포도당, 과당, 갈락토스
• 이당류 : 맥아당(엿당), 설탕(서당, 자당), 유당(젖당)
• 다당류 : 전분(녹말), 글리코겐, 섬유소, 펙틴

정답 ①

27

콩밥은 쌀밥에 비하여 특히 어떤 영양소의 보완에 좋은가?

① 단백질　　　　② 당질
③ 지방　　　　　④ 수분

(해설)

쌀밥에는 탄수화물이 가장 많이 들어 있어서 단백질이나 비타민을 섭취하기가 어렵다. 콩밥은 밥에 있는 탄수화물과 콩의 풍부한 단백질, 비타민으로 쌀밥보다 영양가가 높다.

정답 ①

28

어취 성분인 트라이메틸아민(trimethylamine)에 대한 설명으로 적절하지 않은 것은?

① 불쾌한 어취는 트라이메틸아민의 함량과 비례한다.
② 수용성이므로 물로 씻으면 많이 없어진다.
③ 보통 해수어보다 담수어에서 더 많이 생성된다.
④ 트라이메틸아민옥사이드(trimethylamine-oxide)가 환원되어 생성된다.

(해설)

담수어는 피페리딘계 화합물이 주된 성분이고, 해수어는 트라이메틸아민 함량이 더 높다.

정답 ③

29

조리 시 일어나는 비타민, 무기질의 변화 중 맞는 것은?

① 비타민 A는 지방 음식과 함께 섭취할 때 흡수율이 높아진다.
② 비타민 D는 자외선과 접하는 부분이 클수록, 오래 끓일수록 파괴율이 높아진다.
③ 색소의 고정효과로는 Ca^{++}이 많이 사용되며 식물 색소를 고정시키는 역할을 한다.
④ 과일을 깎을 때 쇠칼을 사용하는 것이 맛, 영양가, 외관상 좋다.

(해설)

② 비타민 C는 자외선과 접하는 부분이 클수록, 오래 끓일수록 파괴율이 높아진다.
③ 식물 색소는 소금을 넣으면 선명한 녹색을 유지한다.
④ 과일을 깎을 때 쇠칼을 사용하면 철 성분이 들어가 침전물이 생기거나 맛과 향에 영향을 미치므로 대나무 칼이나 세라믹 칼을 사용해야 한다.

정답 ①

30

철과 마그네슘을 함유한 색소를 순서대로 나열한 것은?

① 마이오글로빈, 클로로필
② 안토시아닌, 플라보노이드
③ 클로로필, 안토시아닌
④ 카로티노이드, 마이오글로빈

(해설)

마이오글로빈은 철을 함유한 근육 색소이고, 클로로필은 식물의 잎과 줄기의 녹색 색소로 마그네슘의 킬레이트 화합물이다. 카로티노이드는 황색, 오렌지색, 적색 색소로 토마토, 당근, 고추, 감 등에 함유되어 있다.

정답 ①

31 효소적 갈변반응에 의해 색을 나타내는 식품은?

☑ 확인
Check!

○ □
△ □
✗ □

① 분말 오렌지　　② 간장
③ 캐러멜　　　　④ 홍차

해설

효소적 갈변
• 정의 : 과실과 채소류 등을 파쇄하거나 껍질을 벗길 때 일어나는 현상이다.
• 원인 : 과실, 채소류의 상처받은 조직이 공기 중에 노출되면 페놀화합물이 갈색색소인 멜라닌으로 전환하기 때문이다.
• 갈변현상이 일어나는 식품 : 사과, 배, 가지, 감자, 고구마, 밤, 바나나, 홍차, 우엉 등

정답 ④

32 다음 중 아이오딘을 많이 함유하고 있는 식품은?

☑ 확인
Check!

○ □
△ □
✗ □

① 우유　　　　② 소고기
③ 미역　　　　④ 시금치

해설

해조류 특히 갈조류의 미역, 다시마 등은 아이오딘 함유량이 많다. 아이오딘은 갑상선 호르몬을 구성하는 성분으로 유즙 분비 촉진작용을 한다.

정답 ③

33 식혜는 엿기름 중의 어떠한 성분에 의하여 전분이 당화를 일으키게 되는가?

☑ 확인
Check!

○ □
△ □
✗ □

① 지방　　　　② 단백질
③ 무기질　　　④ 효소

해설

식혜를 만들 때 사용하는 엿기름 속에는 효소인 아밀라제(아밀레이스)가 많기 때문에 당화작용이 일어나고, 아밀라제(아밀레이스)에 의해 글루코스, 말타제(말테이스), 덱스트린 등이 생성된다.

정답 ④

34 하루 필요 열량이 2,700kcal이고, 이 중 14%에 해당하는 열량을 지방에서 얻으려 할 때 필요한 지방의 양은?

☑ 확인
Check!

○ □
△ □
✗ □

① 36g　　　　② 42g
③ 94g　　　　④ 81g

해설

2,700kcal의 14%는 378kcal이다. 지방은 1g당 9kcal를 내므로 378kcal를 내기 위해서는 42g이 필요하다.

정답 ②

35 재고회전율이 표준치보다 낮은 경우에 대한 설명으로 틀린 것은?

☑ 확인
Check!

○ □
△ □
✗ □

① 부정 유출이 우려된다.
② 종업원들이 심리적으로 부주의하게 식품을 사용하여 낭비가 심해진다.
③ 긴급 구매로 비용 발생이 우려된다.
④ 저장기간이 길어지고 식품 손실이 커지는 등 많은 자본이 들어가 이익이 줄어든다.

해설

재고회전율
• 현재 보유하고 있는 재고 품목들이 얼마나 빈번히 주문되고 이 품목들이 어느 정도의 기간 동안 사용되었는지를 계산하는 것이다.
• 재고회전율이 표준치보다 낮은 것은 재고가 과잉 수준임을 나타낸다.

정답 ③

36 채소류의 신선도 선별방법으로 옳지 않은 것은?

☑ 확인
Check!

○ □
△ □
✕ □

① 토마토는 만져 보아 단단하고 무거운 느낌이 드는 것이 좋다.
② 가지는 무거울수록 부드럽고 맛이 좋고 구부러진 모양이 좋다.
③ 오이는 꼭지가 마르지 않고 색깔이 선명한 것이 좋다.
④ 애호박은 굵기가 일정하고 단단한 것이 좋다.

해설

가지는 가벼울수록 부드럽고 맛이 좋고 구부러지지 않고 바른 모양이 좋다.

정답 ②

37 오징어 12kg을 45,000원에 구입하여 모두 손질한 후의 폐기물이 35%였다면 실사용량의 kg당 단가는 약 얼마인가?

☑ 확인
Check!

○ □
△ □
✕ □

① 1,666원
② 3,205원
③ 5,769원
④ 6,123원

해설

12kg 중 35%를 폐기하였으므로 실사용량 65%는 7.8kg이다. 따라서 실사용량의 kg당 단가는 45,000원 ÷ 7.8kg ≒ 5,769원/kg이다.

정답 ③

38 찹쌀과 멥쌀의 성분상 큰 차이는?

☑ 확인
Check!

○ □
△ □
✕ □

① 단백질 함량
② 지방 함량
③ 회분 함량
④ 아밀로펙틴 함량

해설

찹쌀은 아밀로펙틴 100%로 구성되어 있고, 멥쌀은 아밀로펙틴 약 75~80%, 아밀로스 20~25% 정도로 구성되어 있다.

정답 ④

39 일반적으로 비스킷 및 튀김의 제품 특성에 가장 적합한 밀가루는?

☑ 확인
Check!

○ □
△ □
✕ □

① 박력분
② 중력분
③ 강력분
④ 반강력분

해설

밀가루의 종류와 용도

종류	글루텐 함량	용도
강력분	13% 이상	식빵, 마카로니
중력분	10~13%	면류, 만두류
박력분	10% 이하	케이크, 쿠키, 튀김옷

정답 ①

40 다음 중 발효식품이 아닌 것은?

☑ 확인
Check!

○ □
△ □
✕ □

① 콩조림
② 김치
③ 젓갈
④ 된장

해설

발효는 곰팡이, 세균, 효모 등 미생물의 작용에 의해 유기물이 분해되어 새로운 성분을 합성하는 작용이다. 미생물의 종류, 식품의 재료에 따라 발효식품의 종류가 다양하다. 조미양념류(된장, 간장, 고추장, 식초 등), 주류, 김치, 젓갈, 치즈, 요구르트, 버터, 채소 절임류 등이 대표적인 발효식품이다.

정답 ①

41

☑ 확인 Check!

○ □
△ □
X □

채소를 데칠 때 뭉그러짐을 방지하기 위한 가장 적당한 소금의 농도는?

① 1%
② 10%
③ 20%
④ 30%

해설

채소를 데칠 때 1~2%의 소금을 넣으면 뭉그러지지 않고, 비타민 C의 산화도 억제되며, 채소의 색도 선명해진다.

정답 ①

42

☑ 확인 Check!

○ □
△ □
X □

다음 과일 중 저장온도가 가장 낮은 것은?

① 사과
② 바나나
③ 수박
④ 복숭아

해설

사과는 -1~0℃, 바나나는 13.5~22℃, 수박은 10~15℃, 복숭아는 0~5℃로 저장하는 것이 적절하다.

정답 ①

43

☑ 확인 Check!

○ □
△ □
X □

육류의 사후경직과 숙성에 대한 설명으로 틀린 것은?

① 사후경직은 근섬유가 마이오글로빈을 형성하여 근육이 수축되는 상태이다.
② 도살 후 글리코겐이 혐기적 상태에서 젖산을 생성하여 pH가 저하된다.
③ 사후경직 시기에는 보수성이 저하되고 육즙이 많이 유출된다.
④ 숙성 시 자가분해효소인 카텝신(cathepsin)에 의해 고기가 연해지고 맛이 좋아진다.

해설

사후경직은 동물이 도살된 후 시간이 경과함에 따라 액토마이오신(actomyosin)이 생성되어 근육이 수축되고 경화되는 현상이다.

정답 ①

44

☑ 확인 Check!

○ □
△ □
X □

젤라틴과 한천에 관한 설명으로 틀린 것은?

① 젤라틴은 동물성 급원이다.
② 한천은 식물성 급원이다.
③ 젤라틴은 젤리, 양과자 등에서 응고제로 쓰인다.
④ 한천용액에 과즙을 첨가하면 단단하게 응고한다.

해설

한천용액에 과즙을 첨가하면 과즙의 유기산이 젤 형성을 약화시킨다.

정답 ④

45

☑ 확인 Check!

○ □
△ □
X □

우유의 가공에 관한 설명으로 틀린 것은?

① 크림의 주성분은 우유의 지방성분이다.
② 분유는 전유, 탈지유, 반탈지유 등을 건조시켜 분말화한 것이다.
③ 무당연유는 살균과정을 거치지 않고, 유당연유만 살균과정을 거친다.
④ 초고온살균법은 130~150℃에서 1~2초간 살균하는 것이다.

해설

연유
• 유당연유 : 우유를 3분의 1로 농축한 후 설탕 또는 포도당을 40~45% 첨가한 유제품으로 설탕의 방부력을 이용해 따로 살균하지 않고 저장할 수 있다.
• 무당연유 : 전유 중의 수분 60%를 제거하고 농축한 것이다. → 방부력이 없으므로 통조림하여 살균하여야 하고, 뚜껑을 열었을 때는 신속히 사용하거나 냉장을 해야 한다.

정답 ③

46 난백으로 거품을 만들 때의 설명으로 옳은 것은?

① 레몬즙을 1~2방울 떨어뜨리면 거품 형성을 용이하게 한다.
② 지방은 거품 형성을 용이하게 한다.
③ 소금은 거품의 안정성에 기여한다.
④ 신선한 달걀은 오래된 달걀보다 거품이 잘 난다.

해설
② 지방은 거품 형성을 방해한다.
③ 설탕을 첨가하면 안정성 있는 거품이 된다.
④ 오래된 달걀이 신선한 달걀보다 거품이 잘 난다.

정답 ①

47 생선 조리방법으로 적합하지 않은 것은?

① 탕을 끓일 경우 국물을 먼저 끓인 후에 생선을 넣는다.
② 생강은 처음부터 넣어야 어취 제거에 효과적이다.
③ 생선조림은 양념장을 끓이다가 생선을 넣는다.
④ 생선 표면을 물로 씻으면 어취가 감소된다.

해설
열변성이 되지 않은 어육단백질은 생강의 탈취작용을 방해하기 때문에 가열하여 단백질을 변성시킨 후 생강을 넣는 것이 어취 제거에 효과적이다.

정답 ②

48 양갱 제조에서 팥소를 굳히는 재료는?

① 펙틴　　　　② 회분
③ 한천　　　　④ 밀가루

해설
양갱은 붉은 팥을 삶아 앙금을 낸 다음 설탕과 한천을 넣고 조려서 굳힌 것이다.

정답 ③

49 조리방법에 대한 설명으로 옳은 것은?

① 콩나물국의 색을 맑게 만들기 위해 소금으로 간을 한다.
② 채소를 잘게 썰어 끓이면 빨리 익으므로 수용성 영양소의 손실이 적어진다.
③ 푸른색을 최대한 유지하기 위해 소량의 물에 채소를 넣고 데친다.
④ 전자레인지는 자외선에 의해 음식이 조리된다.

해설
② 채소를 물에 끓이면 수용성 영양소의 손실이 많아진다.
③ 채소를 데칠 때에는 재료의 5배가 되는 물에 넣고 단시간에 데친다.
④ 전자레인지는 마이크로파를 이용해 식품을 가열하는 조리기구이다.

정답 ①

50 장기간의 식품 보존방법과 가장 관계가 먼 것은?

① 배건법　　　　② 염장법
③ 산저장법　　　④ 냉장법

해설
냉장법은 식품의 단기 저장법으로, 평균 5℃의 저온에서 식품을 신선한 상태로 보존하기 위한 방법이다.

정답 ④

51 냉동한 육개장의 해동법으로 가장 좋은 것은?

☑ 확인
Check!

○ □
△ □
✕ □

① 따뜻한 물에서 해동한다.
② 온장고에서 해동한다.
③ 냉동식품 그대로 가열한다.
④ 얼음물에 넣어 해동한다.

해설
냉동한 찌개, 국류는 냉동식품 그대로 가열하여 해동해야 맛과 영양소의 손실이 적고, 세균 등의 오염을 방지할 수 있다.

정답 ③

52 굵은소금이라고도 하며, 오이지를 담글 때나 김장 배추를 절이는 용도로 사용하는 소금은?

☑ 확인
Check!

○ □
△ □
✕ □

① 천일염
② 재제염
③ 정제염
④ 꽃소금

해설
천일염은 굵은소금 또는 호렴이라고도 하는데, 염도가 낮아 채소를 절이는 용도로 적합하다.

정답 ①

53 포를 뜬 생선살과 채소에 녹말가루를 묻혀 끓는 물에 넣어 익힌 음식은?

☑ 확인
Check!

○ □
△ □
✕ □

① 어채
② 겨자채
③ 월과채
④ 죽순채

해설
어채는 주안상에 어울리는 음식으로, 비린내가 나지 않는 흰살생선을 이용한다.

정답 ①

54 밥의 조리과정을 순서대로 연결한 것은?

☑ 확인
Check!

○ □
△ □
✕ □

① 비등기 – 온도 상승기 – 증자기 – 뜸 들이기
② 증자기 – 온도 상승기 – 비등기 – 뜸 들이기
③ 온도 상승기 – 증자기 – 비등기 – 뜸 들이기
④ 온도 상승기 – 비등기 – 증자기 – 뜸 들이기

해설
밥의 조리과정

온도 상승기	20~25%의 수분을 흡수한 쌀의 입자는 온도가 상승하기 시작하면 더 많은 수분을 흡수하여 팽윤한다.
비등기	쌀의 팽윤이 계속되면 호화가 진행되어 점성이 높아져서 점차 움직이지 않게 된다.
증자기	쌀 입자가 수증기에 의해 쪄지는 상태이다.
뜸 들이기	고온 중에 일정 시간 그대로 유지하는 과정이다. 쌀알 중심부의 전분이 호화되어 맛있는 밥이 된다.

정답 ④

55 죽을 끓일 때에는 죽에 들어갈 재료를 죽의 형태에 따라 분쇄하여 사용하여야 한다. 이렇게 죽 재료를 분쇄하는 목적으로 옳지 않은 것은?

☑ 확인
Check!

○ □
△ □
✕ □

① 조직의 파괴로 유용성분의 추출과 분리를 쉽게 한다.
② 일정한 입자 형태로 만들어 맛을 좋게 한다.
③ 원료의 표면적을 감소시켜 열 전달물질의 이동을 촉진시킨다.
④ 분말의 형태로 만들어 다른 재료와 혼합 또는 조합시킬 경우 균일한 제품을 얻을 수 있다.

해설
죽 재료를 분쇄하면 원료의 표면적이 넓어져 화학반응 시 효소의 작용이 받기 쉬워지고, 열 전달물질이 잘 이동되어 건조, 추출, 용해, 증자 등의 처리시간이 단축된다.

정답 ③

56

☑ 확인 Check!
○ □
△ □
✕ □

보기는 국, 탕의 육수를 우려낼 때 끓이는 시간에 대한 설명이다. ㉠, ㉡에 들어갈 시간으로 알맞은 것은?

┌─ 보기 ─────────────────────┐

고기도 사용하면서 맑은 육수를 내기 위해서는 끓기 시작한 지 (㉠)이면 적당하고, 고기(편육)를 사용하지 않고 순수하게 국물을 낼 목적이라면 (㉡)이 적당하다.

└──────────────────────────┘

① ㉠ 2시간, ㉡ 1시간
② ㉠ 1시간, ㉡ 2시간
③ ㉠ 3시간, ㉡ 2시간
④ ㉠ 2시간, ㉡ 3시간

해설
고기를 사용하면서 맑은 육수를 내려면 끓기 시작한 지 2시간 동안 우리고, 고기(편육)를 사용하지 않고 순수하게 국물을 낼 목적이라면 3시간 동안 우리는 것이 적당하다. 그 이상 지나면 국물이 탁해진다.

정답 ④

57

☑ 확인 Check!
○ □
△ □
✕ □

생선찌개를 끓일 때 국물이 끓은 후에 생선을 넣는 이유는?

① 살이 덜 단단해지기 때문
② 비린내를 없애기 위해
③ 국물을 맛있게 하기 위해
④ 살이 부서지지 않게 하기 위해

해설
찌개를 끓일 때 국물이 끓은 후 넣어야 생선 형태가 유지되고 내부 성분의 유출을 막을 수 있다.

정답 ④

58

☑ 확인 Check!
○ □
△ □
✕ □

육회의 설명으로 틀린 것은?   ✔신유형

① 고기는 기름기 없는 소의 우둔살이나 살코기가 적당하다.
② 고기를 썰어 줄 때는 결대로 썬다.
③ 배는 갈변 방지를 위해서 설탕물에 담갔다가 사용한다.
④ 고기의 핏물을 잘 제거해서 사용한다.

해설
육회 고기는 결 반대 방향으로 썰어 준다.

정답 ②

59

☑ 확인 Check!
○ □
△ □
✕ □

숙채 재료로 쓸 오래된 건고사리를 부드럽게 데치려고 할 때 넣으면 좋은 것은?   ✔신유형

① 식용유   ② 소금
③ 설탕   ④ 식소다

해설
오래된 건고사리는 뻣뻣하고 질길 수 있는데, 식소다를 넣고 데치면 부드러워진다.

정답 ④

60

☑ 확인 Check!
○ □
△ □
✕ □

김치 저장 중 김치조직의 연부현상이 일어나는 이유에 대한 설명으로 가장 거리가 먼 것은?

① 조직을 구성하고 있는 펙틴질이 분해되기 때문에
② 미생물이 펙틴 분해효소를 생성하기 때문에
③ 용기에 꾹 눌러 담지 않아 내부에 공기가 존재하여 호기성 미생물이 성장번식하기 때문에
④ 김치가 국물에 잠겨 수분을 흡수하기 때문에

해설
김치가 물러지는 현상을 연부현상(softening)이라고 한다. 김치가 국물에 잠겨 있도록 해야 쉽게 물러지지 않는다.

정답 ④

01

☑ 확인 Check!

○ □
△ □
✕ □

인수공통감염병 중 소에 의해 감염되는 것은?

① 광견병　　　　　② 페스트
③ 유행성 뇌염　　　④ 결핵

해설
① 광견병(공수병) : 개
② 페스트 : 쥐, 벼룩
③ 유행성 뇌염 : 모기, 진드기

정답 ④

02

☑ 확인 Check!

○ □
△ □
✕ □

미생물이 자라는 데 필요한 조건이 아닌 것은?

① 수분　　　　　② 햇빛
③ 온도　　　　　④ 영양분

해설
미생물의 생육에 필요한 조건 : 영양소, 수분, 온도,
산소, 수소이온농도

정답 ②

03

☑ 확인 Check!

○ □
△ □
✕ □

기생충과 인체감염원인 식품의 연결로 적절하지 않은 것은?

① 유구조충 – 돼지고기
② 무구조충 – 소고기
③ 동양모양선충 – 민물고기
④ 아니사키스 – 바다생선

해설
③ 동양모양선충은 채소를 통해 감염되는 기생충이다.

정답 ③

04

☑ 확인 Check!

○ □
△ □
✕ □

석탄산계수가 3이고, 석탄산의 희석배수가 40인 경우 실제 소독약품의 희석배수는?

① 20배　　　　　② 40배
③ 80배　　　　　④ 120배

해설

$$\text{석탄산계수} = \frac{\text{소독약의 희석배수}}{\text{석탄산의 희석배수}}$$

$$\therefore\ 3 = \frac{\text{소독약의 희석배수}}{40}$$

정답 ④

05

☑ 확인 Check!

○ □
△ □
✕ □

식품첨가물과 주요 용도를 연결한 내용이 적절한 것은?

① 베타인 – 표백제
② 이산화타이타늄 – 발색제
③ 산화철 – 보존료
④ 호박산 – 산도조절제

해설
① 베타인 : 향미증진제
② 이산화타이타늄(이산화티타늄) : 착색료
③ 산화철 : 착색료

정답 ④

06 ☑확인 Check!
○ □
△ □
× □

식품의 조리 또는 가공 시 생성되는 유해물질과 그 생성 원인을 잘못 짝지은 것은?

① N-나이트로사민(N-nitrosamine) - 육가공품의 발색제 사용으로 인한 아질산과 아민과의 반응 생성물

② 다환방향족탄화수소(polynuclear aromatic hydrocarbons) - 유기물질을 고온으로 가열할 때 생성되는 단백질이나 지방의 분해생성물

③ 아크릴아마이드(acrylamide) - 전분 식품 가열 시 아미노산과 당의 열에 의한 결합반응 생성물

④ 헤테로사이클릭아민(heterocyclic amine) - 주류 제조 시 에탄올과 카바밀기의 반응에 의한 생성물

해설
④ 헤테로사이클릭아민(heterocyclic amine) : 아미노산이나 단백질이 열분해 하여 생성된 물질이다.

정답 ④

07 ☑확인 Check!
○ □
△ □
× □

식품안전관리인증기준(HACCP) 적용업소는 이 기준에 따라 관리되는 사항에 대한 기록을 최소 몇 년 이상 보관하여야 하는가?(단, 관계 법령에 특별히 규정된 것은 제외)

① 1년   ② 2년
③ 5년   ④ 10년

해설
기록관리(식품 및 축산물 안전관리인증기준 제8조 제1항)
안전관리인증기준(HACCP) 적용업소는 관계 법령에 특별히 규정된 것을 제외하고는 이 기준에 따라 관리되는 사항에 대한 기록을 2년간 보관하여야 한다.

정답 ②

08 ☑확인 Check!
○ □
△ □
× □

식중독 발생 시 즉시 취해야 할 행정적 조치는?

① 식중독 발생신고
② 원인식품의 폐기처분
③ 연막소독
④ 역학조사

해설
식중독에 관한 조사 보고(법 제86조 제1항)
다음의 어느 하나에 해당하는 자는 지체 없이 관할 특별자치시장·시장·군수·구청장에게 보고하여야 한다. 이 경우 의사나 한의사는 대통령령으로 정하는 바에 따라 식중독 환자나 식중독이 의심되는 자의 혈액 또는 배설물을 보관하는 데에 필요한 조치를 하여야 한다.
• 식중독 환자나 식중독이 의심되는 자를 진단하였거나 그 사체를 검안한 의사 또는 한의사
• 집단급식소에서 제공한 식품 등으로 인하여 식중독 환자나 식중독으로 의심되는 증세를 보이는 자를 발견한 집단급식소의 설치·운영자

정답 ①

09 ☑확인 Check!
○ □
△ □
× □

식중독 중 해산어류를 통해 많이 발생하는 식중독은?

① 살모넬라균 식중독
② 클로스트리듐 보툴리눔균 식중독
③ 황색포도상구균 식중독
④ 장염 비브리오균 식중독

해설
④ 장염 비브리오균 식중독 : 어패류 및 그 가공품
① 살모넬라균 식중독 : 가금류·육류·어패류 및 그 가공품, 우유 및 유제품, 채소, 알 등
② 클로스트리듐 보툴리눔균 식중독 : 살균이 불충분한 통조림·햄·소시지·병조림 등
③ 황색포도상구균 식중독 : 유가공품이나 복합조리식품 등

정답 ④

10

☑ 확인
Check!

○ □
△ □
X □

복어독 중독의 치료법으로 적합하지 않은 것은?

① 호흡 촉진제 투여
② 진통제 투여
③ 위세척
④ 최토제 투여

해설
복어독 중독은 30분~5시간 만에 발병하며, 중독 시 신속하게 위세척, 최토제를 투여하여 독을 빼내고, 호흡 촉진제를 투여한다.

 정답 ②

11

☑ 확인
Check!

○ □
△ □
X □

소량씩 장시간 섭취할 경우 피로, 소화기장애, 체중감소 등과 같은 만성중독 증상을 보이며, 옹기류, 수도관 등을 통하여 식품에 혼입되는 것은?

① 주석   ② 비소
③ 구리   ④ 납

해설
납(Pb) 중독
• 중독 경로 : 통조림의 땜납, 도자기나 법랑용기의 안료, 납 성분이 함유된 수도관, 납 함유 연료의 배기가스 등
• 대량으로 흡수하는 급성중독보다 장기간에 걸쳐 흡수되는 만성중독이 대부분으로 피로, 소화기장애, 체중감소 등과 같은 증상이 나타난다.

 정답 ④

12

☑ 확인
Check!

○ □
△ □
X □

식품위생법에 따른 "기구"에 해당하는 것은?

① 농업의 농기구
② 수산업의 어구
③ 식품의 조리 등에 사용하는 물건
④ 식품의 보존을 위해 첨가하는 물질

해설
기구의 정의(법 제2조 제4호)
"기구"란 다음의 어느 하나에 해당하는 것으로서 식품 또는 식품첨가물에 직접 닿는 기계·기구나 그 밖의 물건(농업과 수산업에서 식품을 채취하는 데에 쓰는 기계·기구나 그 밖의 물건 및 「위생용품 관리법」에 따른 위생용품은 제외)을 말한다.
• 음식을 먹을 때 사용하거나 담는 것
• 식품 또는 식품첨가물을 채취·제조·가공·조리·저장·소분·운반·진열할 때 사용하는 것

 정답 ③

13

☑ 확인
Check!

○ □
△ □
X □

음식물을 조리, 판매하는 영업으로서 식사와 함께 부수적으로 음주행위가 허용되는 식품접객업은 어느 것인가?

① 휴게음식점
② 단란주점
③ 유흥주점
④ 일반음식점

해설
일반음식점 영업(영 제21조)
음식류를 조리·판매하는 영업으로서 식사와 함께 부수적으로 음주행위가 허용되는 영업

 정답 ④

14

☑ 확인
Check!
○ □
△ □
✕ □

식음료 업장에서 낙상을 예방하기 위한 조치로 가장 적절하지 않은 것은? ✔신유형

① 기름을 이용한 조리 후에는 바닥을 깨끗하게 닦는다.
② 작업 중 배수가 잘 되도록 하여 바닥을 건조하게 한다.
③ 반드시 방수 안전장화를 착용한다.
④ 식품 재료를 바닥에 떨어뜨리지 않는다.

해설

작업장에서의 낙상사고를 예방하기 위해서는 작업 전후, 작업 중에 수시로 청소하여 바닥을 깨끗하게 유지하고 정리정돈을 철저히 해서 통로와 작업장 바닥에 장애물이 없도록 조치한다.

정답 ③

16

☑ 확인
Check!
○ □
△ □
✕ □

다음 중 조리사 또는 영양사의 면허를 발급받을 수 있는 자는?

① 파산선고자
② 마약중독자
③ 조리사 면허 취소처분을 받고 6개월이 지난 자
④ 정신질환자(전문의가 적합하다고 인정하는 자 제외)

해설

결격사유(법 제54조)
• 정신질환자(전문의가 조리사로서 적합하다고 인정하는 자는 제외)
• 감염병환자(B형간염환자는 제외)
• 마약이나 그 밖의 약물 중독자
• 조리사 면허의 취소처분을 받고 그 취소된 날부터 1년이 지나지 아니한 자

정답 ①

15

☑ 확인
Check!
○ □
△ □
✕ □

총리령으로 정하는 위생등급 기준에 따라 위생관리 상태 등이 우수한 일반음식점에 부여할 수 있는 위생등급 업소는?

① 우량업소
② 일반업소
③ 모범업소
④ 위생업소

해설

모범업소의 지정 등(법 제47조 제1항)
특별자치시장・특별자치도지사・시장・군수・구청장은 총리령으로 정하는 위생등급 기준에 따라 위생관리 상태 등이 우수한 식품접객업소(공유주방에서 조리・판매하는 업소를 포함) 또는 집단급식소를 모범업소로 지정할 수 있다.

정답 ③

17

☑ 확인
Check!
○ □
△ □
✕ □

식품 등의 표시기준상 열량 표시에서 몇 kcal 미만을 "0"으로 표시할 수 있는가?

① 7kcal
② 5kcal
③ 2kcal
④ 10kcal

해설

표시사항별 세부표시기준(식품 등의 표시기준 [별지 1])
열량의 단위는 킬로칼로리(kcal)로 표시하되, 그 값을 그대로 표시하거나 그 값에 가장 가까운 5kcal 단위로 표시하여야 한다. 이 경우 5kcal 미만은 "0"으로 표시할 수 있다.

정답 ②

18 공중보건학의 목표에 관한 설명으로 틀린 것은?

☑ 확인
Check!

○ ☐
△ ☐
✕ ☐

① 건강 유지
② 질병 예방
③ 질병 치료
④ 지역사회 보건수준 향상

해설

공중보건의 3대 목적 : 질병 예방, 생명 연장, 건강 증진

정답 ③

19 자외선이 인체에 주는 작용이 아닌 것은?

☑ 확인
Check!

○ ☐
△ ☐
✕ ☐

① 살균작용
② 색소침착
③ 비타민 A 합성
④ 시력장애

해설

자외선이 인체에 주는 작용
• 2,600∼2,800Å에서 살균작용이 가장 강하다.
• 비타민 D 형성을 촉진하고 구루병을 예방한다.
• 건강선(Dorno-ray)이라고 하며, 피부의 모세혈관을 확장시켜 홍반을 일으킨다.
• 표피의 기저 세포층에 존재하는 멜라닌 색소를 증대시켜 색소침착을 가져온다.
• 피부암, 일시적인 시력장애 등을 유발한다.

정답 ③

20 대기오염을 일으키는 주된 원인은?

☑ 확인
Check!

○ ☐
△ ☐
✕ ☐

① 고기압일 때
② 저기압일 때
③ 기온역전일 때
④ 바람이 심하게 불 때

해설

기온역전이란 고도가 높아짐에 따라 기온이 증가하는 현상으로, 기온역전 현상이 발생하면 대기 오염물질의 확산이 이루어지지 못해 대기오염의 피해를 가중시킨다.

정답 ③

21 중금속 오염과 관계된 공해 질병은?

☑ 확인
Check!

○ ☐
△ ☐
✕ ☐

① 백내장
② 잠함병
③ 이타이이타이병
④ 세균성 식중독

해설

③ 이타이이타이병 : 일본에서 발생한 이타이이타이병은 카드뮴 오염에 의한 것으로, 뼈의 주성분인 칼슘대사에 장애를 가져와 뼈를 연화시킨다.

정답 ③

22 병원체가 바이러스인 질병은?

☑ 확인
Check!

○ ☐
△ ☐
✕ ☐

① 장티푸스
② 디프테리아
③ 유행성 간염
④ 콜레라

해설

바이러스성 감염병 : 천연두, 수두(대상포진), 뇌염, 홍역, AIDS, 사스, 메르스, 독감, 감기, AI(조류인플루엔자), 폴리오(소아마비), 유행성 간염 등

정답 ③

23 다음 중 규폐증과 관계가 먼 것은?

✓ 확인 Check!
○ □
△ □
X □

① 유리규산
② 암석가공업
③ 골연화증
④ 폐조직의 섬유화

해설
규폐증 : 유리규산을 함유한 분진에 장기간 과다 노출되었을 때 폐의 만성 섬유화성 병변으로, 소량이 축적되어도 조직 손상이 심하다.

정답 ③

24 보기는 산업안전보건법상 용어의 정의이다. ( ) 안에 들어갈 알맞은 것은? ✓신유형

✓ 확인 Check!
○ □
△ □
X □

┌─ 보기 ─────────────────────┐
( )란 산업재해 중 사망 등 재해 정도가 심하거나 다수의 재해자가 발생한 경우로서 고용노동부령으로 정하는 재해를 말한다.
└───────────────────────────┘

① 중대재해
② 산업재해
③ 안전보건진단
④ 작업환경측정

해설
① 중대재해에 대한 설명이다(법 제2조).
② 산업재해 : 노무를 제공하는 사람이 업무에 관계되는 건설물·설비·원재료·가스·증기·분진 등에 의하거나 작업 또는 그 밖의 업무로 인하여 사망 또는 부상하거나 질병에 걸리는 것
③ 안전보건진단 : 산업재해를 예방하기 위하여 잠재적 위험성을 발견하고 그 개선대책을 수립할 목적으로 조사·평가하는 것
④ 작업환경측정 : 작업환경 실태를 파악하기 위하여 해당 근로자 또는 작업장에 대하여 사업주가 유해인자에 대한 측정계획을 수립한 후 시료를 채취하고 분석·평가하는 것

정답 ①

25 결합수의 특징이 아닌 것은?

✓ 확인 Check!
○ □
△ □
X □

① 전해질을 잘 녹여 용매로 작용한다.
② 자유수보다 밀도가 크다.
③ 식품에서 미생물의 번식과 발아에 이용되지 못한다.
④ 동식물의 조직에 존재할 때 그 조직에 큰 압력을 가하여 압착해도 제거되지 않는다.

해설
결합수 : 식품의 구성성분인 탄수화물이나 단백질 등의 유기물과 결합되어 있는 수분으로 조직과 든든하게 결합한 물(용질에 대해 용매로 작용하지 않음)

정답 ①

26 해조류에서 추출한 성분으로 식품에 점성을 주고 안정제, 유화제로 널리 이용되는 것은?

✓ 확인 Check!
○ □
△ □
X □

① 섬유소(cellulose)
② 펙틴(pectin)
③ 글리코겐(glycogen)
④ 알긴산(alginic acid)

해설
식품을 유화시키기 위하여 사용하는 식품첨가물인 알긴산은 유화를 안정화시키는 효과가 있어 유화안정제라고 부른다.

정답 ④

27 다음 중 발효식품이 아닌 것은?

✓ 확인 Check!
○ □
△ □
X □

① 두부
② 식빵
③ 치즈
④ 맥주

해설
두부는 콩에서 두유를 추출한 후 콩단백질(글리시닌)을 응고시켜 만든 식품이다.

정답 ①

28 ☑ 확인 Check!

다음 중 어떤 무기질이 결핍되면 갑상선종이 발생될 수 있는가?

① 칼슘(Ca)

② 아이오딘(I)

③ 인(P)

④ 마그네슘(Mg)

해설

무기질의 결핍증
- 칼슘(Ca) : 골다공증, 골격과 치아의 발육 불량
- 아이오딘(I) : 갑상선종
- 인(P) : 골격과 치아의 발육 불량
- 마그네슘(Mg) : 피로, 식욕저하, 불면증, 무력감 등

정답 ②

29 ☑ 확인 Check!

나박김치 제조 시 당근을 첨가하지 않는 이유는 어떤 효소 때문인가?

① lipase

② catalase

③ polyphenolase

④ ascorbinase

해설

당근, 호박, 오이에 들어 있는 아스코비나제(아스코비네이스, ascorbinase) 효소는 비타민 C를 파괴하므로 나박김치에 넣지 않는다.

정답 ④

30 ☑ 확인 Check!

마이야르(maillard) 반응에 영향을 주는 인자가 아닌 것은?

① 수분　　　　② 온도

③ 당의 종류　　④ 효소

해설

- 마이야르 반응(maillard reaction, 메일라드 반응) : 포도당이나 설탕이 아미노산과 만나 갈색 물질인 멜라노이딘을 형성하는 반응으로 비효소적 갈변에 해당한다.
- 갈변반응에 영향을 주는 인자에는 카보닐 화합물, pH, 수분, 온도, 산소, 금속 등이 있다.

정답 ④

31 ☑ 확인 Check!

아린맛은 어느 맛의 혼합인가?

① 신맛과 쓴맛

② 쓴맛과 단맛

③ 신맛과 떫은맛

④ 쓴맛과 떫은맛

해설

아린맛은 쓴맛과 떫은맛에 가까운 목구멍을 자극하는 독특한 향미를 말한다.

정답 ④

32 ☑ 확인 Check!

영양소와 해당 소화효소의 연결이 잘못된 것은?

① 단백질 – 트립신(trypsin)

② 탄수화물 – 아밀라제(amylase)

③ 지방 – 리파제(lipase)

④ 설탕 – 말타제(maltase)

해설

말타제(말테이스)는 엿당(맥아당)을 가수분해하여 포도당을 생성하는 효소이다. 설탕은 이당류로 포도당과 과당이 결합된 당이다.

정답 ④

33 ☑ 확인 Check! ○□ △□ ×□

우유 100mL에 칼슘이 180mg 정도 들어 있다면 우유 250mL에는 칼슘이 약 몇 mg 정도 들어 있는가?

① 450mg
② 540mg
③ 595mg
④ 650mg

해설

$$\frac{\text{해당 식품의 양} \times \text{해당 성분수치}}{100} = \text{영양가}$$

$$100 \times \frac{x}{100} = 180mg$$

즉, 해당 성분수치(칼슘)는 180mg이므로,

$$250 \times \frac{180}{100} = 450mg이다.$$

정답 ①

34 ☑ 확인 Check! ○□ △□ ×□

단체급식소에서 식수인원 500명의 풋고추조림을 할 때 풋고추의 총발주량은 약 얼마인가?(단, 풋고추 1인분 30g, 풋고추의 폐기율 6%)

① 15kg
② 16kg
③ 20kg
④ 25kg

해설

$$총발주량 = \frac{정미중량 \times 100}{100 - 폐기율} \times 인원수$$

$$= \frac{30 \times 100}{100 - 6} \times 500 = 15,957g$$

$$\fallingdotseq 16kg$$

정답 ②

35 ☑ 확인 Check! ○□ △□ ×□

신선한 달걀의 감별법으로 설명이 잘못된 것은?

① 햇빛(전등)에 비출 때 공기집의 크기가 작다.
② 흔들 때 내용물이 잘 흔들린다.
③ 6% 소금물에 넣으면 가라앉는다.
④ 깨뜨려 접시에 놓으면 노른자가 볼록하고 흰자의 점도가 높다.

해설

달걀이 신선할 때는 난백과 난황의 탄력성과 점도가 높고 농후난백의 중앙에 난황이 위치하는 형태이기 때문에 무게중심이 중앙에 있으므로 흔들어 봤을 때 내부의 흔들림이 거의 없다.

정답 ②

36 ☑ 확인 Check! ○□ △□ ×□

습열 조리법으로 조리하지 않은 것은?

① 불고기
② 버섯전골
③ 설렁탕
④ 샤브샤브

해설

불고기는 건열 조리법이다.

정답 ①

37 ☑ 확인 Check! ○□ △□ ×□

식품을 계량하는 방법으로 틀린 것은?

① 밀가루 계량은 부피보다 무게가 더 정확하다.
② 흑설탕은 계량 전, 체로 친 다음 계량한다.
③ 고체 지방은 계량 후 고무주걱으로 잘 긁어 옮긴다.
④ 꿀같이 점성이 있는 것은 계량컵을 이용한다.

해설

계량 전, 체로 쳐야 하는 것은 밀가루이다. 흑설탕은 용기에 꼭꼭 눌러 계량한다.

정답 ②

38

☑ 확인
Check!

○ ☐
△ ☐
✕ ☐

보기의 (   )에 들어갈 용어가 순서대로 나열된 것은?

┌─ 보기 ─────────────────────┐
│ 당면은 감자, 고구마, 녹두 가루에 첨가물을 혼합, │
│ 성형하여 (   )한 후 건조, 냉각하여 (   )시킨 것으 │
│ 로 반드시 열을 가해 (   )하여 먹는다. │
└──────────────────────────┘

① α화 – β화 – α화
② α화 – α화 – β화
③ β화 – β화 – α화
④ β화 – α화 – β화

해설

α화(호화)는 전분입자가 물을 흡수하여 팽창하는 것이고, β화(노화)는 호화된 전분이 상온에서 다시 전분으로 되돌아간 것이다. 당면은 녹말을 만드는 과정에서 일단 α화(호화)되었다가, 제품화되었을 때는 다시 β화(노화)된 것이므로 열을 가해 α화된 상태에서 먹어야 한다.

정답 ①

39

☑ 확인
Check!

○ ☐
△ ☐
✕ ☐

다음 중 밀가루 제품에서 팽창제의 역할을 하지 않는 것은?

① 이스트
② 달걀
③ 베이킹파우더
④ 설탕

해설

밀가루의 팽창제로는 효모(이스트) 등의 천연 제품과 베이킹파우더(탄산수소나트륨), 베이킹소다 등 20여 종류의 합성 제품이 있다. 달걀 역시 팽창제 역할을 하며 색과 풍미를 준다.

정답 ④

40

☑ 확인
Check!

○ ☐
△ ☐
✕ ☐

간장에 대한 설명으로 옳지 않은 것은?

✔신유형

① 간장은 메주를 소금물에 담가 발효 숙성시키므로 아미노산, 당분, 지방산, 방향 물질 등이 생성된다.
② 개량식 간장은 찐 탈지 대두에 밀과 황국균을 번식시킨 후 소금물을 붓고 발효시켜 간장을 짜서 살균한 것이다.
③ 간장의 검은색은 아미노산과 당의 캐러멜화 반응으로 인한 생성물에 의한 것이다.
④ 간장은 원료나 메주, 발효방법에 따라 종류가 다르다.

해설

간장은 메주를 소금물에 담그면서 숙성시키는 동안 아미노산과 당분, 지방산 등의 물질이 생기면서 아미노–카보닐(amino–carbonyl) 반응으로 색이 짙어져 검은색으로 변한다.

정답 ③

41

☑ 확인
Check!

○ ☐
△ ☐
✕ ☐

자색 양배추, 가지 등 적색 채소를 조리할 때 색을 보존하기 위한 가장 바람직한 방법은?

① 뚜껑을 열고 다량의 조리수를 사용한다.
② 뚜껑을 열고 소량의 조리수를 사용한다.
③ 뚜껑을 덮고 다량의 조리수를 사용한다.
④ 뚜껑을 덮고 소량의 조리수를 사용한다.

해설

적색 채소를 조리할 때는 조리수를 소량 사용하고 뚜껑을 덮는 것이 바람직하다. 또한 색을 안정시키기 위해 식초나 레몬즙을 첨가할 수도 있다.

정답 ④

42 과일의 숙성에 대한 설명으로 잘못된 것은?

☑ 확인
Check!

○ □
△ □
× □

① 과일류 중 일부는 수확 후에 호흡작용이 특이하게 상승되는 현상을 보인다.
② 호흡상승 작용을 보이는 과일류는 적당한 방법으로 호흡을 조절하여 저장기간을 조절하면서 후숙시킬 수 있다.
③ 과일류의 호흡에 따른 변화를 되도록 촉진시켜 빠른 시간 내에 과일을 숙성시키는 방법으로 가스저장법(CA)이 이용된다.
④ 호흡상승 현상을 보이지 않는 과일류는 수확하여 저장하여도 품질이 향상되지 않으므로 적당한 시기에 수확하여 곧 식용 또는 가공하여야 한다.

해설
CA(Controlled Atmosphere)저장은 냉장실의 온도와 공기조성을 함께 제어하여 저장하는 방법으로, 사과 등의 청과물 저장에 많이 사용된다. 냉장실 내 공기 중의 이산화탄소 분압을 높이고, 분압을 낮춤으로써 호흡을 억제하는 방식이다.

정답 ③

43 보기의 ㉠, ㉡에 들어갈 말로 옳은 것은?

☑ 확인
Check!

○ □
△ □
× □

┌ 보기 ┐
소고기의 구수한 맛은 주로 (㉠)인데, 이것은 소를 도살한 후 (㉡) 정도에서 약 10일간 보존하는 숙성기간 중에 다량 생긴다.

① ㉠ 이노신산, ㉡ 0~1℃
② ㉠ 이노신산, ㉡ 4~5℃
③ ㉠ 글루탐산, ㉡ 4~5℃
④ ㉠ 글루탐산, ㉡ 0~1℃

해설
소고기의 구수한 맛은 주로 이노신산에서 나는데, 소를 도살한 후 4~5℃ 정도에서 약 10일간 숙성하면 다량 생성된다. 숙성이 끝난 고기를 그대로 보관하면 상할 우려가 있으므로 장기간 저장하려면 급속 냉동하여 -20℃ 이하에서 보관한다.

정답 ②

44 소고기의 부위별 용도와 조리법 연결이 틀린 것은?

☑ 확인
Check!

○ □
△ □
× □

① 앞다리 - 불고기, 육회, 장조림
② 설도 - 탕, 샤브샤브, 육회
③ 목심 - 불고기, 국거리
④ 우둔 - 산적, 장조림, 육포

해설
설도는 육포, 육회, 산적, 불고기 등에 적합하다.

정답 ②

45 가공치즈(processed cheese)의 설명으로 틀린 것은?

☑ 확인
Check!

○ □
△ □
× □

① 자연치즈에 식품 또는 식품첨가물 등을 더한다.
② 일반적으로 자연치즈보다 저장성이 크다.
③ 약 85℃에서 살균하여 pasteurized cheese라고도 한다.
④ 자연치즈를 원료로 사용하지 않는다.

해설
가공치즈는 자연치즈를 원료로 하여, 식품 또는 식품첨가물 등을 더해 유화하여 만든다.

정답 ④

46 달걀의 세 가지 구조에 해당하지 않는 것은?

☑ 확인
Check!

○ □
△ □
× □

① 난각
② 난황
③ 난백
④ 기공

해설
달걀은 난각(껍질), 난황(노른자), 난백(흰자)으로 구성되어 있다.

정답 ④

47 생선을 구울 때 일어나는 현상에 대한 설명으로 틀린 것은?

☑ 확인
Check!

○ □
△ □
✕ □

① 고온으로 가열되므로 표면의 단백질이 응고된다.
② 식품 특유의 맛과 향이 잘 생성된다.
③ 식품 표면 주위에 수분이 많아져 수용성 물질의 손실이 적다.
④ 식품 자체의 수용성 성분이 표피 가까이로 이동된다.

해설
생선을 구우면 식품 표면의 수분이 감소되면서 독특한 풍미가 난다.

정답 ③

48 녹조류에 속하는 해조류는?

☑ 확인
Check!

○ □
△ □
✕ □

① 김
② 청각
③ 미역
④ 다시마

해설
해조류의 종류
• 녹조류 : 청각, 파래
• 홍조류 : 김, 우뭇가사리
• 갈조류 : 미역, 다시마

정답 ②

49 온도에 따른 맛의 변화를 설명한 것으로 틀린 것은?

☑ 확인
Check!

○ □
△ □
✕ □

① 국은 식을수록 짜게 느껴진다.
② 커피는 따뜻할수록 쓴맛이 커진다.
③ 초콜릿은 체온 정도에서 가장 달게 느껴진다.
④ 초절임류는 온도에 따라 신맛의 변화가 거의 없다.

해설
커피는 식을수록 쓴맛과 신맛이 두드러진다.

정답 ②

50 곡물의 저장 과정에서 일어나는 변화에 대한 설명으로 옳은 것은?

☑ 확인
Check!

○ □
△ □
✕ □

① 곡류는 저장 시 호흡작용을 하지 않는다.
② 곡물 저장 때 동물에 의한 피해는 거의 없다.
③ 쌀의 변질에 가장 관계가 깊은 것은 곰팡이다.
④ 수분과 온도는 저장에 큰 영향을 주지 못한다.

해설
① 곡류는 유기체이므로 호흡작용을 한다.
② 곡물을 저장할 때 병해충, 쥐, 새 등의 피해를 받기 쉽다.
④ 곡물은 자체 수분과 기타 여건 변화에 따라 중량이 늘거나 감소한다.

정답 ③

51 조리된 상태의 냉동식품을 해동하는 가장 좋은 방법은?

☑ 확인
Check!

○ □
△ □
✕ □

① 공기 해동
② 가열 해동
③ 저온 해동
④ 청수 해동

해설
조리된 식품을 상온에서 해동하면 식품 온도가 천천히 상승하면서 상온에 도달하기 때문에 식중독균이 증식될 가능성이 커진다. 따라서 조리된 냉동식품은 가열하여 급속하게 해동하는 것이 좋다.

정답 ②

52

☑ 확인 Check!

○ □
△ □
X □

다음은 요리에 사용되는 식품 재료와 조미료를 연결한 것이다. 잘못 연결된 것은? ✔신유형

① 소금구이 – 생선 – 소금

② 너비아니구이 – 소고기 – 간장

③ 제육구이 – 소고기 – 고추장

④ 두부젓국찌개 – 두부, 굴 – 소금, 새우젓

해설

제육구이는 돼지고기를 고추장 양념에 재웠다가 구운 음식이다.

정답 ③

53

☑ 확인 Check!

○ □
△ □
X □

선 요리 중 겨자장을 곁들이지 않는 것은? ✔신유형

① 어선 　　② 호박선

③ 오이선 　　④ 두부선

해설

오이선은 단촛물을 끼얹은 음식이다.

정답 ③

54

☑ 확인 Check!

○ □
△ □
X □

일반적으로 맛있게 지어진 밥은 쌀 무게의 약 몇 배 정도의 물을 흡수하는가?

① 1.2~1.4배 　　② 2.2~2.4배

③ 3.2~4.4배 　　④ 4.2~5.4배

해설

쌀의 종류에 따른 물의 분량

쌀의 종류	중량(무게) 비율	체적(부피) 비율
백미(보통)	쌀 중량의 1.5배	쌀 부피의 1.2배
햅쌀	쌀 중량의 1.4배	쌀 부피의 1.1배
찹쌀	쌀 중량의 1.1~1.2배	쌀 부피의 0.9~1배

정답 ①

55

☑ 확인 Check!

○ □
△ □
X □

옹근죽에 대한 설명으로 맞는 것은? ✔신유형

① 쌀알을 굵게 갈아서 쑤는 죽

② 쌀알을 통으로 쑤는 죽

③ 쌀알을 완전히 곱게 갈아서 쑤는 죽

④ 쌀에 물을 많이 붓고 오래 끓여 체에 밭친 죽

해설

①은 원미죽, ③은 비단죽(무리죽), ④는 미음에 대한 설명이다.

정답 ②

56

☑ 확인 Check!

○ □
△ □
X □

국, 탕을 담는 그릇과 그릇에 대한 설명이 잘못 연결된 것은?

① 대접 – 국이나 숭늉을 담는 그릇이다.

② 뚝배기 – 상에 오를 수 있는 유일한 토기로, 끓이다가 상에 올려도 한동안 식지 않는다.

③ 유기그릇 – 놋쇠로 만든 그릇으로 보온과 보랭, 항균효과가 있다.

④ 오지그릇 – 잿물을 입히지 않고 진흙만으로 구워 만든 그릇이다.

해설

오지그릇은 붉은 진흙으로 만들어 볕에 말리거나 약간 구운 다음에 오짓물을 입혀 다시 구운 그릇이다. 잿물을 입히지 않고 진흙만으로 만든 그릇은 질그릇이다.

정답 ④

57 장조림을 했더니 고기가 단단하고 찢어지지 않았다. 그 이유로 적절한 것은?

☑ 확인 Check!
○ □
△ □
✕ □

① 너무 약한 불로 조리했다.
② 간장과 설탕을 처음부터 넣었다.
③ 결합조직이 적은 부위로 조리했다.
④ 조리시간이 너무 길었다.

해설

장조림 고기는 물에 먼저 삶아 익힌 후 간장양념을 넣어 조린다.

정답 ②

58 전류 조리 시 주의해야 할 내용으로 옳지 않은 것은?

☑ 확인 Check!
○ □
△ □
✕ □

✓신유형

① 달걀 푼 것에 소금으로 간을 할 때 너무 짜면 옷이 벗겨지므로 주의해야 한다.
② 전을 부칠 때 사용하는 기름은 발연점이 높은 콩기름, 옥수수기름 등이 좋다.
③ 밀가루는 재료의 5% 정도로 준비하여 꼭꼭 눌러가며 묻히는 것이 좋다.
④ 곡류전은 기름을 넉넉히 두르고, 육류, 생선, 채소전은 기름을 적게 사용한다.

해설

③ 밀가루는 재료의 5% 정도로 준비하여 너무 꼭꼭 눌러가며 묻히지 말고 물기가 가실 정도로만 살짝 묻힌다.
① 전 맛을 돋우기 위해서는 소금과 후추로 간을 하는데, 소금간은 2% 정도로 하는 것이 알맞다. 특히 달걀물에 소금으로 간을 할 때 너무 짜게 하면 옷이 벗겨지므로 주의해야 한다.
② 전을 부칠 때 사용하는 기름은 콩기름, 옥수수기름처럼 발연점이 높은 기름이 좋고, 참기름, 들기름 등과 같이 발연점이 낮은 기름은 재료가 쉽게 타기 때문에 좋지 않다.
④ 곡류는 흡유량이 많아 곡류를 갈아서 전을 부칠 때 바삭하게 하려면 기름을 넉넉히 사용해야 한다. 육류, 생선, 채소로 전을 부칠 때 기름이 많으면 색이 누렇게 되고 밀가루나 달걀옷이 쉽게 벗겨지므로 적게 사용하는 것이 좋다.

정답 ③

59 숙채 재료 준비에 대한 설명 중 옳지 않은 것은?

☑ 확인 Check!
○ □
△ □
✕ □

✓신유형

① 콩나물은 머리가 통통하고 검은 반점이 많은 것으로 고른다.
② 비름은 줄기에 꽃술이 적고 꽃대가 없으며 줄기가 길지 않아야 한다.
③ 시금치는 끓는 물에 소금을 넣어 살짝 데쳐 찬물에 헹군다.
④ 숙주는 노란 꽃잎이 많이 피거나 웃자라고 살이 찌고 통통한 것은 좋지 않다.

해설

콩나물은 머리가 통통하고 노란색을 띠며 검은 반점이 없고 줄기의 길이가 너무 길지 않은 것이 좋다.

정답 ①

60 김치의 산패 원인으로 옳지 않은 것은?

☑ 확인 Check!
○ □
△ □
✕ □

① 소금 농도가 높은 경우
② 초기 발효 온도가 높은 경우
③ 김치 재료가 청결하지 않은 경우
④ 김치를 소비하면서 외부 균주에 오염된 경우

해설

김치의 산패 원인
• 초기 김치 주재료 및 부재료가 청결하지 못한 경우
• 김치의 저장 온도가 높거나 소금 농도가 낮은 경우
• 김치 발효 마지막에 곰팡이나 효모에 의해 오염된 경우

정답 ①

01
☑ 확인 Check!
○ □
△ □
× □

질병을 매개하는 위생해충과 그 질병의 연결이 틀린 것은?

① 모기 – 사상충증, 말라리아
② 파리 – 장티푸스, 발진티푸스
③ 진드기 – 유행성 출혈열, 쯔쯔가무시증
④ 쥐 – 페스트, 발진열

해설

발진티푸스는 환자의 혈액을 흡혈한 '이'가 질병을 매개한다.

정답 ②

02
☑ 확인 Check!
○ □
△ □
× □

중온세균의 최적 발육온도는?

① 0~10℃
② 17~25℃
③ 25~37℃
④ 50~60℃

해설

미생물 증식의 최적 발육온도
• 저온균 : 15~20℃
• 중온균 : 25~37℃
• 고온균 : 50~60℃

정답 ③

03
☑ 확인 Check!
○ □
△ □
× □

다음 중 제1 및 제2중간숙주가 있는 것은?

① 요충, 십이지장충
② 사상충, 회충
③ 간흡충, 유구조충
④ 폐흡충, 광절열두조충

해설

어패류를 통해 감염되는 기생충 : 중간숙주 2개

종류	제1중간숙주	제2중간숙주
간디스토마 (간흡충)	왜우렁이	민물고기 (붕어, 잉어)
폐디스토마 (폐흡충)	다슬기	게, 가재
요코가와흡충	다슬기	민물고기 (은어)
광절열두조충 (긴촌충)	물벼룩	민물고기 (송어, 연어)
유극악구충	물벼룩	민물고기 (가물치, 메기)
아니사키스	바다갑각류	바닷물고기 (오징어, 대구)

정답 ④

04
☑ 확인 Check!
○ □
△ □
× □

분변소독에 가장 적합한 것은?

① 생석회
② 약용비누
③ 과산화수소
④ 표백분

해설

생석회는 주로 변소(분뇨), 하수도, 진개 등 오물 소독에 사용되며, 공기 중에 노출되면 살균력이 저하된다.

정답 ①

05 인공감미료에 대한 설명으로 틀린 것은?

☑ 확인
Check!

○ □
△ □
X □

① 사카린나트륨은 사용이 금지되었다.
② 식품에 감미를 부여하기 위해 첨가된다.
③ 화학적 합성품에 해당된다.
④ 천연물유도체도 포함되어 있다.

해설

식품첨가물 공전상 사카린나트륨은 "젓갈류, 절임류, 조림류, 김치류, 음료류(발효음료류, 인삼·홍삼음료, 다류 제외), 어육가공품류, 시리얼류, 뻥튀기, 특수의료용도식품, 체중조절용조제식품, 건강기능식품, 추잉껌, 잼류, 장류, 소스, 토마토케첩, 탁주, 소주, 과실주, 기타 코코아가공품, 초콜릿류, 빵류, 과자, 캔디류, 빙과, 아이스크림류, 조미건어포, 떡류, 복합조미식품, 마요네즈, 과·채가공품, 옥수수(삶거나 찐 것에 한함), 당류가공품, 유함유가공품"에 한하여 사용 가능하다.

정답 ①

06 관능을 만족시키는 식품첨가물이 아닌 것은?

☑ 확인
Check!

○ □
△ □
X □

① 동클로로필린나트륨
② 질산나트륨
③ 아스파탐
④ 소브산

해설

소브산(sorbic acid)은 식품의 보존성을 높이는 첨가물로, 미생물의 생육을 억제하여 부패를 막고 신선도를 유지시키기 위해 사용한다.

정답 ④

07 보기에서 설명하는 것은?

☑ 확인
Check!

○ □
△ □
X □

┌ 보기 ┐

식품의 원료관리 및 제조·가공·조리·소분·유통의 모든 과정에서 위해한 물질이 식품에 섞이거나 식품이 오염되는 것을 방지하기 위하여 각 과정의 위해요소를 확인·평가하여 중점적으로 관리하는 기준

① 식품안전관리인증기준(HACCP)
② 식품이력추적관리제도
③ 식품 CODEX 기준
④ ISO 인증제도

해설

HACCP 제도는 식품의 안전성 확보를 기본적인 책임으로 하는 식품업체가 스스로 책임을 지고 일상으로 위생관리 계획을 세우고, 엄격한 관리체계를 만들어 실시하는 자주 위생관리체계이다.

정답 ①

08 웰치균에 대한 설명으로 옳지 않은 것은?

☑ 확인
Check!

○ □
△ □
X □

① 혐기성 균주이다.
② 발육 최적온도는 37~45℃이다.
③ 단백질성 식품에서 주로 발생한다.
④ 아포는 60℃에서 10분 가열하면 사멸한다.

해설

웰치균 : 열에 강해서 아포는 100℃에서 4시간 가열하여도 살아남는다. 공기가 있으면 발육할 수 없는 혐기성균이며, 여러 사람이 함께 조리하는 집단급식소에서 잘 발생한다.

정답 ④

09 다음 중 잠복기가 가장 짧은 식중독은?

① 황색포도상구균 식중독
② 살모넬라균 식중독
③ 장염 비브리오 식중독
④ 장구균 식중독

해설
① 황색포도상구균 식중독 : 1~6시간
② 살모넬라균 식중독 : 12~24시간
③ 장염 비브리오 식중독 : 10~18시간
④ 장구균 식중독 : 5~10시간

정답 ①

---

10 식품위생법상 식품 등의 위생적인 취급에 관한
기준이 아닌 것은?

① 식품 등을 취급하는 원료보관실, 제조가공실,
조리실, 포장실 등의 내부는 항상 청결하게 관리
하여야 한다.
② 식품을 운반할 때는 이물이 혼입되거나 병원성
미생물 등으로 오염되지 않도록 위생적으로 취
급해야 한다.
③ 소비기한이 경과된 식품 등을 판매하거나 판매의
목적으로 진열·보관하여서는 아니 된다.
④ 모든 식품 및 원료는 냉장·냉동시설에 보관·관
리하여야 한다.

해설
식품 등의 위생적인 취급에 관한 기준(규칙 [별표 1])
식품 등의 원료 및 제품 중 부패·변질이 되기 쉬운
것은 냉동·냉장시설에 보관·관리하여야 한다.

정답 ④

---

11 보기에서 설명하는 곰팡이 독소 물질은?

┌─ 보기 ──────────────────────┐
1960년 영국에서 10만 마리의 칠면조가 간장 장
해를 일으켜 대량 폐사한 사고가 발생했다. 원인
을 조사한 결과 땅콩에서 번식한 아스페르길루스
플라버스(*Aspergillus flavus*)가 생성한 독소가
원인 물질로 밝혀졌다.
└────────────────────────────┘

① 오크라톡신(ochratoxin)
② 에르고톡신(ergotoxin)
③ 아플라톡신(aflatoxin)
④ 루브라톡신(rubratoxin)

해설
아플라톡신 중독은 아스페르길루스 플라버스(*Asper-
gillus flavus*) 곰팡이가 증식하여 독소를 생성하고 인
체에 간장독을 일으킨다.

정답 ③

---

12 팥의 성분 중 거품을 내며 용혈작용을 하는 것은?

① 사포닌
② 케라틴
③ 아비딘
④ 청산배당체

해설
팥에는 사포닌(saponin)이 0.3~0.5% 함유되어 있
는데, 이것은 기포성이 있어 삶으면 거품이 일고, 장
을 자극하는 성질이 있어 과식하면 설사의 원인이
된다.

정답 ①

13

☑ 확인
Check!

○ □
△ □
✕ □

식품접객업 중 음주행위가 허용되지 않는 영업은?

① 단란주점영업
② 유흥주점영업
③ 휴게음식점영업
④ 일반음식점영업

[해설]

영업의 종류(영 제21조 제8호)
휴게음식점영업 : 주로 다류, 아이스크림류 등을 조리 · 판매하거나 패스트푸드점, 분식점 형태의 영업 등 음식류를 조리 · 판매하는 영업으로서 음주행위가 허용되지 아니하는 영업

 ③

14

☑ 확인
Check!

○ □
△ □
✕ □

식품위생법령상 일반음식점영업을 하기 위하여 수행하여야 할 사항과 관할 관청으로 적절한 것은?

① 영업허가 – 지방식품의약품안전청
② 영업신고 – 지방식품의약품안전청
③ 영업허가 – 특별자치시 · 특별자치도, 시 · 군 · 구청
④ 영업신고 – 특별자치시 · 특별자치도, 시 · 군 · 구청

[해설]

영업신고 대상 업종(영 제25조 제1항)
특별자치시장 · 특별자치도지사 또는 시장 · 군수 · 구청장에게 신고를 하여야 하는 영업은 다음과 같다.
• 즉석판매제조 · 가공업
• 식품운반업
• 식품소분 · 판매업
• 식품냉동 · 냉장업
• 용기 · 포장류제조업
• 휴게음식점영업, 일반음식점영업, 위탁급식영업 및 제과점영업

 ④

15

☑ 확인
Check!

○ □
△ □
✕ □

식품 등을 제조 · 가공하는 영업을 하는 자가 제조 · 가공하는 식품 등이 식품위생법 규정에 의한 기준 · 규격에 적합한지 여부를 검사한 기록서를 보관해야 하는 기간은?

① 6개월
② 1년
③ 2년
④ 3년

[해설]

자가품질검사(규칙 제31조 제4항)
자가품질검사에 관한 기록서는 2년간 보관하여야 한다.

 ③

16

☑ 확인
Check!

○ □
△ □
✕ □

식품위생법상 조리사가 업무정지기간 중에 업무를 할 때 행정처분은?

① 업무정지 1개월
② 업무정지 2개월
③ 업무정지 3개월
④ 면허취소

[해설]

행정처분기준(규칙 [별표 23])
업무정지기간 중에 조리사의 업무를 한 경우
• 1차 위반 : 면허취소

 ④

17 ☑ 확인 Check!

식품 등의 표시기준에 의한 용어 설명으로 틀린 것은? ✔신유형

① 제품명 – 개개의 제품을 나타내는 고유의 명칭

② 소비기한 – 제품의 제조일로부터 소비자에게 판매가 허용되는 기한

③ 품질유지기한 – 식품의 특성에 맞는 적절한 보존방법이나 기준에 따라 보관할 경우 해당 식품 고유의 품질이 유지될 수 있는 기한

④ 영양성분표시 – 제품의 일정량에 함유된 영양성분의 함량을 표시하는 것

해설

용어의 정의(식품 등의 표시기준)
소비기한은 식품 등에 표시된 보관방법을 준수할 경우 섭취하여도 안전에 이상이 없는 기한을 말한다.

정답 ②

18 ☑ 확인 Check!

공중보건사업의 최소단위가 되는 것은?

① 개인 　　　② 가족
③ 지역사회 　④ 국가

해설

공중보건학이란 환경위생의 향상, 감염병의 관리, 개인위생의 개별교육, 질병의 조기진단과 예방을 위한 의료서비스의 조직, 건강을 적절하게 유지하는 데 필요한 삶의 표준을 보장하기 위한 사회적 목표로, 조직화된 지역사회의 공동노력을 통하여 질병예방과 생명 연장, 그리고 신체적·정신적 건강 증진을 위한 기술이며 과학이다.

정답 ③

19 ☑ 확인 Check!

실내 공기의 오염지표인 CO_2(이산화탄소)의 실내(8시간 기준) 서한량은?

① 0.001% 　　② 0.01%
③ 0.1% 　　　④ 1%

해설

실내 공기 오염의 지표로 이산화탄소를 활용하며, 실내 허용치는 0.1%(1,000ppm)이다.

정답 ③

20 ☑ 확인 Check!

광화학적 오염물질에 해당하지 않는 것은?

① 오존 　　　② 케톤
③ 알데하이드 ④ 탄화수소

해설

광화학적 오염물질은 대기 중으로 방출된 1차성 오염물질이 광화학반응이나 광분해반응, 산화반응을 통해 형성되는 물질로, 오존·알데하이드·케톤·아크롤레인·PAN(Peroxyacetyl Nitrate) 등이 있다.
④ 탄화수소는 주로 화석연료나 나무 등을 태울 때 발생하는 오염물질이다.

정답 ④

21 ☑ 확인 Check!

녹조를 일으키는 부영양화 현상과 가장 밀접한 관계가 있는 것은?

① 황산염 　　② 인산염
③ 탄산염 　　④ 수산염

해설

녹조의 발생 원인
• 질산염이나 인산염 같은 무기 영양염류가 물속에 다량 유입될 때 녹조가 발생한다.
• 일조량이 많고 수온이 올라갈수록 광합성이 활발해져 녹조류나 규조류, 남조류가 급속도로 증가해 녹조를 유발한다.
• 유속이 느려지면 유입된 영양염류가 빠져나가지 못하고 축적되며, 수온도 빠르게 올라 조류의 증식을 가속한다.

정답 ②

22 비말감염이 가장 잘 이루어질 수 있는 조건은?

☑ 확인
Check!

○ □
△ □
X □

① 군집
② 영양결핍
③ 피로
④ 매개곤충의 서식

해설

비말감염은 재채기, 기침, 대화 등을 통해 공기 중에 분산된 물질이 다른 사람에게 흡입·감염되는 것이다. 밀폐된 공간에서 장시간 호흡기 비말을 만드는 환경은 환기가 부적절하게 이루어지는 노래방, 커피숍, 주점, 실내 운동시설 등에서 감염된 사람과 같이 있거나 감염된 사람이 떠난 직후 그 밀폐공간을 방문한 경우이나.

정답 ①

23 작업장의 부적당한 조명으로 발생하는 질병과 가장 관계가 적은 것은?

☑ 확인
Check!

○ □
△ □
X □

① 가성근시
② 열사병
③ 안정피로
④ 안구진탕증

해설

열중증(열경련, 열허탈증, 열사병, 열쇠약증)은 고온환경에서 장시간 작업할 때 발생하는 직업병이다.

정답 ②

24 다음 중 안전관리 책임자가 실시해야 할 법정 안전교육에 해당하지 않는 것은?

☑ 확인
Check!

○ □
△ □
X □

① 정기교육
② 채용 시 교육
③ 긴급교육
④ 작업내용 변경 시 교육

해설

안전관리 책임자가 실시해야 할 법정 안전교육은 정기교육, 채용 시 교육, 작업내용 변경 시 교육, 특별교육의 4가지이다.

정답 ③

25 식품이 나타내는 수증기압이 0.75기압이고, 그 온도에서 순수한 물의 수증기압이 1.5기압일 때 식품의 상대습도(RH)는?

☑ 확인
Check!

○ □
△ □
X □

① 60
② 40
③ 70
④ 50

해설

$$수분활성도(Aw) = \frac{물질\ 내\ 수분의\ 수증기압}{순수한\ 물의\ 수증기압}$$

$$\therefore\ 상대습도(RH) = Aw \times 100 = \frac{0.75}{1.5} \times 100$$

$$= 50\%$$

정답 ④

26 달걀의 유화성을 이용한 대표적인 식품은?

☑ 확인
Check!

○ □
△ □
X □

① 우유
② 마요네즈
③ 미음
④ 치즈

해설

달걀의 조리 특성
• 열응고성 : 달걀찜, 커스터드, 푸딩 등
• 유화성 : 마요네즈, 아이스크림 등
• 기포성 : 스펀지케이크, 엔젤케이크 등

정답 ②

27 ☑ 확인 Check! ○ □ △ □ X □

다음 중 신체의 근육이나 혈액을 합성하는 구성영양소는?

① 단백질
② 무기질
③ 물
④ 비타민

(해설)
단백질은 체조직(근육, 머리카락, 혈구, 혈장 단백질 등) 및 효소, 호르몬, 항체 등을 구성한다.

정답 ①

28 ☑ 확인 Check! ○ □ △ □ X □

무기질만으로 짝지어진 것은?

① 지방산, 염소, 비타민 B
② 아미노산, 아이오딘, 지방
③ 칼슘, 인, 철
④ 지방, 나트륨, 비타민 A

(해설)
무기질
• 칼슘, 인, 철, 칼륨, 황, 나트륨, 염소, 구리, 마그네슘, 망가니즈, 아이오딘 등이 있다.
• 체액의 pH 및 삼투압 조절, 산알칼리의 평형 및 수분 균형을 유지하는 체내 생리기능의 조절과 효소작용의 촉매작용을 한다.
• 신체의 구성요소(뼈와 치아의 중요한 성분으로 골격 조직을 형성)이다.
• 신경자극의 전달과 근육의 탄력을 유지한다.

정답 ③

29 ☑ 확인 Check! ○ □ △ □ X □

열에 의해 가장 쉽게 파괴되는 비타민은?

① 비타민 C
② 비타민 A
③ 비타민 E
④ 비타민 K

(해설)
비타민 A, 비타민 E, 비타민 K는 열의 노출에 손실이 적은 편이나 비타민 C는 공기, 물, 빛, 열의 모든 부분에서 쉽게 노출되어 파괴된다.

정답 ①

30 ☑ 확인 Check! ○ □ △ □ X □

pH 3 이하의 산성에서 검정콩의 색깔은?

① 검은색
② 청색
③ 녹색
④ 적색

(해설)
검정콩에는 수용성 안토시아닌(안토사이아닌)계 색소가 함유되어 있는데, 안토시아닌 색소는 산성에서는 적색, 알칼리성에서는 청색을 띤다.

정답 ④

31 ☑ 확인 Check! ○ □ △ □ X □

쓴 약을 먹은 직후 물을 마시면 단맛이 나는 것처럼 느끼게 되는 현상은?

① 변조현상
② 소실현상
③ 대비현상
④ 미맹현상

(해설)
① 변조현상 : 한 가지 맛을 본 후 다른 성분의 맛이 정상적으로 느껴지지 않는 것
② 소실현상 : 두 가지 맛을 내는 물질이 혼합되었을 때 맛이 없어지는 현상
③ 대비현상 : 서로 다른 맛을 혼합할 경우 주된 성분의 맛이 강화되는 것
④ 미맹현상 : 쓴맛성분의 PTC를 느끼지 못하는 것

정답 ①

32 ☑ 확인 Check! ○ △ ✕

알칼로이드성 물질로 커피의 자극성을 나타내고 쓴맛에도 영향을 미치는 성분은?

① 주석산(tartaric acid)
② 카페인(caffeine)
③ 타닌(tannin)
④ 개미산(formic acid)

해설
① 주석산 : 신맛
③ 타닌 : 떫은맛
④ 개미산 : 시큼한 맛

정답 ②

33 ☑ 확인 Check! ○ △ ✕

효소의 주된 구성성분은?

① 지방　　　② 탄수화물
③ 단백질　　④ 비타민

해설
효소는 세포 내에 존재하며 고분자의 단백질로 이루어져 있다.

정답 ③

34 ☑ 확인 Check! ○ △ ✕

식단을 작성하고자 할 때 식품의 선택 요령으로 가장 적합한 것은?

① 영양보다는 경제적인 효율성을 우선으로 고려한다.
② 소고기가 비싸서 대체식품으로 닭고기를 선정하였다.
③ 시금치의 대체식품으로 값이 싼 달걀을 구매하였다.
④ 한창 제철일 때보다 한 발 앞서서 식품을 구입하여 식단을 구성하는 것이 보다 새롭고 경제적이다.

해설
대체식품은 원하는 식품과 비슷한 영양소를 가진 다른 식품으로 대체할 수 있는 식품을 말한다. 즉, 주지방질 급원식품은 지방질 식품끼리만, 단백질 식품은 단백질 식품끼리만 대체식품이 된다.

정답 ②

35 ☑ 확인 Check! ○ △ ✕

채소류, 두부, 생선 등 저장성이 낮고 가격변동이 많은 식품 구매 시 적합한 계약방법은?

① 수의계약
② 장기계약
③ 일반경쟁계약
④ 지명경쟁입찰계약

해설
수의계약 : 계약 내용을 이행할 자격을 가진 특정 공급업체와 체결하는 계약방법이다.

정답 ①

36

☑ 확인
Check!
○ ☐
△ ☐
✕ ☐

식품감별법 중 옳은 것은?

① 오이는 가시가 있고 가벼운 느낌이 나며, 절단했을 때 성숙한 씨가 있는 것이 좋다.
② 양배추는 무겁고 광택이 있는 것이 좋다.
③ 우엉은 굽고 수염뿌리가 있는 것으로 외피가 딱딱한 것이 좋다.
④ 토란은 겉이 마르지 않고 잘랐을 때 점액질이 없는 것이 좋다.

해설

① 오이는 색이 좋고, 굵기는 고르며, 만졌을 때 가시가 있고, 끝에 꽃 마른 것이 달렸으며, 무거운 느낌이 드는 것이 좋다.
③ 우엉은 길게 쭉 뻗은 모양이 좋은 것으로, 살집이 좋고 외피가 부드러운 것을 선택한다. 모양이 굽었거나 건조된 것은 좋지 않다.
④ 토란은 원형에 가까운 모양의 것으로 껍질을 벗겼을 때 살이 흰색이고, 자른 단면이 단단하고 끈적끈적한 감이 강한 것이 좋다.

정답 ②

37

☑ 확인
Check!
○ ☐
△ ☐
✕ ☐

매월 고정적으로 포함해야 하는 경비는?

① 지급운임
② 감가상각비
③ 복리후생비
④ 수당

해설

고정자산의 감가를 일정한 내용연수에 일정한 비율로 할당하여 비용으로 계산하는 것으로 이때 감가된 비용을 감가상각비라 한다.

정답 ②

38

☑ 확인
Check!
○ ☐
△ ☐
✕ ☐

찹쌀밥의 노화 지연과 관계가 깊은 성분은?

① 아밀라제
② 아밀로펙틴
③ 글리코겐
④ 글루코스

해설

찹쌀은 아밀로펙틴 100%로 이루어져 있기 때문에 노화가 잘 되지 않는다.

정답 ②

39

☑ 확인
Check!
○ ☐
△ ☐
✕ ☐

곡물 저장 시 미생물에 의한 변패를 억제하기 위해 수분함량을 몇 %로 저장하여야 하는가?

① 14% 이하
② 18% 이하
③ 25% 이하
④ 30% 이하

해설

세균은 수분함량 15% 이하, 곰팡이는 13% 이하에서 거의 번식하지 못한다.

정답 ①

40

☑ 확인
Check!
○ ☐
△ ☐
✕ ☐

두부 제조의 주체가 되는 성분은?

① 레시틴
② 글리시닌
③ 자당
④ 키틴

해설

두부의 제조원리 : 콩단백질(글리시닌) + 무기염류(응고제, 간수) → 응고

정답 ②

41 안토시아닌 색소를 함유하는 과일의 붉은색을 보존하려고 할 때 가장 좋은 방법은?

① 식초를 가한다.
② 탄산수소나트륨을 가한다.
③ 수산화나트륨을 가한다.
④ 소금을 가한다.

해설

안토시아닌 색소 : 과실, 꽃, 뿌리에 있는 붉은색, 보라색, 청색의 색소로, 산성에서는 붉은색, 중성에서는 보라색, 알칼리에서는 청색을 띤다.

정답 ①

43 불고기를 먹기에 적당하게 구울 때 나타나는 현상은?

① 탄수화물의 노화
② 탄수화물이 C, H, O로 분해
③ 단백질의 변성
④ 단백질이 C, H, O, N으로 분해

해설

조리 및 가공 시 발생하는 가장 일반적인 현상은 가열에 의한 단백질의 변성이다.

정답 ③

44 숙성에 의한 품질향상 효과가 가장 큰 것은?

① 소고기   ② 조개
③ 오징어   ④ 생선

해설

육류는 자기소화기를 거치면서 풍미가 증가되고 조직감이 좋아지지만, 어패류는 자기소화 속도가 빨라 일정 기간이 지나면 맛과 풍미가 크게 저하된다. 따라서 육류는 도살 후 일정 기간이 지난 후에 식용으로 사용하고, 어패류는 바로 식용으로 사용한다.

정답 ①

42 꽈리고추를 보관하기에 알맞은 온도는?

① 0~3℃   ② 5~7℃
③ 10~15℃   ④ 15~20℃

해설

꽈리고추를 저장하는 적정한 온도는 5~7℃이다. 그 이하에서 장기간 저장하면 저온장해 피팅 현상이 일어나 조직이 손상되고 씨가 검게 변한다.

정답 ②

45 다음 중 발효식품은?

① 치즈   ② 수정과
③ 사이다   ④ 우유

해설

치즈는 유산 발효한 우유를 레닌으로 응고하여 생긴 커드를 여과하여 만든다.

정답 ①

46

확인 Check!
○ □
△ □
× □

달걀을 삶은 직후 찬물에 넣어 식히면 노른자 주위의 암녹색의 황화철(FeS)이 적게 생기는데, 그 이유는?

① 찬물이 스며들어 황을 희석시키기 때문
② 황화수소가 난각을 통하여 외부로 발산되기 때문
③ 찬물이 스며들어 철분을 희석하기 때문
④ 외부의 기압이 낮아 황과 철분이 외부로 빠져나오기 때문

해설
달걀을 삶은 직후 찬물에 넣어 식히면 달걀 내부의 황화수소가 난각을 통해서 발산되어 황화철의 생성을 막을 수 있다.

정답 ②

47

확인 Check!
○ □
△ □
× □

생선 조리에 대한 설명으로 옳은 것은?

① 생선에 식초를 바르거나 석쇠를 달군 후 구이를 하는 것은 지방을 빨리 굳게 하기 위해서이다.
② 생선을 가열 조리할 때는 60℃ 이상에서 가열해야 영양가를 보존할 수 있다.
③ 처음 10분 정도는 뚜껑을 닫고 끓여야 생선의 제맛을 낼 수 있다.
④ 생강이나 파를 넣을 때는 생선과 함께 넣어 향이 배도록 한다.

해설
① 생선에 식초를 바르거나 석쇠를 달군 후 구이를 하는 것은 껍질이 눌어붙지 않고 깔끔하게 조리하기 위해서이다.
③ 처음에는 냄비 뚜껑을 열어 두어야 휘발성인 비린내를 공기 중으로 날려버릴 수가 있다. 국물이 끓어올라 생선살이 익기 시작할 쯤에는 뚜껑을 닫아 끓인다.
④ 생강은 생선이 익은 후에 넣어야 비린내 제거에 효과적이다.

정답 ②

48

확인 Check!
○ □
△ □
× □

미역에 대한 설명으로 틀린 것은?

① 알칼리성 식품이다.
② 갈조식물이다.
③ 미역에 함유되어 있는 알긴산은 열량공급원에 속한다.
④ 아이오딘이 많이 함유된 식품이다.

해설
알긴산(alginic acid)은 해조류에 함유된 다당류의 일종으로, 물에 녹지 않고 팽윤하며 주로 증점안정제 역할을 한다. 사람의 소화효소로 분해되지 않기 때문에 영양성분이 아니다.

정답 ③

49

확인 Check!
○ □
△ □
× □

유지의 변질 원인이 아닌 것은?

① 질소　　　　② 온도
③ 일광　　　　④ 수분

해설
유지는 온도가 높을수록, 광선 및 자외선에 노출되었을 때, 금속과 접촉했을 때, 유지의 불포화도가 높을수록, 수분이 많을수록 변질되기 쉽다.

정답 ①

50

확인 Check!
○ □
△ □
× □

우유를 130~150℃에서 0.5~5초로 살균하는 방법은 무엇인가?

① 고온순간살균법
② 간헐살균법
③ 초고온순간살균법
④ 건열살균법

해설
초고온순간살균법(UHT)
130~150℃에서 2초간 가열하는 방법(우유, 과즙 등)

정답 ③

51 냉동 중 육질의 변화가 아닌 것은?

☑ 확인
Check!

○ ☐
△ ☐
✕ ☐

① 갈변현상이 일어난다.
② 건조에 의한 감량이 발생한다.
③ 고기 단백질이 변성되어 고기의 맛이 저해된다.
④ 단백질 용해도가 증가된다.

(해설)
육류를 냉동 저장하면 갈변현상, 단백질 용해도 감
소, pH 변화 그리고 영양소의 손실 등이 일어날 수
있으므로 관리에 세심한 주의가 요구된다.

정답 ④

52 음식의 색을 고려하여 녹색 채소를 무칠 때 가장
나중에 넣어야 하는 조미료는?

☑ 확인
Check!

○ ☐
△ ☐
✕ ☐

① 소금   ② 간장
③ 식초   ④ 설탕

(해설)
식초는 녹색 채소를 누렇게 변색시키므로 먹기 직전
에 무쳐야 하고 초고추장이나 초간장에 넣어서 사용
한다.

정답 ③

53 죽상 차림에서 어울리지 않는 음식은? ✔신유형

☑ 확인
Check!

○ ☐
△ ☐
✕ ☐

① 동치미
② 나박김치
③ 북어보푸라기
④ 고추장찌개

(해설)
죽상에 짜고 매운 음식은 어울리지 않는다.

정답 ④

54 밥 조리 시 주의사항으로 옳지 않은 것은?

☑ 확인
Check!

○ ☐
△ ☐
✕ ☐

① 돌솥밥 위에 고명을 올릴 때는 밥이 보이지 않게
올린다.
② 돌솥밥의 청포묵과 흰 지단에 고추장물이 흐르
지 않도록 약고추장을 충분히 볶아서 올려 놓
는다.
③ 오곡밥이 고슬고슬하게 지어지면 주걱으로 위
아래로 잘 섞는다.
④ 콩나물밥은 콩나물이 잘 익도록 밥 먹기 두어
시간 전에 해두는 것이 좋다.

(해설)
콩나물밥을 지어 오래 두면 콩나물의 수분이 빠져
가늘고 질겨져서 맛이 없으므로 먹는 시간에 맞추어
밥을 짓는다.

정답 ④

55 보기는 소고기를 재료로 하는 장국죽을 끓이는
과정 중의 일부이다. ( ) 안에 들어갈 말로 옳은
것은?　✔신유형

☑ 확인
Check!

○ ☐
△ ☐
✕ ☐

┌보기┐
장국죽을 끓일 때는 두꺼운 냄비에 참기름을 두르
고 표고버섯, 소고기를 볶다가 부순 쌀을 넣고, 쌀
알이 ( )까지 볶는다.
└─────┘

① 으깨질 때
② 완전히 익을 때
③ 투명해질 때
④ 반투명해질 때

(해설)
장국죽을 끓일 때는 두꺼운 냄비에 참기름을 두르고
표고버섯, 소고기를 볶다가 부순 쌀을 넣고, 쌀알이
반투명해질 때까지 볶는다.

정답 ④

56

국, 탕에 사용할 국물을 내는 과정에 대한 다음 설명 중 옳은 것은?

① 쌀뜨물을 이용할 때는 쌀을 처음 씻은 물은 버리고 2~3번째 씻은 물을 국물에 이용한다.

② 국물을 내는 데 쓸 멸치는 머리와 내장을 떼지 말고 그대로 찬물을 부어 끓인다.

③ 국물을 내는 조개는 모시조개나 바지락처럼 크기가 작은 것이 좋고 5~10%의 소금 농도에서 해감시킨다.

④ 국물을 내는 데 쓸 다시마는 얇고 밝은 초록색을 띠는 것이 좋다.

〔해설〕

① 쌀을 처음 씻은 물은 유해성분이 있을 수 있으므로 버리고 속뜨물을 사용한다.

② 멸치의 내장을 넣고 육수를 끓이면 쓴맛이 우러나므로, 멸치는 머리와 내장을 제거하고 비린내를 없애기 위해 냄비에 살짝 볶은 후 그대로 찬물을 부어 끓인다.

③ 모시조개는 3~4%, 바지락은 0.5~1% 농도의 소금물에 담가 해감한다.

④ 다시마는 검은빛을 띠고 두꺼운 것이 좋다.

〔정답〕 ①

57

찌개에 대한 설명으로 틀린 것은? ✔신유형

① 조치라고도 한다.

② 국보다 국물이 많다.

③ 탁한 국물은 된장, 고추장으로 간을 맞춘다.

④ 맑은 찌개로는 두부젓국찌개가 있다.

〔해설〕

찌개는 국물과 건더기 비율이 4 : 6 정도로, 건더기를 주로 먹기 위한 음식이다.

〔정답〕 ②

58

다음 중 전을 부칠 때 사용하는 기름으로 적절하지 않은 것은?

① 콩기름   ② 옥수수기름

③ 들기름   ④ 카놀라유

〔해설〕

전을 부칠 때에는 발연점이 220℃ 이상 되는 기름을 사용해야 한다. 들기름의 발연점은 200℃ 정도로 무침이나 가벼운 볶음 요리에 적당하다.

〔정답〕 ③

59

월과채는 어느 조리법에 속하는가? ✔신유형

① 생채   ② 숙회

③ 볶음   ④ 숙채

〔해설〕

월과채는 애호박을 주재료로 쇠고기, 표고버섯 등을 채 썰어 볶은 숙채류 음식이다.

〔정답〕 ④

60

김치를 담글 때 절인 배추의 최종 염농도는 몇 % 정도가 적당한가? ✔신유형

① 1%   ② 3%

③ 6%   ④ 8%

〔해설〕

배추를 절일 때 봄과 여름에는 소금 농도를 7~10%로 8~9시간 정도를, 겨울에는 12~13%로 12~16시간 정도 절이는 것이 좋다. 배추 절이기 과정이 끝나면 씻고 물 빼기를 하는데, 이때 배추의 최종 염농도가 2~3%가 되도록 맞춘다.

〔정답〕 ②

01

☑ 확인
Check!

○ □
△ □
✗ □

음식물이나 식수에 오염되어 경구적으로 침입되는 감염병이 아닌 것은?

① 유행성이하선염
② 파라티푸스
③ 세균성 이질
④ 폴리오

해설

경구감염병
• 음식물이나 음료수, 손, 식기, 완구류 등을 매개체로 입을 통하여 감염된다.
• 경구감염병의 분류
  – 세균에 의한 것 : 세균성 이질, 장티푸스, 파라티푸스, 콜레라, 디프테리아
  – 바이러스에 의한 것 : 감염성 설사증, 유행성 간염, 폴리오(소아마비)
  – 원생동물에 의한 것 : 아메바성 이질

정답 ①

02

☑ 확인
Check!

○ □
△ □
✗ □

김치의 숙성에 관여하지 않는 미생물은?

① *Lactobacillus plantarum*
② *Leuconostoc mesenteroides*
③ *Aspergillus oryzae*
④ *Pediococcus pentosaceus*

해설

누룩곰팡이(*Aspergillus oryzae*) : 황국균이라고도 하며 전분 당화력과 단백질 분해력이 강하여 간장, 된장, 탁주, 약주 제조에 이용한다.

정답 ③

03

☑ 확인
Check!

○ □
△ □
✗ □

집단감염이 잘되며, 항문 주위나 회음부에 소양증이 생기는 기생충은?

① 흡충
② 편충
③ 요충
④ 십이지장충

해설

요충은 경구감염, 집단감염, 항문 주위에 소양증을 유발한다.

정답 ③

04

☑ 확인
Check!

○ □
△ □
✗ □

감자, 고구마 및 양파와 같은 식품에 뿌리가 나고 싹이 트는 것을 억제하는 효과가 있는 것은?

① 자외선살균법
② 적외선살균법
③ 일광소독법
④ 방사선살균법

해설

방사선살균법
• 식품에 방사선을 방출하는 ^{60}Co, ^{137}Cs 등의 물질을 조사시켜 균을 사멸한다.
• 감자, 양파 등의 발아를 억제하여 장기간 저장이 가능하다.

정답 ④

05 식품첨가물의 사용 목적이 아닌 것은?

① 식품의 기호성 증대
② 식품의 유해성 입증
③ 식품의 부패와 변질을 방지
④ 식품의 제조 및 품질 개량

해설

식품첨가물 정의(법 제2조 제2호)
식품을 제조·가공·조리 또는 보존하는 과정에서 감미, 착색, 표백 또는 산화방지 등을 목적으로 식품에 사용되는 물질을 말한다. 이 경우 기구·용기·포장을 살균·소독하는 데에 사용되어 간접적으로 식품으로 옮아갈 수 있는 물질을 포함한다.

정답 ②

06 다음 식품첨가물 중 주요 목적이 다른 것은?

① 과산화벤조일
② 아질산나트륨
③ 이산화염소
④ 과황산암모늄

해설

② 아질산나트륨 : 발색제
① 과산화벤조일, ③ 이산화염소, ④ 과황산암모늄은 밀가루 개량제이다.

정답 ②

07 식품안전관리인증기준(HACCP)의 설명으로 옳지 않은 것은?

① 위해요소 분석(HA)은 원료와 공정에서 발생이 가능한 생물학적·화학적·물리적 위해요소를 분석하는 것을 말한다.
② 중요관리점(CCP)은 위해요소를 예방·제어 또는 허용 수준으로 감소시킬 수 있는 단계를 중점 관리하는 것을 말한다.
③ 모니터링(monitoring)은 위해요소의 관리 여부를 점검하기 위하여 실시하는 관찰이나 측정 수단을 말한다.
④ HACCP에 대한 문서의 보존은 최소 3년 이상으로 한다.

해설

관계 법령에 특별히 규정된 것을 제외하고는 HACCP에 대한 기록은 2년간 보관하여야 한다.

정답 ④

08 식중독에 관한 설명으로 틀린 것은?

① 자연독이나 유해물질이 함유된 음식물을 섭취함으로써 생긴다.
② 발열, 구역질, 구토, 설사, 복통 등의 증세가 나타난다.
③ 세균, 곰팡이, 화학물질 등이 원인 물질이다.
④ 대표적인 식중독은 콜레라, 세균성 이질, 장티푸스 등이 있다.

해설

④ 콜레라, 세균성 이질, 장티푸스는 대표적인 소화기계 감염병(경구감염병)이다.

정답 ④

09

☑ 확인
Check!

○ □
△ □
✕ □

열과 소독약에 저항성이 강한 독소형 식중독은?

① 장염 비브리오균
② 클로스트리듐 보툴리눔
③ 살모넬라균
④ 장출혈성대장균

해설
세균성 식중독
• 감염형 : 살모넬라 식중독, 장염 비브리오 식중독, 병원성 대장균 식중독
• 독소형 : 포도상구균 식중독, 클로스트리듐 보툴리눔 식중독

정답 ②

10

☑ 확인
Check!

○ □
△ □
✕ □

복어의 먹을 수 있는 부위는?

① 알
② 내장
③ 껍질
④ 아가미

해설
복어
• 식용 가능한 부위 : 복어살, 복어뼈, 입, 껍질, 지느러미, 고니(이리)
• 식용 불가능한 부위 : 간장, 난소, 알, 안구, 아가미, 쓸개, 비장, 신장, 심장 등

정답 ③

11

☑ 확인
Check!

○ □
△ □
✕ □

장마가 지난 후 저장되었던 쌀이 적홍색 또는 황색으로 착색되어 있었다. 이러한 현상의 설명으로 틀린 것은?

① 수분 함량이 15% 이상인 조건에서 저장할 때 특히 문제가 된다.
② 기후조건 때문에 동남아시아 지역에서 곡류 저장 시 특히 문제가 된다.
③ 저장된 쌀에 곰팡이류가 오염되어 그 대사 산물에 의해 쌀이 황색으로 변한 것이다.
④ 황변미는 일시적인 현상이므로 위생적으로 무해하다.

해설
황변미 중독 : 수분이 많은(15% 이상) 쌀에 푸른곰팡이가 번식하여 쌀이 누렇게 변질되면서 시트리닌, 시트레오비리딘, 아이슬랜디톡신 등의 독소를 생성하고, 이는 신장독, 신경독, 간장독을 일으킨다.

정답 ④

12

☑ 확인
Check!

○ □
△ □
✕ □

식품위생법상 출입 · 검사 · 수거 등에 관한 사항으로 틀린 것은?

① 식품의약품안전처장은 검사에 필요한 최소량의 식품 등을 무상으로 수거하게 할 수 있다.
② 출입 · 검사 · 수거 또는 장부 열람을 하고자 하는 공무원은 그 권한을 표시하는 증표를 지녀야 하며 관계인에게 이를 내보여야 한다.
③ 시장 · 군수 · 구청장은 필요에 따라 영업을 하는 자에 대하여 필요한 서류나 그 밖의 자료의 제출 요구를 할 수 있다.
④ 행정응원의 절차, 비용 부담방법, 그 밖에 필요한 사항은 검사를 실시하는 담당 공무원이 임의로 정한다.

해설
출입 · 검사 · 수거 등(법 제22조 제4항)
행정응원의 절차, 비용 부담방법, 그 밖에 필요한 사항은 대통령령으로 정한다.

정답 ④

13

☑ 확인 Check!
○ □
△ □
✕ □

식품 또는 식품첨가물의 완제품을 나누어 유통할 목적으로 재포장 · 판매하는 영업은?

① 식품제조 · 가공업
② 식품운반업
③ 식품소분업
④ 즉석판매제조 · 가공업

해설

영업의 종류(영 제21조 제5호)
식품소분업 : 총리령으로 정하는 식품 또는 식품첨가물의 완제품을 나누어 유통할 목적으로 재포장 · 판매하는 영업

정답 ③

14

☑ 확인 Check!
○ □
△ □
✕ □

식품위생법상 일반음식점의 영업신고는 누구에게 하는가?

① 보건소장
② 동사무소장
③ 시장 · 군수 · 구청장
④ 식품의약품안전처장

해설

영업신고 대상 업종(영 제25조 제1항)
특별자치시장 · 특별자치도지사 또는 시장 · 군수 · 구청장에게 신고를 하여야 하는 영업은 다음과 같다.
• 즉석판매제조 · 가공업
• 식품운반업
• 식품소분 · 판매업
• 식품냉동 · 냉장업
• 용기 · 포장류제조업
• 휴게음식점영업, 일반음식점영업, 위탁급식영업 및 제과점영업

정답 ③

15

☑ 확인 Check!
○ □
△ □
✕ □

식품위생법상 조리사를 두어야 하는 영업장은?

① 식품접객영업자 자신이 조리사로서 직접 음식물을 조리하는 경우
② 1회 급식인원 100명 미만의 산업체인 경우
③ 영양사가 조리사의 면허를 받은 경우
④ 복어를 조리 · 판매하는 영업을 하는 경우

해설

조리사(법 제51조 제1항)
집단급식소 운영자와 대통령령으로 정하는 식품접객업자는 조리사를 두어야 한다. 다만, 다음의 어느 하나에 해당하는 경우에는 조리사를 두지 아니하여도 된다.
• 집단급식소 운영자 또는 식품접객영업자 자신이 조리사로서 직접 음식물을 조리하는 경우
• 1회 급식인원 100명 미만의 산업체인 경우
• 영양사가 조리사의 면허를 받은 경우. 다만, 총리령으로 정하는 규모 이하의 집단급식소에 한정한다.
조리사를 두어야 하는 식품접객업자(영 제36조)
식품위생법 제51조 제1항에서 "대통령령으로 정하는 식품접객업자"란 식품접객업 중 복어독 제거가 필요한 복어를 조리 · 판매하는 영업을 하는 자를 말한다. 이 경우 해당 식품접객업자는 「국가기술자격법」에 따른 복어 조리 자격을 취득한 조리사를 두어야 한다.

정답 ④

16

☑ 확인 Check!
○ □
△ □
✕ □

제1급 감염병이 아닌 것은?

① 백일해
② 라싸열
③ 페스트
④ 마버그열

해설

① 백일해는 제2급 감염병에 해당한다.

정답 ①

17

☑ 확인
Check!

○ □
△ □
✕ □

식품을 구입하였는데 포장에 다음과 같은 표시가 있었다. 어떤 종류의 식품 표시인가?

① 방사선조사식품
② 녹색신고식품
③ 자진회수식품
④ 유기농법제조식품

해설

방사선조사식품은 보존성과 위생 품질 향상을 위해 방사선을 쬐인 조사식품을 말한다.

정답 ①

18

☑ 확인
Check!

○ □
△ □
✕ □

국가의 보건수준이나 생활수준을 나타내는 데 가장 많이 이용되는 지표는?

① 조출생률
② 병상이용률
③ 의료보험 수혜자수
④ 영아사망률

해설

영아사망률은 출생 후 1년 이내(365일 미만) 사망자 수를 해당 연도의 출생아 수로 나눈 수치를 1,000분 비로 나타낸 것으로 국제적으로 국민보건 수준을 가늠하는 중요한 지표로 사용된다.

정답 ④

19

☑ 확인
Check!

○ □
△ □
✕ □

실내 공기오염의 지표로 이용되는 기체는?

① 산소
② 이산화탄소
③ 일산화탄소
④ 질소

해설

이산화탄소는 대기 중의 약 0.03%로, 실내 공기오염(오탁)의 지표로 이용된다[허용기준 0.1%(1,000ppm)].

정답 ②

20

☑ 확인
Check!

○ □
△ □
✕ □

수질의 분변오염 지표균은?

① 웰치균
② 대장균
③ 살모넬라균
④ 포도상구균

해설

대장균의 존재 여부는 분변에 의한 오염 유무의 지표가 되며, 수질검사 등에 종종 응용되는 수단으로 위생학상 중요하다.

정답 ②

21

☑ 확인
Check!

○ □
△ □
✕ □

카드뮴이나 수은 등의 중금속 오염 가능성이 가장 큰 식품은?

① 육류
② 통조림
③ 식용유
④ 어패류

해설

공장폐수나 생활하수, 농약이 비에 씻겨 내린 물 등에 섞인 중금속이 하천에 모여 수질오염을 일으킬 경우, 특히 하천 바닥에 서식하고 있는 어패류에 중금속이 침투되고 이러한 어패류를 먹는 포식자의 체내에 중금속이 축적되어 화학물질에 의한 식중독 증상을 일으킬 수 있다.

정답 ④

22 ☑ 확인 Check! ○ □ △ □ × □

조리사 면허의 취소처분을 받은 때 면허증 반납은 누구에게 하는가?

① 보건복지부장관
② 특별자치시장·특별자치도지사·시장·군수·구청장
③ 식품의약품안전처장
④ 보건소장

해설

조리사 면허증의 반납(규칙 제82조)
조리사가 그 면허의 취소처분을 받은 경우에는 지체없이 면허증을 특별자치시장·특별자치도지사·시장·군수·구청장에게 반납하여야 한다.

정답 ②

23 ☑ 확인 Check! ○ □ △ □ × □

초기 청력장애 시 직업성 난청을 조기 발견할 수 있는 주파수는?

① 1,000Hz   ② 2,000Hz
③ 3,000Hz   ④ 4,000Hz

해설

건강한 사람의 가청음역은 20~20,000Hz이며, 직업성 난청을 조기에 발견할 수 있는 주파수는 약 4,000Hz이다.

난청의 원인
• 소음의 특성
• 음압(dB)의 수준
• 개인의 감수성
• 노출시간의 분포

정답 ④

24 ☑ 확인 Check! ○ □ △ □ × □

보기의 ㉠과 ㉡에 들어갈 말로 알맞은 것은?

┌보기┐

인간이 작업을 수행할 때 사용하는 물리 수단을 (㉠)이라 하고, 작업자에게 영향을 주는 작업장의 온도, 환기, 소음 등을 (㉡)이라고 한다.

① ㉠ 작업수단, ㉡ 작업환경
② ㉠ 작업환경, ㉡ 작업조건
③ ㉠ 작업조건, ㉡ 작업수단
④ ㉠ 작업환경, ㉡ 작업수단

해설

인간이 작업을 수행할 때 사용하는 물리 수단을 '작업수단'이라고 하고, 인간이 작업을 수행하는 환경을 '작업환경'이라고 한다. 즉, 작업환경이란 작업자에게 영향을 주는 작업장의 온도, 환기, 소음 등을 의미한다.

정답 ①

25 ☑ 확인 Check! ○ □ △ □ × □

탄수화물의 구성요소가 아닌 것은?

① 탄소   ② 질소
③ 산소   ④ 수소

해설

탄수화물과 지방은 탄소(C), 산소(O), 수소(H)로 구성되어 있으며, 단백질은 탄소, 수소, 산소 이외에 질소(N)를 가지고 있다.

정답 ②

26 ☑ 확인 Check!
○ □ △ □ X □

건성유에 대한 설명으로 옳은 것은?

① 고도의 불포화지방산 함량이 많은 기름이다.

② 포화지방산 함량이 많은 기름이다.

③ 공기 중에 방치해도 피막이 형성되지 않는다.

④ 종류로 올리브유와 낙화생유가 있다.

해설

식물성유(기름)의 종류

• 건성유(아이오딘가 130 이상) : 들깨, 아마인유, 호두 등

• 반건성유(아이오딘가 100~130) : 참기름, 대두유, 면실유, 유채기름 등

• 불건성유(아이오딘가 100 이하) : 땅콩기름, 동백기름, 올리브유 등

정답 ①

---

28 ☑ 확인 Check!
○ □ △ □ X □

알칼리성 식품에 대한 설명으로 옳은 것은?

① Na, K, Ca, Mg이 많이 함유되어 있는 식품

② S, P, Cl이 많이 함유되어 있는 식품

③ 당질, 지질, 단백질 등이 많이 함유되어 있는 식품

④ 곡류, 육류, 치즈 등의 식품

해설

식품의 분류

• 알칼리성 식품 : 나트륨(Na), 칼슘(Ca), 칼륨(K), 마그네슘(Mg)을 함유한 식품(채소, 과일, 우유, 기름, 굴 등)

• 산성 식품 : 인(P), 황(S), 염소(Cl)를 함유한 식품(곡류, 육류, 어패류, 달걀류 등)

정답 ①

---

27 ☑ 확인 Check!
○ □ △ □ X □

단백질 급원식품으로만 연결된 것은?

① 소고기, 한천, 시금치

② 두부, 깨소금, 당근

③ 달걀, 버터, 감자

④ 치즈, 달걀, 생선

해설

단백질 급원식품 : 소고기, 돼지고기, 닭고기, 생선, 조개, 콩, 두부, 달걀, 된장, 햄, 베이컨, 치즈 등

정답 ④

---

29 ☑ 확인 Check!
○ □ △ □ X □

식품의 총 가격이 2,500원이고 재료비가 1,000원일 때 재료비 비율은?

① 40%

② 45%

③ 50%

④ 55%

해설

총 가격에서 재료비가 차지하는 비율은 1,000원 / 2,500원 × 100 = 40이므로 재료비 비율은 40%이다.

정답 ①

30

☑ 확인
Check!

○ □
△ □
✕ □

육류 조리과정 중 색소의 변화 단계가 바르게 연결된 것은?

① 마이오글로빈 – 메트마이오글로빈 – 옥시마이오글로빈 – 헤마틴

② 메트마이오글로빈 – 옥시마이오글로빈 – 마이오글로빈 – 헤마틴

③ 마이오글로빈 – 옥시마이오글로빈 – 메트마이오글로빈 – 헤마틴

④ 옥시마이오글로빈 – 메트마이오글로빈 – 마이오글로빈 – 헤마틴

해설

마이오글로빈(적자색) → 옥시마이오글로빈(선홍색) → 메트마이오글로빈(암갈색) → 헤마틴(회갈색)

정답 ③

31

☑ 확인
Check!

○ □
△ □
✕ □

다음 냄새 성분 중 어류와 관계가 먼 것은?

① 트라이메틸아민(trimethylamine)

② 암모니아(ammonia)

③ 피페리딘(piperidine)

④ 다이아세틸(diacetyl)

해설

다이아세틸은 젖산균의 작용에 의해 생성되는 버터의 향미 성분이다.

정답 ④

32

☑ 확인
Check!

○ □
△ □
✕ □

과일이 성숙함에 따라 일어나는 성분 변화가 아닌 것은?

① 과육은 점차로 연해진다.

② 엽록소가 분해되면서 푸른색은 점점 옅어진다.

③ 비타민 C와 카로틴 함량이 증가한다.

④ 타닌은 증가한다.

해설

타닌은 많은 식물에 널리 존재하며 떫은맛을 낸다. 일반적으로 미숙한 과일에 많이 함유되어 있지만 성숙함에 따라 타닌의 성분은 감소한다.

정답 ④

33

☑ 확인
Check!

○ □
△ □
✕ □

영양소와 급원식품의 연결이 옳은 것은?

① 동물성 단백질 – 두부, 소고기

② 비타민 A – 당근, 미역

③ 필수지방산 – 대두유, 버터

④ 칼슘 – 우유, 뱅어포

해설

① 두부 : 식물성 단백질
② 비타민 A : 간, 난황, 버터, 당근 등
③ 필수지방산 : 대두유, 옥수수유, 생선의 간유 등

정답 ④

34

☑ 확인
Check!

○ □
△ □
✕ □

한국인 영양 권장량 중 지방의 섭취량은 전체 열량의 몇 % 정도인가?

① 15~30%

② 30~55%

③ 55~70%

④ 75~90%

해설

한국인의 영양섭취기준에 따른 성인의 3대 영양소 섭취량은 탄수화물 55~70%, 지방 15~30%, 단백질 7~20%이다.

정답 ①

35

☑ 확인
Check!

○ □
△ □
X □

시금치 나물을 조리할 때 1인당 80g이 필요하다면, 식수인원 1,500명에 적합한 시금치 발주량은?(단, 시금치의 폐기율은 5%이다)

① 100kg
② 122kg
③ 127kg
④ 132kg

해설

$$총발주량 = \frac{정미중량 \times 100}{100 - 폐기율} \times 인원수$$

$$= \frac{80 \times 100}{100 - 5} \times 1,500 ≒ 127kg$$

정답 ③

36

☑ 확인
Check!

○ □
△ □
X □

좋은 무를 고르는 기준은?

① 가볍고 잔뿌리가 많은 것
② 껍질이 거칠어 보이는 것
③ 굵지 않고 촉감이 부드러운 것
④ 무겁고 모양이 곧으며 윤택한 것

해설

무는 중량이 무겁고 모양이 곧으며 윤택한 것이 좋다.

정답 ④

37

☑ 확인
Check!

○ □
△ □
X □

원가계산의 목적으로 옳지 않은 것은?

① 예산편성의 기초자료로 활용하기 위해
② 원가의 절감 방안을 모색하기 위해
③ 경영손실을 제품가격에서 만회하기 위해
④ 제품의 판매가격을 결정하기 위해

해설

원가계산의 목적

• 가격결정의 목적 : 생산된 제품의 판매가격을 결정할 목적으로 원가를 계산한다.
• 원가관리의 목적 : 원가관리의 기초자료를 제공하여 원가를 절감하기 위해 원가를 계산한다.
• 예산편성의 목적 : 제품의 제조, 판매 및 유통 등에 대한 예산을 편성하는 데 따른 기초자료 제공에 이용한다.
• 재무제표 작성의 목적 : 경영활동의 결과를 재무제표로 작성하여 기업의 외부 이해 관계자에게 보고할 때 기초자료로 제공한다.

정답 ③

38

☑ 확인
Check!

○ □
△ □
X □

절기와 음식의 연결이 적절한 것은?

① 단오절식 – 수리취절편
② 상원절식 – 진달래화전
③ 중구절식 – 시루떡
④ 유두절식 – 국화전

해설

세시음식

• 3월 삼짇날 : 진달래주, 진달래화전, 오미자국
• 5월 단오 : 제호탕, 앵두화채, 수리취떡, 앵두화전
• 6월 유두 : 수단, 원소병, 편수, 상화병
• 9월 중양절 : 국화주, 국화전, 국화채

정답 ①

39 강화미란 주로 어떤 성분을 보충한 쌀인가?

① 비타민 A
② 비타민 B_1
③ 비타민 D
④ 비타민 C

해설

강화미는 백미에 결핍된 비타민 B_1, 비타민 B_2, 니코틴산, 철분 등의 영양소를 첨가하여 영양 가치를 높인 것이다.

정답 ②

---

41 오이나 배추의 녹색이 김치를 담갔을 때 점차 갈색을 띠게 되는 것은 어떤 색소의 변화 때문인가?

① 카로티노이드
② 클로로필
③ 안토시안
④ 안토잔틴

해설

② 클로로필 : 녹색 채소에 함유된 색소로, 산이나 클로로필 분해효소를 만나면 갈색으로 변한다.
① 카로티노이드 : 녹황색 채소에 함유된 색소로, 산소나 분해효소를 만나면 분해되며 산도가 높을수록 색이 진해진다.
③ 안토시안 : 가지, 비트, 자색 양배추 등에 함유된 색소로, 산소가 없으면 안정적이지만 산화되면 갈색으로 변한다.
④ 안토잔틴 : 도라지 등에 함유된 흰색 색소로, 산성일 때는 안정적이지만 알칼리일 때 황색으로 변한다.

정답 ②

---

42 채소와 과일의 가스저장(CA저장) 시 필수 요건이 아닌 것은?

① 냉장온도 유지
② 습도 유지
③ 기체의 조절
④ pH 조절

해설

CA저장은 냉장실의 온도, 습도, 공기조성을 제어하여 식품을 저장하는 방법이다.

정답 ④

---

40 두부 응고제로 사용할 수 없는 것은?

① 탄산칼륨(K_2CO_3)
② 황산칼슘($CaSO_4$)
③ 염화칼슘($CaCl_2$)
④ 염화마그네슘($MgCl_2$)

해설

두부 응고제로는 염화마그네슘, 염화칼슘, 황산칼슘이 사용되며, 두부가 풀어지는 현상을 막기 위해 0.5%의 식염수를 사용한다.

정답 ①

---

43 양갱을 만들 때 필요한 재료가 아닌 것은?

① 한천
② 설탕
③ 젤라틴
④ 팥앙금

해설

젤라틴 : 동물의 결체조직을 가수분해하여 얻을 수 있으며, 젤리·샐러드·족편·바바리안 크림 등에는 응고제로 쓰이고, 아이스크림·마시멜로·기타 얼린 후식 등에는 유화제로 쓰인다.

정답 ③

44 베이컨류는 돼지고기의 어느 부위를 가공한 것인가?

✓ 확인
Check!

○ □
△ □
✕ □

① 볼기 부위   ② 어깨살
③ 복부육   ④ 다리살

해설

③ 베이컨은 돼지의 기름진 복부 부위를 사용하여 만든다.
① 볼기 부위 : 햄, 구이용
② 어깨살 : 스테이크용 살코기
④ 다리살 : 구이, 찜용

정답 ③

45 우유 가공품이 아닌 것은?

✓ 확인
Check!

○ □
△ □
✕ □

① 버터   ② 마요네즈
③ 치즈   ④ 아이스크림

해설

마요네즈는 식물성 기름과 달걀노른자, 식초, 약간의 소금과 후추를 넣어 만든 소스로 상온에서 반고체 상태를 유지한다.

정답 ②

46 달걀의 열응고성에 대한 설명으로 적절하지 않은 것은?

✓ 확인
Check!

○ □
△ □
✕ □

① 소량의 산(식초, 레몬즙, 주석산)의 첨가는 응고를 촉진한다.
② 소금은 응고온도를 낮추어 준다.
③ 설탕은 응고온도를 내려 주어 응고물을 연하게 한다.
④ 달걀을 높은 온도로 가열하면 단단하게 응고하고, 낮은 온도에서 응고시키면 부드럽고 연한 응고물이 된다.

해설

열응고성 : 단백질이 열에 의해 굳는 성질로 가열속도, 온도, 재료배합에 따라 응고 상태가 바뀐다. 설탕은 응고온도를 높인다.

정답 ③

47 생선의 조리방법에 관한 설명으로 옳은 것은?

✓ 확인
Check!

○ □
△ □
✕ □

① 생선은 결체조직의 함량이 많으므로 습열 조리법을 많이 이용한다.
② 지방 함량이 낮은 생선보다는 높은 생선으로 구이를 하는 것이 풍미가 더 좋다.
③ 생선찌개를 할 때 생선 자체의 맛을 살리기 위해 찬물에 넣고 은근히 끓인다.
④ 선도가 낮은 생선은 조림국물의 양념을 담백하게 하여 뚜껑을 닫고 끓인다.

해설

① 생선은 육류에 비해 결체조직이 적으므로 건열 조리법을 많이 이용한다.
③ 생선으로 찌개나 탕을 끓일 때는 국물을 끓인 다음에 생선을 넣어야 국물이 맑고 생선살도 풀어지지 않는다.
④ 선도가 낮은 생선은 조미를 강하게 하며, 비린내를 제거하기 위해 뚜껑을 열고 끓인다.

정답 ②

48 생선의 자기소화 원인은?

✓ 확인
Check!

○ □
△ □
✕ □

① 염류
② 질소
③ 세균의 작용
④ 단백질 분해효소

해설

자기소화는 세포 또는 조직이 죽거나 파괴되었을 때 그 속에 있는 효소에 의해서 자기를 형성하고 있는 물질을 분해하는 현상이다.

정답 ④

49

☑ 확인
Check!

○ □
△ □
X □

고체화한 지방을 여과 처리하는 방법으로 샐러드유 제조 시 이용되며, 유화상태를 유지하기 위한 가공 처리방법은?

① 용출처리
② 동유처리
③ 정제처리
④ 경화처리

(해설)
액체로 된 기름을 온도를 낮추면 고체화된 지방이 되는데, 그 고체에서 지방을 걸러내는 방법을 동유처리라고 한다.

[정답] ②

51

☑ 확인
Check!

○ □
△ □
X □

냉동시켰던 소고기를 해동하니 드립(drip)이 많이 발생했다. 다음 중 가장 관계 깊은 것은?

① 탄수화물의 호화
② 단백질의 변성
③ 무기질의 분해
④ 지방의 산패

(해설)
동결식품이 녹으면서 식품 내부의 구성성분과 물의 일부가 식품 조직에 흡수되지 못하고 유출되는데, 이를 드립(drip)이라고 한다. 급속 냉동 시 드립의 양이 적고, 완만 냉동 시 단백질이 변성되어 해동 시 드립 유출이 많아진다.

[정답] ②

50

☑ 확인
Check!

○ □
△ □
X □

소금 절임 시 저장성이 좋아지는 이유는?

① pH가 낮아져 미생물이 살아갈 수 없는 환경이 조성된다.
② pH가 높아져 미생물이 살아갈 수 없는 환경이 조성된다.
③ 고삼투성에 의한 탈수효과로 미생물의 생육이 억제된다.
④ 저삼투성에 의한 탈수효과로 미생물의 생육이 억제된다.

(해설)
소금 절임은 고삼투압으로 원형질이 분리되어 미생물의 생육이 억제되기 때문에 저장성이 좋아진다.

[정답] ③

52

☑ 확인
Check!

○ □
△ □
X □

향신료의 매운맛 성분 연결이 틀린 것은?

① 고추 – 캡사이신(capsaicin)
② 겨자 – 차비신(chavicine)
③ 마늘 – 알리신(allicin)
④ 생강 – 진저롤(gingerol)

(해설)
향신료의 매운맛 성분
• 후추 : 차비신(chavicine)
• 고추 : 캡사이신(capsaicin)
• 겨자 : 시니그린(sinigrin)
• 생강 : 진저롤(gingerol), 쇼가올(shogaol)
• 마늘 : 알리신(allicin)
• 파 : 황화알릴(allyl sulfide)

[정답] ②

53 면상에 올라가지 않는 음식은? ✔신유형

☑ 확인
Check!

○ □
△ □
X □

① 나박김치, 전유어
② 겨자채, 편육
③ 깍두기, 젓갈
④ 족편, 생채

해설
면상(장국상)은 밥 대신 국수, 만두, 떡국 등을 내고 부식으로 찜, 겨자채, 잡채, 편육, 전, 김치류, 생채 등을 낸다. 젓갈은 주로 밥을 주식으로 내는 반상에 곁들인다.

정답 ③

---

54 밥맛에 영향을 주는 인자에 대한 설명 중 옳지 않은 것은?

☑ 확인
Check!

○ □
△ □
X □

① 밥맛 결정은 일반 성분 중 수분과 탄수화물 함량이 가장 중요하다.
② pH 7~8일 때 밥맛과 외관이 좋다.
③ 산성이 높을수록 밥맛이 나빠지며, 0.03% 소금 첨가 시 밥맛이 좋아진다.
④ 지나치게 건조된 쌀은 갑자기 수분을 흡수하므로 불균등한 팽창을 하고 조직이 파괴되어 질감이 나빠진다.

해설
밥맛을 결정하는 가장 중요한 성분은 수분 함량과 단백질 함량이다. 단백질 함량은 쌀의 식미와 관계가 있는데, 전분의 호화 특성에 직접적인 영향을 주기 때문이다.

정답 ①

---

55 죽 조리의 특징으로 옳지 않은 것은?

☑ 확인
Check!

○ □
△ □
X □

① 곡물에 물을 6~7배가량 붓고 오래 끓여서 녹말이 완전 호화상태로까지 무르익게 만든 것이다.
② 주재료인 곡물을 물에 담가서 수분을 흡수시킨다.
③ 죽을 끓일 때는 센 불에서 빨리 끓인다.
④ 간을 할 경우 미리 하지 말고 상에 내기 직전에 해야 죽이 삭지 않는다.

해설
죽은 약불에서 서서히 끓인다.

정답 ③

---

56 국이나 탕에 사용되는 국물에 대한 설명으로 틀린 것은?

☑ 확인
Check!

○ □
△ □
X □

① 멸치는 머리와 내장을 빼고 볶아서 사용한다.
② 다시마는 오래 끓여 사용한다.
③ 국물은 국, 찌개 따위의 음식에서 건더기를 제외한 물을 말한다.
④ 사골 육수는 국, 찌개, 전골요리 등에 사용할 경우 핏물을 빼고 사용한다.

해설
다시마는 오래 끓이면 아이오딘, 핵산 성분이 빠져나와 끈적이므로 오래 끓이지 않는다.

정답 ②

57

☑ 확인
Check!

○ ☐
△ ☐
✕ ☐

초 조리 시 맛을 좌우하는 조리원칙으로 옳지 않은 것은?

① 남는 국물의 양을 10% 이내로 하여 간이 세지 않도록 한다.
② 재료의 크기와 써는 모양에 따라 맛이 좌우되므로 일정한 크기를 유지한다.
③ 조미료는 소금 → 설탕 → 식초 순으로 넣는다.
④ 양념을 적게 써야 식재료의 고유한 맛을 살릴 수 있다.

해설
설탕은 재료를 팽창시켜 부드럽게 만들고 다른 조미료가 잘 스며들게 하므로 가장 먼저 넣는다. 소금은 분자량이 작아 설탕보다 빨리 스미기 때문에 단맛이 배지 않으므로 설탕 다음에 넣는 것이 좋다. 식초는 단백질을 응고시키고 가열에 의해 산미가 잘 날아가기 때문에 설탕, 소금 뒤에 넣는다.

정답 ③

58

☑ 확인
Check!

○ ☐
△ ☐
✕ ☐

육회 재료 준비에 대한 내용으로 적절하지 않은 것은?

① 소고기는 일정한 굵기로 결 방향으로 채 썬다.
② 육회에 사용하는 고기는 살코기인 우둔 부위를 쓴다.
③ 소고기는 핏물을 제거하고 힘줄이나 기름기 등을 제거한다.
④ 채를 썬 배는 변색을 방지하기 위해 설탕물에 담갔다가 건진다.

해설
육회 재료인 소고기는 일정한 굵기로 결 반대 방향으로 채 썬다.

정답 ①

59

☑ 확인
Check!

○ ☐
△ ☐
✕ ☐

다음 중 소금구이 요리에 해당하지 않는 것은? ✓신유형

① 방자구이
② 청어구이
③ 가리구이
④ 김구이

해설
③ 가리구이 : 소갈비 살을 편으로 뜨고 칼집을 내어 양념장에 재어 두었다가 구운 음식이다(간장 양념구이).
① 방자구이 : 얇게 썬 소고기를 양념하지 않고 소금과 후추를 뿌리며 구운 음식이다.
② 청어구이 : 청어에 칼집을 내고 소금을 뿌려 구운 음식이다.
④ 김구이 : 김에 들기름이나 참기름을 바르고 소금을 뿌려 구운 음식이다.

정답 ③

60

☑ 확인
Check!

○ ☐
△ ☐
✕ ☐

열무김치가 시어지면 색깔이 변하는데 이는 무엇 때문인가?

① 단백질의 증가
② 탄수화물의 증가
③ 비타민, 무기질의 증가
④ 유기산의 증가

해설
열무김치가 시어지면 유기산이 증가하여 산성이 된다. 열무에 함유된 클로로필은 산성에서 갈색으로 변색된다.

정답 ④

01 식품 창고를 관리하는 방법으로 옳지 않은 것은?

☑ 확인
Check!

○ □
△ □
✕ □

① 항상 적당한 습도를 유지하도록 한다.
② 저장식품과 바로 사용할 채소류는 따로 저장한다.
③ 직사광선을 피하고 통풍과 환기가 잘되어야 한다.
④ 방충망을 설치하고 살충제나 소독약을 구비해 둔다.

해설

④ 식품 창고 관리의 방충·방서를 철저히 한다. 단, 식품 창고에 식품이 아닌 소독제, 살충제 등은 보관하지 않도록 한다.

정답 ④

02 미생물 종류 중 크기가 가장 큰 것은?

☑ 확인
Check!

○ □
△ □
✕ □

① 세균(bacteria)
② 바이러스(virus)
③ 곰팡이(mold)
④ 효모(yeast)

해설

미생물의 크기 : 곰팡이 > 효모 > 스피로헤타 > 세균 > 리케차 > 바이러스

정답 ③

03 돼지고기를 완전히 익히지 않고 먹을 경우 감염될 수 있는 기생충은?

☑ 확인
Check!

○ □
△ □
✕ □

① 아니사키스
② 무구조충
③ 선모충
④ 광절열두조충

해설

① 아니사키스 : 오징어, 대구
② 무구조충 : 소고기
④ 광절열두조충 : 송어, 연어

정답 ③

04 다음 중 조리기구의 소독에 사용하는 약품은?

☑ 확인
Check!

○ □
△ □
✕ □

① 석탄산수, 크레졸수, 포르말린수
② 염소, 표백분, 차아염소산나트륨
③ 석탄산수, 크레졸수, 생석회
④ 역성비누, 차아염소산나트륨

해설

①은 병실, ②는 음료수, ③은 화장실 및 하수구 소독에 사용된다.

정답 ④

05

☑ 확인
Check!
○ □
△ □
✕ □

식품첨가물의 사용 목적과 이에 따른 첨가물의 종류가 바르게 연결된 것은?

① 식품의 영양 강화를 위한 것 - 강화제
② 식품의 관능을 만족시키기 위한 것 - 보존료
③ 식품의 변질이나 변패를 방지하기 위한 것 - 감미료
④ 식품의 품질을 개량하거나 유지하기 위한 것 - 산미료

해설
② 보존료 : 식품의 변질이나 변패를 방지하기 위한 것
③ 감미료 : 식품의 관능을 만족시키기 위한 것
④ 산미료 : 식품의 관능을 만족시키기 위한 것

정답 ①

06

☑ 확인
Check!
○ □
△ □
✕ □

육류의 직화구이나 훈연 중에 발생하는 발암물질은?

① 아크릴아마이드(acrylamide)
② N-나이트로사민(N-nitrosamine)
③ 에틸카바메이트(ethylcarbamate)
④ 벤조피렌(benzopyrene)

해설
벤조피렌은 화석연료 등을 열처리하는 과정에서 발생하며, 태운 식품이나 훈제품에 함량이 높다.

정답 ④

07

☑ 확인
Check!
○ □
△ □
✕ □

교차오염 방지를 위해 하는 행동으로 옳지 않은 것은?

① 식자재와 음식물이 직접 닿는 랙(rack)이나 내부 표면, 용기는 매일 세척·살균한다.
② 주방 공간에 설치된 장비나 기물은 정기적인 세척을 해 주어야 한다.
③ 상온 창고의 바닥은 일정 습도를 유지해야 한다.
④ 만일에 대비해 주방 설비의 작동 매뉴얼과 세척을 위한 설명서를 확보해 두는 것이 좋다.

해설
③ 교차오염을 방지하기 위해 상온 창고의 바닥은 항상 건조 상태를 유지하는 것이 좋다.

정답 ③

08

☑ 확인
Check!
○ □
△ □
✕ □

세균성 식중독 중에서 독소형은?

① 포도상구균 식중독
② 장염 비브리오균 식중독
③ 살모넬라 식중독
④ 리스테리아 식중독

해설
세균성 식중독
• 감염형 : 살모넬라 식중독, 장염 비브리오 식중독, 병원성 대장균 식중독, 리스테리아 식중독
• 독소형 : 포도상구균 식중독, 클로스트리디움 보툴리눔 식중독

정답 ①

09

☑ 확인
Check!
○ □
△ □
✕ □

다음 중 살모넬라균의 식품 오염원으로 가장 중시되는 것은?

① 곰팡이   ② 해조류
③ 가금류   ④ 독버섯

해설
살모넬라는 난류, 육류, 가금류와 그 가공품을 원인식품으로 하는 세균성 식중독이다.

정답 ③

10 식품과 해당 독성분의 연결이 잘못된 것은?

☑ 확인
Check!

○ □
△ □
✕ □

① 감자 – solanine(솔라닌)
② 조개류 – saxitoxin(삭시톡신)
③ 독버섯 – venerupin(베네루핀)
④ 복어 – tetrodotoxin(테트로도톡신)

해설

- 독버섯의 유독성분 : 무스카린(muscarine), 무스카리딘(muscaridine), 뉴린(neurine), 팔린(phalin), 아마니타톡신(amanitatoxin), 필즈톡신(pilztoxin), 콜린(choline) 등
- 모시조개, 바지락, 굴의 유독성분 : 베네루핀(venerupin)

 정답 ③

11 곰팡이에 의해 생성되는 독소가 아닌 것은?

☑ 확인
Check!

○ □
△ □
✕ □

① 아플라톡신(aflatoxin)
② 시트리닌(citrinin)
③ 엔테로톡신(enterotoxin)
④ 파툴린(patulin)

해설

③ 엔테로톡신(enterotoxin)은 세균성 식중독 중 황색포도상구균 식중독의 원인 독소이다.

곰팡이 독소

- 아플라톡신 중독 : 아스페르길루스 플라버스
- 황변미 중독 : 시트리닌, 시트레오비리딘, 아이슬랜디 톡신 등
- 맥각 중독 : 에르고톡신, 에르고메트린, 에르고타민 등

 정답 ③

12 식품 등을 판매하거나 판매할 목적으로 취급할 수 있는 것은?

☑ 확인
Check!

○ □
△ □
✕ □

① 포장에 표시된 내용량에 비하여 중량이 부족한 식품
② 썩거나 상하거나 설익어서 인체의 건강을 해칠 우려가 있는 식품
③ 영업의 신고를 하여야 하는 경우에 신고하지 아니한 자가 제조한 식품
④ 병을 일으키는 미생물에 오염되었거나 그 염려가 있어 인체의 건강을 해칠 우려가 있는 식품

해설

위해식품 등의 판매 등 금지(법 제4조)

누구든지 다음의 어느 하나에 해당하는 식품 등을 판매하거나 판매할 목적으로 채취·제조·수입·가공·사용·조리·저장·소분·운반 또는 진열하여서는 아니 된다.

- 썩거나 상하거나 설익어서 인체의 건강을 해칠 우려가 있는 것
- 유독·유해물질이 들어 있거나 묻어 있는 것 또는 그러할 염려가 있는 것. 다만, 식품의약품안전처장이 인체의 건강을 해칠 우려가 없다고 인정하는 것은 제외한다.
- 병을 일으키는 미생물에 오염되었거나 그 염려가 있어 인체의 건강을 해칠 우려가 있는 것
- 불결하거나 다른 물질이 섞이거나 첨가된 것 또는 그 밖의 사유로 인체의 건강을 해칠 우려가 있는 것
- 안전성 심사 대상인 농·축·수산물 등 가운데 안전성 심사를 받지 아니하였거나 안전성 심사에서 식용으로 부적합하다고 인정된 것
- 수입이 금지된 것 또는 「수입식품안전관리 특별법」 제20조 제1항에 따른 수입신고를 하지 아니하고 수입한 것
- 영업자가 아닌 자가 제조·가공·소분한 것

 정답 ①

13 ☑ 확인 Check! ○ □ △ □ ✕ □

수출을 목적으로 하는 식품 또는 식품첨가물의 기준과 규격은 식품위생법의 규정 외에 어떤 기준과 규격에 의할 수 있는가?

① 수입자가 요구하는 기준과 규격
② 국립검역소장이 정하여 고시한 기준과 규격
③ FDA의 기준과 규격
④ 산업통상자원부장관의 별도 허가를 득한 기준과 규격

해설

식품 또는 식품첨가물에 관한 기준 및 규격(법 제7조 제3항)
수출할 식품 또는 식품첨가물의 기준과 규격은 수입자가 요구하는 기준과 규격을 따를 수 있다.

정답 ①

---

14 ☑ 확인 Check! ○ □ △ □ ✕ □

식품조사처리업을 하는 자가 영업을 변경하려고 할 때 허가를 받아야 하는 것은? ✔신유형

① 영업소 소재지
② 영업자 이름
③ 영업소 상호
④ 영업소 전화번호

해설

허가를 받아야 하는 변경사항(영 제24조)
영업을 변경할 때 허가를 받아야 하는 사항은 영업소 소재지로 한다.

 정답 ①

---

15 ☑ 확인 Check! ○ □ △ □ ✕ □

식품위생법상 집단급식소의 조리사 직무로 옳은 것은?

① 급식설비 및 기구의 위생·안전 실무
② 종업원에 대한 식품위생교육
③ 집단급식소에서의 검식 및 배식관리
④ 구매식품의 검수 및 관리

해설

집단급식소 조리사의 직무(법 제51조 제2항)
• 집단급식소에서의 식단에 따른 조리업무(식재료의 전처리에서부터 조리, 배식 등의 전 과정을 말함)
• 구매식품의 검수 지원
• 급식설비 및 기구의 위생·안전 실무
• 그 밖에 조리 실무에 관한 사항

정답 ①

---

16 ☑ 확인 Check! ○ □ △ □ ✕ □

식품위생법상 식중독 환자를 진단한 의사는 누구에게 이 사실을 제일 먼저 보고하여야 하는가?

① 보건소장
② 경찰서장
③ 보건복지부장관
④ 관할 시장·군수·구청장

해설

식중독에 관한 조사 보고(법 제86조 제1항)
다음의 어느 하나에 해당하는 자는 지체 없이 관할 특별자치시장·시장·군수·구청장에게 보고하여야 한다. 이 경우 의사나 한의사는 대통령령으로 정하는 바에 따라 식중독 환자나 식중독이 의심되는 자의 혈액 또는 배설물을 보관하는 데에 필요한 조치를 하여야 한다.
• 식중독 환자나 식중독이 의심되는 자를 진단하였거나 그 사체를 검안한 의사 또는 한의사
• 집단급식소에서 제공한 식품 등으로 인하여 식중독 환자나 식중독으로 의심되는 증세를 보이는 자를 발견한 집단급식소의 설치·운영자

 정답 ④

17

☑ 확인
Check!

○ □
△ □
✕ □

보기는 식품 등의 표시기준상 영양성분별 세부표시 방법 내용이다. ( ) 안에 들어갈 알맞은 것은?

┌─보기─
│
│ 열량의 단위는 킬로칼로리(kcal)로 표시하되, 그 값
│ 을 그대로 표시하거나 그 값에 가장 가까운 ( )
│ 단위로 표시하여야 한다. 이 경우 ( ) 미만은 "0"으
│ 로 표시할 수 있다.
│

① 5kcal

② 10kcal

③ 15kcal

④ 20kcal

해설

표시사항별 세부표시기준(식품 등의 표시기준 [별지 1])
열량의 단위는 킬로칼로리(kcal)로 표시하되, 그 값을 그대로 표시하거나 그 값에 가장 가까운 5kcal 단위로 표시하여야 한다. 이 경우 5kcal 미만은 "0"으로 표시할 수 있다.

정답 ①

18

☑ 확인
Check!

○ □
△ □
✕ □

적외선에 속하는 파장은?

① 200nm

② 400nm

③ 600nm

④ 800nm

해설

일반적인 감지기 등에 사용되는 근적외선의 파장 범위는 780~1,400nm이다.

정답 ④

19

☑ 확인
Check!

○ □
△ □
✕ □

대기 오염물질로 산성비의 원인이 되며, 달걀이 썩는 자극성 냄새가 나는 기체는?

① 이산화황(SO_2)

② 일산화탄소(CO)

③ 이산화질소(NO_2)

④ 이산화탄소(CO_2)

해설

아황산가스(SO_2)는 황이 연소할 때 발생하는 기체로, 황과 산소의 화합물이다. 달걀 썩는 냄새가 나며 석유, 석탄 속에 들어 있는 유황화물의 연소로 인한 대기오염이 산성비의 원인이 되고 있다. '이산화황'이라고도 하며, 석유를 정제할 때 원유에 함유되어 있는 황이 산화되어 공중에 방출된다.

정답 ①

20

☑ 확인
Check!

○ □
△ □
✕ □

물의 자정작용에 해당하지 않는 것은?

① 침전작용

② 탄소동화 작용

③ 산화작용

④ 희석작용

해설

탄소동화 작용은 녹색식물 등이 탄수화물을 만드는 작용이다.

정답 ②

21 ☑ 확인 Check! ○ □ △ □ × □

생활쓰레기의 분류 중 부엌에서 나오는 동식물성 유기물은?

① 재활용성 진개
② 가연성 진개
③ 주개
④ 불연성 진개

해설
주개란 가정이나 음식점, 호텔 등의 주방에서 배출되는 식품의 쓰레기로 육류, 채소, 과일, 곡류 등 악취의 원인이 되고 부패하기 쉽다.

정답 ③

24 ☑ 확인 Check! ○ □ △ □ × □

화재 예방에 대한 설명 중 옳지 않은 것은?

① 화재 위험성이 있는 화기나 설비 주변은 정기적으로 점검한다.
② 정기적으로 화재 예방에 대한 교육을 실시한다.
③ 뜨거운 오일이나 유지 등 화염원 근처에 물건을 적재하지 않는다.
④ 전기 사용 지역은 불이 났을 때를 대비해 물 사용이 많은 곳으로 하는 것이 좋다.

해설
전기 사용 지역은 물과 접촉할 가능성이 가급적 적은 곳으로 정하는 것이 좋다.

정답 ④

22 ☑ 확인 Check! ○ □ △ □ × □

다음 중 제2급 감염병이 아닌 것은?

① 파라티푸스
② 유행성이하선염
③ 디프테리아
④ 세균성 이질

해설
③ 디프테리아는 제1급 감염병이다.

정답 ③

23 ☑ 확인 Check! ○ □ △ □ × □

유리규산의 분진 흡입으로 폐에 만성섬유증식을 유발하는 질병은?

① 규폐증
② 철폐증
③ 면폐증
④ 농부폐증

해설
규폐증은 폐에 생기는 만성질환으로 대기 중에 있는 유리규산의 미세분말을 장기적으로 흡입할 때 생기는 직업병이다.

정답 ①

25 ☑ 확인 Check! ○ □ △ □ × □

다음 탄수화물 중에서 단맛이 있어 감미료로 사용되며 물에 쉽게 용해되는 것은?

① 한천
② 펙틴
③ 과당
④ 전분

해설
과당은 당류 중 단맛이 가장 강하며, 물에 쉽게 용해된다.

정답 ③

26 1g당 발생하는 열량이 가장 큰 것은?

☑ 확인 Check!
○ □
△ □
× □

① 당질
② 단백질
③ 지방
④ 알코올

(해설)

1g당 탄수화물 4kcal, 지방 9kcal, 단백질 4kcal, 알코올 7kcal의 열량을 낸다.

정답 ③

---

27 어떤 난백질의 질소 함량이 18%라면 이 단백질의 질소계수는 약 얼마인가?

☑ 확인 Check!
○ □
△ □
× □

① 5.56
② 6.30
③ 6.47
④ 6.67

(해설)

$$질소계수 = \frac{100}{질소\ 함량} = \frac{100}{18} ≒ 5.56$$

정답 ①

---

28 식품의 산성 및 알칼리성을 결정하는 기준은?

☑ 확인 Check!
○ □
△ □
× □

① 필수지방산의 존재 여부
② 필수아미노산의 존재 여부
③ 구성 탄수화물
④ 구성 무기질

(해설)

식품은 어떤 무기질로 구성되어 있느냐에 따라 산성과 알칼리성으로 나뉘고, 식품을 연소시켰을 때 최종적으로 어떤 원소가 남는가에 따라 산성 식품과 알칼리성 식품으로 구별한다.

정답 ④

---

29 보기는 동물성 색소 중 하나에 대한 설명이다. 어떤 색소인가?

☑ 확인 Check!
○ □
△ □
× □

┌보기┐
• 육류의 혈액색소이며 공기 중에서 쉽게 산화되어 부패를 일으키기도 한다.
• 산화되면 적갈색으로 변하고 가열하면 갈색이나 회색으로 변화한다.
└────┘

① 카로티노이드
② 마이오글로빈
③ 헤모글로빈
④ 쿠쿠르비타신

(해설)

동물성 색소에는 마이오글로빈, 헤모글로빈, 동물성 카로티노이드 등이 있다. 보기는 이 중 헤모글로빈에 대한 설명이다.
④ 쿠쿠르비타신은 오이의 쓴맛을 내는 성분이다.

정답 ③

---

30 조리기구의 재질 중 열전도율이 커서 열을 전달하기 쉬운 것은?

☑ 확인 Check!
○ □
△ □
× □

① 유리
② 도자기
③ 알루미늄
④ 석면

(해설)

열전도율
• 열이 전해지는 속도이다.
• 열전도율이 큰 금속(은, 구리, 알루미늄 등)은 빨리 데워지고 빨리 식는다.
• 열전도율이 작은 재질(유리, 도자기류 등)은 서서히 데워지고 쉽게 식지 않는다.
• 열전도율이 높은 순서 : 순은 > 구리 > 금 > 알루미늄 > 텅스텐 > 철 > 백금 > 청동 > 주철 > 스테인리스

정답 ③

31

☑ 확인
Check!
○ □
△ □
✕ □

다음 중 다시마, 된장, 간장의 감칠맛을 내는 정미성분은?

① 이노신산
② 글루타민산
③ 구아닐산
④ 시스테인

해설

② 글루타민산 : 식물성 단백질 속에 많이 함유되어 있는 아미노산으로, 간장 등의 지미성분
① 이노신산 : 멸치, 가다랑어 말린 것
③ 구아닐산 : 표고버섯
④ 시스테인 : 육류, 어류

정답 ②

32

☑ 확인
Check!
○ □
△ □
✕ □

다음 영양소 중 우리 몸을 구성하는 기능을 하는 영양소는?

① 비타민, 수분
② 탄수화물, 지방
③ 단백질, 무기질
④ 단백질, 비타민

해설

인체조직을 구성하는 영양소(구성영양소)로 단백질, 지질, 무기질, 수분 등이 있다.

정답 ③

33

☑ 확인
Check!
○ □
△ □
✕ □

다음 중 신선하지 않은 식품은?

① 생선 - 윤기가 있고 눈알이 약간 튀어나온 것
② 고기 - 육색이 선명하고 윤기 있는 것
③ 달걀 - 껍질이 반들반들하고 매끄러운 것
④ 오이 - 가시가 있고 곧은 것

해설

신선한 달걀 감별법
• 껍질이 까칠까칠하고 튼튼하며 타원형인 것
• 광선에 비추었을 때 투명한 것
• 6~10%의 식염수에 달걀을 넣었을 때 아래로 가라앉는 것
• 난황계수가 0.36~0.44인 것
• 깨뜨렸을 때 난백이 퍼지지 않는 것

정답 ③

34

☑ 확인
Check!
○ □
△ □
✕ □

식품 검수방법의 연결이 틀린 것은?

① 화학적 방법 - 영양소의 분석, 첨가물, 유해성분 등을 검출하는 방법
② 검경적 방법 - 식품의 중량, 부피, 크기 등을 측정하는 방법
③ 물리학적 방법 - 식품의 비중, 경도, 점도, 빙점 등을 측정하는 방법
④ 생화학적 방법 - 효소반응, 효소활성도, 수소이온농도 등을 측정하는 방법

해설

검경적 방법 : 현미경 등을 이용하여 식품의 세포나 조직의 모양, 협잡물, 미생물의 존재를 판정한다.

정답 ②

35

☑ 확인
Check!
○ □
△ □
✕ □

다음 중 조리기기와 그 용도의 연결로 적절한 것은?

① 그라인더(grinder) - 고기를 다질 때
② 필러(peeler) - 난백 거품을 낼 때
③ 슬라이서(slicer) - 당근의 껍질을 벗길 때
④ 초퍼(chopper) - 고기를 일정한 두께로 저밀 때

해설

② 필러 : 감자, 당근 등의 껍질을 벗길 때
③ 슬라이서 : 고기를 일정한 두께로 저밀 때
④ 초퍼 : 고기나 채소를 다질 때

정답 ①

36

☑ 확인
Check!

○ □
△ □
✕ □

단체급식 조리장을 신축할 때 우선적으로 고려할 사항을 보기에서 순서대로 배열한 것은?

✓신유형

┌─보기─────────────────────────┐
│ ㉠ 위생   ㉡ 경제   │
│ ㉢ 능률   │
└───────────────────────────┘

① ㉢ → ㉡ → ㉠
② ㉡ → ㉠ → ㉢
③ ㉠ → ㉢ → ㉡
④ ㉡ → ㉢ → ㉠

해설

조리장을 신축 또는 증·개축할 때는 위생, 능률, 경제의 3요소를 기본으로 하며 위생을 가장 우선시하고 능률, 경제 순으로 고려한다.

정답 ③

37

☑ 확인
Check!

○ □
△ □
✕ □

주방의 바닥 조건으로 맞는 것은?

① 산, 알칼리에 약하고 습기, 열에 강해야 한다.
② 바닥 전체의 물매는 1/20이 적당하다.
③ 조리작업을 드라이 시스템화할 경우의 물매는 1/100 정도가 적당하다.
④ 고무타일, 합성수지타일 등이 잘 미끄러지지 않으므로 적합하다.

해설

① 산이나 알칼리에 강할 뿐만 아니라 충분한 내구력을 갖추어야 한다.
② 물매는 100분의 1 이상이어야 한다.
③ 드라이 시스템화는 조리장의 바닥을 항상 건조한 상태로 유지하는 시스템을 말한다.

정답 ④

38

☑ 확인
Check!

○ □
△ □
✕ □

전분의 호정화에 대한 설명으로 옳지 않은 것은?

① 호정화란 화학적 변화가 일어난 것이다.
② 호화된 전분보다 물에 녹기 쉽다.
③ 전분을 150~190℃에서 물을 붓고 가열할 때 나타나는 변화이다.
④ 호정화되면 덱스트린이 생성된다.

해설

전분을 160℃ 이상에서 수분을 사용하지 않고 가열하면 호정화(덱스트린화)된다. 호정화된 전분은 물에 잘 녹고 소화가 잘 된다(미숫가루, 뻥튀기 등).

정답 ③

39

☑ 확인
Check!

○ □
△ □
✕ □

먹다 남은 찹쌀떡을 보관하려고 할 때 노화가 가장 빨리 일어나는 보관방법은?

① 냉동고 보관
② 상온 보관
③ 냉장고 보관
④ 온장고 보관

해설

전분의 노화는 수분 30~60%, 온도 0~4℃일 때 가장 일어나기 쉽다.

정답 ③

40

☑ 확인
Check!

○ □
△ □
✕ □

된장, 간장 제조 시 누룩곰팡이는 콩의 어떤 성분을 분해하는가?

✓신유형

① 무기질   ② 단백질
③ 비타민   ④ 지방질

해설

누룩곰팡이는 프로테아제(protease)를 대량 생산하여 콩의 단백질을 분해한다.

정답 ②

41 조리 시 첨가하는 물질의 역할에 대한 설명으로 틀린 것은?

☑ 확인
Check!

○ □
△ □
✕ □

① 식염 - 면 반죽의 탄성 증가
② 식초 - 백색 채소의 색 고정
③ 탄산수소나트륨 - 펙틴 물질의 불용성 강화
④ 구리 - 녹색 채소의 색 고정

(해설)

탄산수소나트륨(NaHCO₃, 중조)
탄산수소나트륨은 식품에 알칼리제, 팽창제, 완충제 등으로 사용되는 식품첨가물이다. 채소 조리 시 탄산수소나트륨을 넣으면 색이 선명해지고, 조직이 연화되고 비타민 C가 파괴된다.

정답 ③

42 우엉 조리에 대한 설명으로 옳지 않은 것은?

☑ 확인
Check!

○ □
△ □
✕ □

① 우엉을 삶을 때 청색을 띠는 것은 산성물질 때문이다.
② 우엉 껍질을 벗겨 공기 중에 노출하면 갈변 현상이 일어난다.
③ 갈변현상을 막기 위해서는 물이나 1% 정도의 소금물에 담근다.
④ 우엉의 떫은맛은 타닌, 클로로겐산 등의 페놀 성분이 함유되어 있기 때문이다.

(해설)

우엉을 삶을 때 청색을 띠는 것은 우엉에 함유된 K, Ca, Na, Mg 등의 알칼리성 무기질이 용출되어 안토잔틴 색소를 청색으로 변화시키기 때문이다.

정답 ①

43 육류 가열 시 나타나는 현상으로 틀린 것은?

☑ 확인
Check!

○ □
△ □
✕ □

① 색의 변화
② 수축 및 중량 감소
③ 풍미의 증진
④ 부피의 증가

(해설)

육류의 가열에 따른 변화
• 회갈색으로의 색소 변화
• 단백질의 응고로 고기의 수축
• 중량 및 보수성 감소, 지방 및 육즙 손실
• 결합조직(뼈, 피부 결체조직)의 연화(젤라틴화)
• 지방의 융해
• 풍미의 변화

정답 ④

44 육류의 부패과정에서 pH가 약간 저하되었다가 다시 상승하는 데 관계하는 것은?

☑ 확인
Check!

○ □
△ □
✕ □

① 암모니아
② 비타민
③ 글리코겐
④ 지방

(해설)

암모니아는 육류가 부패되는 과정에서 유해균을 생성하여 pH를 상승시킨다.

정답 ①

45 ☑ 확인 Check! ○ □ △ □ X □

우유의 균질화(homogenization)에 대한 설명으로 옳은 것은?

① 우유의 성분을 일정하게 하는 과정을 말한다.
② 우유의 색을 일정하게 고정시키기 위한 과정이다.
③ 우유의 단백질 입자의 크기를 미세하게 하기 위한 과정이다.
④ 우유 지방 입자의 크기를 미세하게 하기 위한 과정이다.

해설
우유의 균질화란 우유에 함유된 지방 알갱이를 잘게 부수는 것으로, 우유를 균질화하면 지방의 소화흡수율이 높아지고, 부드러운 맛이 더해진다.

정답 ④

46 ☑ 확인 Check! ○ □ △ □ X □

난백의 기포성에 대한 설명으로 적절하지 않은 것은?

① 난백에 식용유를 소량 첨가하면 거품이 잘 생기고 윤기도 난다.
② 신선한 달걀보다는 어느 정도 묵은 달걀이 수양 난백이 많아 거품이 쉽게 형성된다.
③ 난백의 거품이 형성된 후 설탕을 서서히 소량씩 첨가하면 안정성 있는 거품이 형성된다.
④ 난백은 냉장온도보다 실내온도에 저장했을 때 점도가 낮고 표면장력이 작아져 거품이 잘 형성된다.

해설
달걀의 거품은 묵은 달걀일수록 잘 나고, 난백이 응고하지 않을 정도의 온도에서 잘 난다. 기름을 넣고 저으면 거품이 잘 나지 않고, 소량의 소금이나 산의 첨가는 거품이 잘 나게 한다. 거품을 완전히 낸 후 마지막에 설탕을 넣으면 달걀의 거품이 안정된다.

정답 ①

47 ☑ 확인 Check! ○ □ △ □ X □

생선에 레몬즙을 뿌렸을 때 나타나는 현상이 아닌 것은?

① 단백질이 응고된다.
② 생선의 비린내가 감소한다.
③ pH가 산성이 되어 미생물의 증식이 억제된다.
④ 신맛이 가해져서 생선이 부드러워진다.

해설
레몬즙은 생선의 단백질을 응고시켜 육질을 단단하게 한다.

정답 ④

48 ☑ 확인 Check! ○ □ △ □ X □

탈수가 일어나지 않으면서 간이 맞도록 생선을 구우려면 일반적으로 생선 중량 대비 소금의 양은 얼마가 가장 적당한가?

① 0.1%
② 2%
③ 16%
④ 20%

해설
생선을 구울 때 생선 중량의 2~3%의 소금을 뿌리면 탈수도 일어나지 않고 간도 적절하다.

정답 ②

49

☑ 확인 Check!
○ □
△ □
✕ □

약과를 만들 때 밀가루와 참기름을 손바닥으로 비벼주는 과정은 유지의 어떤 특성을 이용한 것인가?

① 쇼트닝성
② 크림성
③ 유화성
④ 가소성

해설
밀가루 반죽에 유지를 넣으면 글루텐 망상 구조가 형성되지 못하여 식품이 연해지는데 이러한 유지의 성질을 쇼트닝성이라고 한다.

정답 ①

50

☑ 확인 Check!
○ □
△ □
✕ □

식품에 식염을 직접 뿌리는 염장법은?

① 물간법
② 마른간법
③ 압착염장법
④ 염수주사법

해설
② 마른간법 : 생선 등에 물기 없이 직접 소금을 뿌려 간을 하는 방법
① 물간법 : 물고기 등을 소금물에 담가 간을 하는 방법
③ 압착염장법 : 물간법에서 누름돌을 얹어 가압하면서 염장하는 방법
④ 염수주사법 : 염수를 주사한 후 일반 염장법으로 염지하는 방법

정답 ②

51

☑ 확인 Check!
○ □
△ □
✕ □

다음 중 식품의 냉동 보관에 대한 설명으로 틀린 것은?

① 미생물의 번식을 억제할 수 있다.
② 식품 중의 효소작용을 억제하여 품질 저하를 막는다.
③ 급속 냉동 시 얼음 결정이 작게 형성되어 식품의 조직 파괴가 적다.
④ 소고기의 드립(drip)을 막기 위해 높은 온도에서 빨리 해동하는 것이 좋다.

해설
높은 온도에서 해동하면 조직이 상해서 드립이 많이 나와 맛과 영양소의 손실이 크므로 냉장고나 흐르는 냉수에서 해동하는 것이 좋다.

정답 ④

52

☑ 확인 Check!
○ □
△ □
✕ □

식미에 긴장감을 주고 식욕을 증진시키며 살균작용을 돕는 매운맛 성분의 연결이 틀린 것은?

① 마늘 – 알리신(allicin)
② 생강 – 진저롤(gingerol)
③ 산초 – 호박산(succinic acid)
④ 고추 – 캡사이신(capsaicin)

해설
③ 산초의 매운맛 성분은 산쇼올(sanshool)이다. 호박산은 조개나 사과 등에 들어 있으며, 신맛이 난다.

정답 ③

53 고명에 대한 설명으로 옳지 않은 것은?

☑ 확인
Check!

○ □
△ □
× □

① 검은색 고명 재료로는 표고버섯을 가장 많이 사용한다.
② 음식의 모양과 색을 좋게 하기 위해 장식하는 것을 말한다.
③ '웃기' 또는 '꾸미'라고도 한다.
④ 황색과 흰색 고명은 보통 달걀의 황백지단으로 만든다.

해설
검은색 고명의 재료로 가장 많이 사용하는 것은 석이버섯이다.

정답 ①

54 쌀의 호화 온도로 가장 적절한 것은?

☑ 확인
Check!

○ □
△ □
× □

① 50℃, 30분
② 70℃, 30분
③ 90℃, 25분
④ 98℃, 20분

해설
쌀은 60~65℃에서 호화가 시작되어 100℃에서 20~30분 정도 두면 호화가 완료된다.

정답 ④

55 오자죽에 대한 설명으로 틀린 것은? ✓신유형

☑ 확인
Check!

○ □
△ □
× □

① 왕실의 보양식이다.
② 다섯 가지 견과류를 넣고 끓인 죽이다.
③ 잣, 호두, 복숭아씨, 살구씨, 깨를 넣어 끓인 죽이다.
④ 여러 가지 채소류를 넣어 끓인 죽이다.

해설
오자죽은 왕실의 보양식으로 다섯 가지 견과류(살구씨, 잣, 호두, 깨, 복숭아씨)를 넣어 끓인 죽이다.

정답 ④

56 국, 탕의 육수를 끓일 때 소금이나 간장, 된장을 넣는 시기로 옳은 것은?

☑ 확인
Check!

○ □
△ □
× □

① 국물이 우러났을 때 넣는다.
② 처음부터 넣고 끓인다.
③ 다 끓인 후 마지막에 넣는다.
④ 조금 끓이다가 넣는다.

해설
국이나 탕은 육수가 우러나면 조미료를 넣는다.

정답 ①

57

☑ 확인
Check!

○ ☐
△ ☐
✕ ☐

다음 중 찌개의 국물과 건더기의 비율로 알맞은 것은?   ✔신유형

① 2 : 1
② 1 : 2
③ 6 : 4
④ 4 : 6

해설
찌개는 국물과 건더기의 비율이 4 : 6 정도로, 건더기를 주로 먹기 위한 음식이다.

정답 ④

59

☑ 확인
Check!

○ ☐
△ ☐
✕ ☐

다음 조리법과 음식의 연결로 틀린 것은?   ✔신유형

① 생채 – 오이생채, 월과채
② 숙채 – 비름나물, 방풍나물
③ 숙채 – 고사리나물, 취나물
④ 생채 – 상추생채, 더덕생채

해설
월과채는 애호박을 주재료로 쇠고기, 표고버섯 등을 채썰어 볶은 숙채류 음식이다.

정답 ①

58

☑ 확인
Check!

○ ☐
△ ☐
✕ ☐

전 또는 적의 재료의 전처리 방법으로 틀린 것은?

① 단단한 재료는 미리 데치거나 익혀 놓는다.
② 육류나 어패류는 포를 떠서 잔 칼집을 낸 뒤 소금, 후춧가루를 뿌려 밑간한다.
③ 육류, 해산물은 다른 재료의 길이보다 짧게 자른다.
④ 전의 속재료는 두부, 육류, 해산물을 다지거나 으깨어 양념하는데, 두부는 물기를 짜서 소금과 참기름으로 밑간한다.

해설
육류, 해산물은 익으면 길이가 줄어들기 때문에 다른 재료보다 길게 자른다.

정답 ③

60

☑ 확인
Check!

○ ☐
△ ☐
✕ ☐

배추김치의 재료 전처리에 대한 내용으로 옳지 않은 것은?   ✔신유형

① 배추 저장의 최적온도는 0~3℃, 상대습도는 95% 정도이다.
② 배추를 절일 때 삼투압 작용으로 배추 수분이 용출된다.
③ 절인 배추의 물 빼기를 할 때에 맛 성분이 일부 손실된다.
④ 절인 배추 세척 시 최종 염농도는 6% 정도가 되도록 맞춘다.

해설
염도가 6% 이상이면 너무 짤 뿐 아니라 수분이 과도하게 빠져 질긴 느낌을 줄 수 있다.

정답 ④

---

01 ☑확인 Check!

○ □
△ □
✕ □

식품 등의 위생적 취급에 관한 기준으로 틀린 것은?

① 어류·육류·채소류를 취급하는 칼과 도마는 구분하여 사용하여야 한다.

② 소비기한이 경과된 식품 등을 판매하거나 판매의 목적으로 진열·보관하여서는 안 된다.

③ 식품 원료 중 부패·변질되기 쉬운 것은 냉동·냉장시설에 보관·관리하여야 한다.

④ 식품의 조리에 직접 사용되는 기구는 사용 전에만 세척·살균하는 등 항상 청결하게 유지·관리하여야 한다.

(해설)

식품 등의 위생적인 취급에 관한 기준(규칙 [별표 1])
식품 등의 제조·가공·조리에 직접 사용되는 기계·기구 및 음식기는 사용 후에 세척·살균하는 등 항상 청결하게 유지·관리하여야 하며, 어류·육류·채소류를 취급하는 칼·도마는 각각 구분하여 사용하여야 한다.

정답 ④

02 ☑확인 Check!

○ □
△ □
✕ □

어패류의 신선도 판정 시 초기부패의 기준이 되는 물질은?

① 삭시톡신(saxitoxin)

② 에르고톡신(ergotoxin)

③ 아플라톡신(aflatoxin)

④ 트라이메틸아민(trimethylamine)

(해설)

트라이메틸아민(trimethylamine): 어패류의 신선도 지표로 3~4mg%이면 초기부패로 판정한다.

정답 ④

03 ☑확인 Check!

○ □
△ □
✕ □

바다에서 잡히는 어류(생선)를 먹고 기생충증에 걸렸다면 이와 가장 관계 깊은 기생충은?

① 아니사키스충

② 유구조충

③ 동양모양선충

④ 선모충

(해설)

② 유구조충 : 육류를 통해 감염되는 기생충(돼지)
③ 동양모양선충 : 채소를 통해 감염되는 기생충
④ 선모충 : 육류를 통해 감염되는 기생충(돼지)

정답 ①

04 ☑확인 Check!

○ □
△ □
✕ □

용어에 대한 설명 중 틀린 것은?

① 소독 – 병원성 세균을 제거하거나 감염력을 없애는 것

② 멸균 – 모든 세균을 제거하는 것

③ 방부 – 모든 세균을 완전히 제거하여 부패를 방지하는 것

④ 자외선 살균 – 살균력이 가장 큰 250~260nm의 파장을 써서 미생물을 제거하는 것

(해설)

방부는 세균을 제거하지 않고 발육을 정지시켜 부패를 방지하는 방법이다.

정답 ③

05

☑ 확인
Check!

○ ☐
△ ☐
✕ ☐

식품위생법으로 정의한 "식품첨가물"에 해당하는 것은?

① 화학적 수단으로 원소(元素) 또는 화합물에 분해반응 외의 화학반응을 일으켜서 얻은 물질

② 식품을 제조·가공·조리 또는 보존하는 과정에서 감미(甘味), 착색(着色), 표백(漂白) 또는 산화방지 등을 목적으로 식품에 사용되는 물질

③ 식품에 들어 있는 영양소의 양(量) 등 영양에 관한 정보를 표시하는 것

④ 식품을 제조·가공단계부터 판매단계까지 각 단계별로 정보를 기록·관리하여 그 식품의 안전성 등에 문제가 발생할 경우 그 식품을 추적하여 원인을 규명하고 필요한 조치를 할 수 있도록 하는 것

해설

식품첨가물 정의(법 제2조 제2호)
식품을 제조·가공·조리 또는 보존하는 과정에서 감미, 착색, 표백 또는 산화방지 등을 목적으로 식품에 사용되는 물질을 말한다. 이 경우 기구·용기·포장을 살균·소독하는 데에 사용되어 간접적으로 식품으로 옮아갈 수 있는 물질을 포함한다.

정답 ②

06

☑ 확인
Check!

○ ☐
△ ☐
✕ ☐

다음 중 유해성 식품첨가물이 아닌 것은?

① 소브산(sorbic acid)
② 아우라민(auramine)
③ 둘신(dulcin)
④ 론갈리트(rongalite)

해설

② 아우라민(auramine) : 유해 착색료
③ 둘신(dulcin) : 유해 감미료
④ 론갈리트(rongalite) : 유해 표백제

정답 ①

07

☑ 확인
Check!

○ ☐
△ ☐
✕ ☐

주방 내 주요 교차오염의 원인과 개선방안에 대한 설명으로 옳지 않은 것은?

① 나무재질의 도마, 주방바닥, 트렌치 등에서 교차오염이 발생하고 있다.

② 원재료 상태로 들여와 준비하는 것보다 가공 상태로 들여와 준비하는 과정에서 교차오염 발생 가능성이 더 높아진다.

③ 교차오염 방지를 위해서는 행주, 바닥, 생선 취급 코너에 집중적으로 위생관리를 해야 한다.

④ 식재료의 전처리 과정에서 더욱 세심한 청결상태의 유지와 식재료의 관리가 필요하다.

해설

② 교차오염 발생 가능성은 작업장에 가공상태로 들여와 준비하는 것보다 식품을 원재료 상태로 들여와 준비하는 과정에서 높아진다.

정답 ②

08

☑ 확인
Check!

○ ☐
△ ☐
✕ ☐

세균성 식중독의 일반적인 특성으로 틀린 것은?

① 주요 증상으로 두통, 구역질, 구토, 복통, 설사 등이 있다.

② 살모넬라균, 장염 비브리오균, 포도상구균 등이 원인이다.

③ 감염 후 면역성이 획득된다.

④ 발병하는 식중독의 대부분은 세균에 의한 세균성 식중독이다.

해설

세균성 식중독의 특징
• 식중독균에 오염된 식품을 섭취하여 발생한다.
• 식품에 많은 양의 균과 독소가 있다.
• 살모넬라, 장염 비브리오 외에는 2차 감염이 없다.
• 잠복기가 짧다.
• 면역력이 없다.

정답 ③

09 유독성 금속화합물에 의한 식중독을 일으킬 수 있는 경우는?

① 철분강화 식품
② 아이오딘강화 밀가루
③ 칼슘강화 우유
④ 종자살균용 유기수은제 처리 콩나물

해설

수은(Hg)의 중독 경로
• 콩나물 재배 시의 소독제(유기수은제) 사용
• 수은을 포함한 공장폐수로 인한 어패류 오염

정답 ④

10 식물과 그 유독성분이 잘못 연결된 것은?

① 감자 – 솔라닌
② 청매 – 프시로신
③ 피마자 – 리신
④ 독미나리 – 시큐톡신

해설

② 청매 : 아미그달린

정답 ②

11 황변미 중독을 일으키는 오염 미생물은?

① 곰팡이
② 효모
③ 세균
④ 기생충

해설

페니실륨속의 곰팡이가 번식하여 황변미 중독을 일으킨다.

정답 ①

12 식품위생법에서 국민의 보건위생을 위하여 필요하다고 판단되는 경우 영업소의 출입·검사·수거 등은 몇 회 실시하는가?

① 1년에 1회
② 1년에 4회
③ 6개월에 1회
④ 필요할 때마다 수시로

해설

출입·검사·수거 등(규칙 제19조 제1항)
출입·검사·수거 등은 국민의 보건위생을 위하여 필요하다고 판단되는 경우에는 수시로 실시한다.

정답 ④

13 자반의 종류를 설명한 것으로 적절하지 않은 것은?

① 준치자반 – 생선을 소금에 절인 것
② 풋고추자반 – 채소를 이용한 것
③ 암치자반 – 건어물을 기름에 튀긴 것
④ 똑똑이자반 – 소고기를 간장에 조린 것

해설

암치는 민어에 소금을 뿌려 말린 것으로, 이것을 곱게 부풀려 참기름에 무친 것이 암치자반이다.

정답 ③

14 ☑ 확인 Check!

식품위생법령상 영업자의 지위를 승계할 수 없는 경우는?

① 영업장이 도산한 경우
② 영업자가 영업을 양도한 경우
③ 영업자가 사망한 경우
④ 영업법인이 합병한 경우

해설

영업 승계(법 제39조 제1항)
영업자가 영업을 양도하거나 사망한 경우 또는 법인이 합병한 경우에는 그 양수인·상속인 또는 합병 후 존속하는 법인이나 합병에 따라 설립되는 법인은 그 영업자의 지위를 승계한다.

정답 ①

15 ☑ 확인 Check!

식품위생법상 집단급식소에 근무하는 영양사의 직무가 아닌 것은?

① 종업원에 대한 식품위생교육
② 식단 작성, 검식 및 배식관리
③ 조리사의 보수교육
④ 급식시설의 위생적 관리

해설

영양사의 직무(법 제52조 제2항)
• 집단급식소에서의 식단 작성, 검식 및 배식관리
• 구매식품의 검수 및 관리
• 급식시설의 위생적 관리
• 집단급식소의 운영일지 작성
• 종업원에 대한 영양 지도 및 식품위생교육

정답 ③

16 ☑ 확인 Check!

식품위생법령상 집단급식소에 대해 바르게 설명한 것은?

① 불특정 다수인을 대상으로 급식한다.
② 영리를 목적으로 하는 상업시설을 포함한다.
③ 특정 다수인에게 계속적으로 식사를 제공하는 것이다.
④ 병원, 사회복지시설의 급식시설은 제외한다.

해설

정의(법 제2조 제12호)
집단급식소란 영리를 목적으로 하지 아니하면서 특정 다수인에게 계속하여 음식물을 공급하는 기숙사, 학교, 유치원, 어린이집, 병원, 사회복지시설, 산업체, 국가, 지방자치단체 및 공공기관, 그 밖의 후생기관 등의 어느 하나에 해당하는 곳의 급식시설로서 대통령령으로 정하는 시설을 말한다.

정답 ③

17 ☑ 확인 Check!

농수산물 원산지 표시 등에 관한 법률상의 용어 설명으로 틀린 것은? ✔신유형

① 농산물 – 농업 활동으로 생산되는 산물로서 대통령령으로 정하는 농산물
② 수산물 – 어업 활동 및 양식업 활동으로부터 생산되는 산물
③ 원산지 – 농산물이나 수산물이 생산·채취·포획된 국가·지역이나 해역
④ 유통이력 – 수입 농산물 및 농산물 가공품에 대한 수입 이후부터 소비자 판매 이전까지의 유통단계별 거래명세로, 그 구체적인 범위는 대통령령으로 정한다.

해설

용어의 정의(법 제2조)
유통이력은 수입 농산물 및 농산물 가공품에 대한 수입 이후부터 소비자 판매 이전까지의 유통단계별 거래명세를 말하며, 그 구체적인 범위는 농림축산식품부령으로 정한다.

정답 ④

18

☑ 확인 Check!

○ □
△ □
✕ □

복사열을 운반하므로 열선이라고도 하며 기상의 기온을 좌우하는 것은?

① 가시광선　　　② 자외선
③ 적외선　　　　④ 도르노선

해설

적외선
- 열작용을 나타내므로 열선이라고도 부른다.
- 파장의 범위가 7,800Å 이상으로, 가장 길다.
- 기상의 기온을 좌우한다(온열).
- 혈관 확장, 홍반, 피부온도 상승 등의 작용을 한다.
- 장시간 쬐면 두통, 현기증, 열경련, 열사병, 백내장의 원인이 된다.

정답 ③

19

☑ 확인 Check!

○ □
△ □
✕ □

ppm 단위에 대한 설명으로 옳은 것은?

① 100분의 1을 나타낸다.
② 10,000분의 1을 나타낸다.
③ 1,000,000분의 1을 나타낸다.
④ 1,000,000,000분의 1을 나타낸다.

해설

ppm(parts per million)은 100만분의 1의 단위를 나타내며, 무게 또는 부피에 대해 사용한다. 일정한 부피의 물이나 유체의 무게가 1일 경우 이 속에 100만분의 1 무게만큼의 오염물질이 포함된 것을 말한다.

정답 ③

20

☑ 확인 Check!

○ □
△ □
✕ □

다음 상수처리 과정 중 가장 마지막 단계는?

① 급수　　　　　② 취수
③ 정수　　　　　④ 도수

해설

상수처리 과정 : 수원 → 취수 → 도수 → 정수 → 송수 → 배수 → 급수

정답 ①

21

☑ 확인 Check!

○ □
△ □
✕ □

감염병의 병원체를 내포하고 있어 감수성 숙주에게 병원체를 전파시킬 수 있는 근원이 되는 모든 것을 의미하는 용어는?

① 감염경로　　　② 병원소
③ 감염원　　　　④ 미생물

해설

감염원
- 종국적인 감염원으로 병원체가 생활·증식하면서 다른 숙주에 전파될 수 있는 상태로 저장되는 장소
- 환자, 보균자, 접촉자, 매개동물이나 곤충, 토양, 오염식품, 오염식기구, 생활용구 등

정답 ③

22

☑ 확인 Check!

○ □
△ □
✕ □

감염병의 예방 및 관리에 관한 법률상 제2급 감염병에 해당하는 것은?

① 페스트　　　　② A형 간염
③ 디프테리아　　④ 신종인플루엔자

해설

①, ③, ④는 제1급 감염병에 속한다.
제2급 감염병(법 제2조 제3호)
결핵, 수두, 홍역, 콜레라, 장티푸스, 파라티푸스, 세균성 이질, 장출혈성대장균감염증, A형 간염, 백일해, 유행성이하선염, 풍진, 폴리오, 수막구균 감염증, b형헤모필루스인플루엔자, 폐렴구균 감염증, 한센병, 성홍열, 반코마이신내성황색포도알균(VRSA) 감염증, 카바페넴내성장내세균속균종(CRE) 감염증, E형 간염

정답 ②

23

☑ 확인 Check!

○ □
△ □
✕ □

조리장에 비치된 소화기가 '정상'일 때 가리키는 눈금은? ✔신유형

① 노란색　　　② 적색
③ 녹색　　　　④ 흰색

해설

소화기 눈금이 녹색에 위치해야 정상이다.

정답 ③

24

☑ 확인 Check!

○ □
△ □
✕ □

화재가 발생했을 때 대처 요령과 소화기 사용에 대한 설명으로 옳지 않은 것은?

① 소화기는 건조하지 않은 곳에 보관한다.
② 화재 발생 시 경보를 울리거나 큰소리로 주위에 먼저 알린다.
③ 몸에 불이 붙었을 경우 제자리에서 바닥에 구른다.
④ 불의 원인을 신속히 제거한다.

해설

소화기는 습기가 적고 건조하며 서늘한 곳에 설치한다.

정답 ①

25

☑ 확인 Check!

○ □
△ □
✕ □

탄수화물 급원인 쌀 100g을 고구마로 대치하려면 고구마는 몇 g 정도 필요한가?(단, 100g당 당질함량 – 쌀 : 80g, 고구마 : 32g)

① 250g　　　② 275g
③ 300g　　　④ 325g

해설

$$100 \times \frac{80(100g당\ 쌀\ 당질함량)}{32(100g당\ 고구마\ 당질함량)} = 250g$$

정답 ①

26

☑ 확인 Check!

○ □
△ □
✕ □

중성지방의 구성성분은?

① 탄소와 질소
② 아미노산
③ 지방산과 글리세롤
④ 포도당과 지방산

해설

TG(Triglyceride, 중성지방) : 3가 알코올인 글리세롤이 함유한 3개의 수산기에 지방산 3분자가 에스테르(에스터) 결합을 한 것을 말한다.

정답 ③

27

☑ 확인 Check!

○ □
△ □
✕ □

다음 중 단백질의 열변성에 대한 설명으로 옳은 것은?

① 보통 30℃에서 일어난다.
② 수분이 적게 존재할수록 잘 일어난다.
③ 전해질이 존재하면 변성속도가 늦어진다.
④ 단백질에 설탕을 넣으면 응고온도가 높아진다.

해설

① 60~70℃에서 변성이 일어난다.
② 수분이 많으면 낮은 온도에서도 변성이 일어난다.
③ 전해질이 있으면 변성온도가 낮아지고 변성속도가 빨라진다.

정답 ④

28 햇볕에 말린 생선이나 버섯에 특히 많이 함유되어 있는 비타민은?

☑ 확인
Check!

○ □
△ □
X □

① 비타민 D
② 비타민 E
③ 비타민 C
④ 비타민 K

해설
② 비타민 E : 곡식의 배아, 식물성 기름
③ 비타민 C : 채소, 과일, 감자
④ 비타민 K : 녹황색 채소, 동물의 간, 양배추

정답 ①

29 토마토의 붉은 색소는 주로 무슨 색소에 의하여 나타나는가?

☑ 확인
Check!

○ □
△ □
X □

① 타닌
② 클로로필
③ 안토시안
④ 카로티노이드

해설
카로티노이드는 황색, 오렌지색, 적색 계열의 색소이다.

정답 ④

30 효소적 갈변반응을 방지하기 위한 방법이 아닌 것은?

☑ 확인
Check!

○ □
△ □
X □

① 가열하여 효소를 불활성화시킨다.
② 효소의 최적조건을 변화시키기 위해 pH를 낮춘다.
③ 아황산가스 처리를 한다.
④ 산화제를 첨가한다.

해설
효소적 갈변 방지법
가열처리, pH 조절, 기질 제거, 산소 제거, 환원성 물질 첨가(아황산가스, 아스코브산 등), 금속이온 제거, 과즙 이용, 항산화제 첨가 등

정답 ④

31 다음 중 천연 산화방지제가 아닌 것은?

☑ 확인
Check!

○ □
△ □
X □

① 세사몰(sesamol)
② 토코페롤(tocopherol)
③ 베타인(betaine)
④ 고시폴(gossypol)

해설
베타인은 아미노산으로 오징어에서 나오는 감칠맛 성분이다.

정답 ③

32 신맛 성분에 유기산인 아미노기(-NH₂)가 있으면 어떤 맛이 가해진 산미가 되는가?

☑ 확인
Check!

○ □
△ □
X □

① 단맛
② 신맛
③ 쓴맛
④ 짠맛

해설
신맛 성분에 유기산 아미노기(-NH₂)가 있으면 쓴맛이 더해진 신맛이 된다.

정답 ③

33 보기의 식단 구성 중 편중되어 있는 영양가의 식품 군은?

☑ 확인
Check!

○ □
△ □
✕ □

┌─보기─────────────────────┐
│ 완두콩밥, 된장국, 장조림, 명란알 찜, 두부조림, │
│ 생선구이 │
└──────────────────────────┘

① 탄수화물군
② 단백질군
③ 비타민 · 무기질군
④ 지방군

(해설)
장조림의 고기, 두부조림의 두부, 생선구이의 생선 등 메뉴가 단백질에 치중되어 있는 것을 볼 수 있다.

(정답) ②

34 식품 구매 시 고려해야 할 점이 아닌 것은?

☑ 확인
Check!

○ □
△ □
✕ □

① 식품의 재고량을 고려한다.
② 값이 저렴한 식품만을 구입한다.
③ 되도록 제철 식품을 구입한다.
④ 급식의 목적을 검토해야 한다.

(해설)
재료 구매는 좋은 품질의 적정 품목을 적절한 가격에 구입하는 것이 바람직하다.

(정답) ②

35 신선한 생선의 특징이 아닌 것은?

☑ 확인
Check!

○ □
△ □
✕ □

① 눈알이 밖으로 돌출된 것
② 아가미의 빛깔이 선홍색인 것
③ 비늘이 잘 떨어지며 광택이 있는 것
④ 손가락으로 눌렀을 때 탄력성이 있는 것

(해설)
신선한 생선의 비늘은 광택이 나고 고르게 밀착되어 있다.

(정답) ③

36 재고관리 시 주의점이 아닌 것은?

☑ 확인
Check!

○ □
△ □
✕ □

① 재고회전율 계산은 주로 한 달에 1회 산출한다.
② 재고회전율이 표준치보다 낮으면 재고가 과잉 임을 나타내는 것이다.
③ 재고회전율이 표준치보다 높으면 생산지연 등 이 발생할 수 있다.
④ 재고회전율이 표준치보다 높으면 생산비용이 낮아진다.

(해설)
재고회전율 > 표준 재고회전율
• 재고량이 낮아 물량이 적어 요리상품 생산이 지연 된다.
• 재료가격이 일정치 않아 식재료비가 증가할 수 있다.
• 조리 종사자들의 업무 과다 및 사기 저하, 소비자 불만의 원인이 될 수 있다.

(정답) ④

37 조리장의 기계 설비 배치 시 우선 고려해야 하는 것은?

☑ 확인
Check!

○ □
△ □
✕ □

① 미관상 좋은 순서
② 조리의 순서
③ 동력의 종류별
④ 크기의 순

(해설)
조리 동선을 우선 고려하여야 한다.

(정답) ②

38 다음 설명 중 틀린 것은?

☑ 확인
Check!

○ □
△ □
✕ □

① β−전분이 α−전분보다 소화가 잘된다.
② 전분이 호화되면 팽창한다.
③ 호정은 전분보다 소화되기 쉽다.
④ 찰옥수수 전분은 호화가 높다.

해설
전분이 날 것인 상태를 β−전분이라고 하는데 이를 물로 가열하면 호화되어 점성이 높은 α−전분 상태가 된다. 전분이 호화되면 맛이 좋아질 뿐아니라 소화효소가 쉽게 작용할 수 있어 소화도 잘 된다.

정답 ①

39 밀가루 반죽 시 넣는 첨가물에 관한 설명으로 옳은 것은?

☑ 확인
Check!

○ □
△ □
✕ □

① 유지는 글루텐 구조 형성을 방해하여 반죽을 부드럽게 한다.
② 소금은 글루텐 단백질을 연화시켜 밀가루 반죽의 점탄성을 떨어뜨린다.
③ 설탕은 글루텐 망상구조를 치밀하게 하여 반죽을 질기고 단단하게 한다.
④ 달걀을 넣고 가열하면 단백질의 연화작용으로 반죽이 부드러워진다.

해설
② 소금은 밀가루 반죽을 매끄럽게 하고 끈기가 생겨 질기고 쫄깃하게 만든다.
③ 설탕은 밀가루 반죽을 연하게 만들어 부드러운 식감을 준다.
④ 달걀은 글루텐 형성을 촉진시켜 단단하게 만들고 난백의 기포성은 믹싱 중에 공기를 포집하여 팽창제 역할을 한다.

정답 ①

40 청국장 발효 때의 최적온도는?

☑ 확인
Check!

○ □
△ □
✕ □

① 10℃ 전후
② 20℃ 전후
③ 30℃ 전후
④ 40℃ 전후

해설
청국장 제조 시 최적 발효온도는 40~45℃이며, 발효 시간을 줄이면 오염과 악취를 최소화할 수 있다.

정답 ④

41 다음 채소류 중 일반적으로 꽃 부분을 식용으로 하는 것과 가장 거리가 먼 것은?

☑ 확인
Check!

○ □
△ □
✕ □

① 브로콜리(broccoli)
② 콜리플라워(cauliflower)
③ 비트(beets)
④ 아티초크(artichoke)

해설
비트는 뿌리를 먹는 근채류에 해당한다.

정답 ③

42 채소의 무기질, 비타민의 손실을 줄일 수 있는 조리방법은?

☑ 확인
Check!

○ □
△ □
✕ □

① 볶기
② 끓이기
③ 삶기
④ 데치기

해설
음식을 볶는 방식은 조작이 간편하고, 단시간에 조리하므로 비타민 등의 성분 손실이 적다.

정답 ①

43

☑ 확인 Check!

○ □
△ □
X □

브로멜린(bromelin)이 함유되어 있어 고기를 연화시키는 데 이용되는 과일은?

① 사과　　　　② 파인애플
③ 귤　　　　　④ 복숭아

해설

브로멜린(bromelin)은 파인애플 줄기에 있는 단백질 분해효소이다. 고기를 양념할 때 파인애플즙을 첨가하면 고기의 육질이 부드러워진다.

정답 ②

44

☑ 확인 Check!

○ □
△ □
X □

육류가공품 제조 시 질산염 처리를 한 후 형성되는 것으로 열에도 안정한 선홍색의 주체는?

① 메트마이오글로빈(metmyoglobin)
② 나이트로소마이오글로빈(nitrosomyoglobin)
③ 헤모글로빈(hemoglobin)
④ 옥시마이오글로빈(oxymyoglobin)

해설

마이오글로빈은 본래 어둡지만 산소와 결합하여 옥시마이오글로빈으로 바뀌면 선홍색이 된다.

정답 ④

45

☑ 확인 Check!

○ □
△ □
X □

부드러운 살코기로서 구이, 전골, 산적용으로 적당한 소고기 부위는?

① 양지, 사태, 목심
② 안심, 채끝, 우둔
③ 갈비, 삼겹살, 안심
④ 양지, 설도, 삼겹살

해설

소고기의 구이, 전골, 산적용으로 적당한 부위는 안심, 채끝, 우둔 부위이다.

정답 ②

46

☑ 확인 Check!

○ □
△ □
X □

달걀의 열 응고성에 대한 설명 중 옳은 것은?

① 식초는 응고를 지연시킨다.
② 소금은 응고온도를 낮추어 준다.
③ 설탕은 응고온도를 내려 주어 응고물을 연하게 한다.
④ 온도가 높을수록 가열시간이 단축되어 응고물은 연해진다.

해설

달걀의 난백은 60~65℃, 난황은 65~70℃에서 응고되기 시작하며 설탕을 넣으면 응고온도가 높아지고 소금, 우유 등의 칼슘(Ca)과 산은 응고를 촉진한다.

정답 ②

47

☑ 확인 Check!

○ □
△ □
X □

생선 비린내를 제거하는 방법이 아닌 것은?

① 우유에 담가 두거나 물로 씻는다.
② 식초로 씻거나 술을 넣는다.
③ 소다를 넣는다.
④ 간장, 된장을 사용한다.

해설

생선 비린내의 제거법
• 물로 씻기
• 산(식초, 레몬즙, 유자즙 등) 첨가
• 알코올 및 우유 첨가
• 양념(생강, 된장, 파, 양파, 마늘, 후추 등) 첨가

정답 ③

48 ☑ 확인 Check! ○ △ X

어패류 조리 중 건열법에 해당하지 않는 것은?

✔신유형

① 조림 ② 구이
③ 튀김 ④ 전유어

해설

조림은 물과 함께 조리하는 습열 조리법에 해당한다.

정답 ①

49 ☑ 확인 Check! ○ △ X

액상 기름을 고체 상태로 변화시킨 경화유 과정에 첨가되는 물질은?

① 산소 ② 수소
③ 질소 ④ 칼슘

해설

경화유는 액상 기름에 수소를 첨가하여 고체 상태로 만든 것이다.

정답 ②

50 ☑ 확인 Check! ○ △ X

각 식품을 냉장고에서 보관할 때 나타나는 현상의 연결이 틀린 것은?

① 바나나 – 껍질이 검게 변한다.
② 고구마 – 전분이 변해서 맛이 없어진다.
③ 감자 – 솔라닌이 생성된다.
④ 식빵 – 딱딱해진다.

해설

솔라닌(solanine)은 감자의 발아 부위와 녹색 부위에 함유된 독성물질로 햇빛에 노출될 때 생성된다. 감자를 냉장 보관하면 녹말 성분이 당분으로 변하여 색이 변하면서 맛이 없어진다.

정답 ③

51 ☑ 확인 Check! ○ △ X

다음 식품 중 직접 가열하는 급속 해동법이 가장 많이 이용되는 것은?

① 생선류 ② 육류
③ 반조리 식품 ④ 계육

해설

반조리 식품은 급속 해동을 해도 맛이나 영양소의 파괴가 적다.

정답 ③

52 ☑ 확인 Check! ○ △ X

냄새 제거 시 이용되는 향신료가 아닌 것은?

① 세이지(sage)
② 마늘
③ 소금
④ 월계수잎(bay leaf)

해설

소금은 음식에 짠맛을 내 주는 가장 기본적인 조미료이다.

정답 ③

53 다음 중 한식 조리에서 고명으로 사용되지 않는 것은? ✔신유형

☑ 확인
Check!

○ □
△ □
× □

① 황백 지단, 은행
② 산초, 후추
③ 잣, 호두, 은행
④ 미나리초대, 석이버섯

해설
산초, 후추는 양념으로 사용한다.

정답 ②

55 쌀을 갈아서 우유를 넣고 쑨 죽은? ✔신유형

☑ 확인
Check!

○ □
△ □
× □

① 콩죽
② 연자죽
③ 장국죽
④ 타락죽

해설
타락죽은 우유를 넣고 쑨 죽으로 궁중 보양음식이다.

정답 ④

54 밥 짓기 과정의 설명으로 옳은 것은?

☑ 확인
Check!

○ □
△ □
× □

① 쌀을 씻어서 2~3시간 푹 불리면 맛이 좋다.
② 햅쌀은 묵은 쌀보다 물을 약간 적게 붓는다.
③ 쌀은 80~90℃에서 호화가 시작된다.
④ 묵은 쌀인 경우 쌀 중량의 약 2.5배 정도의 물을 붓는다.

해설
② 햅쌀은 묵은 쌀보다 수분함량이 많으므로 물을 약간 적게 붓는다.
① 쌀은 씻어서 여름철에는 30분, 겨울철에는 1시간 정도 불리는 것이 좋다.
③ 쌀은 60~65℃에서 호화가 시작된다.
④ 일반 쌀은 쌀 중량의 1.5배의 물을 넣고, 햅쌀은 1.4배 정도 물을 넣는다. 묵은 쌀의 경우 햅쌀보다 약간 많이 붓는다.

정답 ②

56 소고기 육수 만들기에 대한 설명으로 틀린 것은? ✔신유형

☑ 확인
Check!

○ □
△ □
× □

① 사태, 양지머리처럼 질긴 부위를 사용한다.
② 고기의 핏물을 충분히 뺀 후 사용한다.
③ 물이 끓기 시작하면 고기를 넣는다.
④ 육수가 우러나기 전에는 간을 하지 않는다.

해설
소고기 육수를 낼 때 뜨거운 물이나 끓는 물을 사용하면 육류 표면이 갑자기 뜨거워져 표면의 단백질이 바로 응고되기 때문에 속에 있는 단백질이 충분히 우러나지 않는다.

정답 ③

57 볶음 재료에 대한 설명 중 옳지 않은 것은?

☑ 확인
Check!

○ □
△ □
X □

① 다시마는 붉고 잔주름이 있는 것이 상품이다.
② 미지근한 물에 호박을 오래 불리면 볶음 조리 후 식감이 나빠진다.
③ 호박오가리는 늙은 호박을 건조시킨 것이고, 호박고지는 애호박을 건조시킨 것을 말한다.
④ 생 다시마는 7~10월이 제철이며, 건조 다시마는 1년 내내 구할 수 있다.

해설
다시마는 붉게 변하고 잔주름이 있는 것은 하품이고, 빛깔이 검고 흑색에 약간의 녹갈색을 띤 것이 우량품이다. 또 잘 말라 빳빳하고 두꺼운 것이 질이 좋다.

정답 ①

58 적(炙)에 대한 설명으로 옳지 않은 것은?

☑ 확인
Check!

○ □
△ □
X □

① 누름적은 재료를 양념하여 꼬치에 꿰어 누르면서 지진다.
② 산적은 옷을 입히지 않고 굽는다.
③ 산적은 익히지 않은 재료를 양념하여 꿰어 굽는 것이다.
④ 재료를 꼬치에 꿸 때는 처음 재료와 두 번째 재료가 같아야 한다.

해설
적(炙) 재료를 꼬치에 꿸 때는 반드시 꼬치에 꿴 처음 재료와 마지막 재료가 같아야 하는데, 그 꿰는 재료에 따라 산적 음식에 대한 이름을 붙이기 때문이다.
산적과 누름적
• 산적은 익히지 않은 재료를 양념하여 꿰어서 옷을 입히지 않고 굽는 것이다.
• 누름적은 누르미라고도 하며 다음 두 가지 방법으로 조리한다.
  – 재료를 양념하여 꼬치에 꿰어 전을 부치듯이 밀가루와 달걀 물을 입혀서 속 재료가 잘 익도록 누르면서 지지는 방법
  – 재료를 양념하여 익힌 다음 꼬치에 꿰는 방법

정답 ④

59 숙채 조리법의 특징으로 옳지 않은 것은?

☑ 확인
Check!

○ □
△ □
X □

① 채소를 데칠 때에는 나물로서 적합한 질감을 가질 정도로 데쳐야 한다.
② 찌기는 끓이거나 삶기보다 수용성 영양소의 손실이 많다.
③ 볶기는 지용성 비타민의 흡수를 돕고, 수용성 영양소의 손실이 적다.
④ 찌기는 식품 모양이 그대로 유지되는 것이 장점이다.

해설
습열 조리법의 하나인 찌기는 가열된 수증기로 식품을 익히는 방식으로, 식품 모양이 그대로 유지된다. 끓이거나 삶기보다 수용성 영양소의 손실이 적다.

정답 ②

60 한식 상차림 중 첩 수에 들어가지 않는 것은?
✔신유형

☑ 확인
Check!

○ □
△ □
X □

① 김치   ② 숙채
③ 구이   ④ 회

해설
밥, 국(탕), 김치, 찌개(조치), 종지에 담아내는 조미료는 첩 수에서 제외된다.

정답 ①

01 식재료의 위생적 취급관리로 잘못된 것은?

☑ 확인
Check!

○ □
△ □
✕ □

① 소비기한 및 신선도를 확인한다.
② 해동된 식재료는 사용하고 남은 재료는 다시 냉동 보관한다.
③ 가열한 음식은 즉시 냉각하여 냉장, 냉동 보관한다.
④ 보관 시에는 품목명과 날짜를 표시한 네임택을 붙인다.

해설
② 해동된 식재료는 즉시 사용하도록 하고 남은 재료는 다시 냉동 보관해서는 안 된다.

정답 ②

02 일반적으로 미생물이 관계하여 일어나는 현상은?

☑ 확인
Check!

○ □
△ □
✕ □

① 육류의 경직해제
② 생선의 부패(putrefaction)
③ 과일의 호흡작용(후숙)
④ 유지의 자동산화(autoxidation)

해설
생선의 부패는 단백질 등이 혐기성 미생물에 의해 분해되어 변질되는 현상이다.

정답 ②

03 간흡충증의 제2중간숙주는?

☑ 확인
Check!

○ □
△ □
✕ □

① 잉어
② 쇠우렁이
③ 물벼룩
④ 다슬기

해설
어패류를 통해 감염되는 기생충

종류	제1중간숙주	제2중간숙주
간디스토마 (간흡충)	왜우렁이	민물고기 (붕어, 잉어)
폐디스토마 (폐흡충)	다슬기	게, 가재
요코가와흡충	다슬기	민물고기 (은어)
광절열두조충 (긴촌충)	물벼룩	민물고기 (송어, 연어)
유극악구충	물벼룩	민물고기 (가물치, 메기)
아니사키스	바다갑각류	바닷물고기 (오징어, 대구)

정답 ①

04 소독제의 살균력을 비교하기 위해서 이용되는 소독약은?

☑ 확인
Check!

○ □
△ □
✕ □

① 석탄산(phenol)
② 크레졸(cresol)
③ 과산화수소(H_2O_2)
④ 알코올(alcohol)

해설
석탄산은 소독제의 살균력을 비교하기 위해 이용되는 소독력(살균력)의 지표이다.

정답 ①

05

☑ 확인 Check!
○ □
△ □
✕ □

유지나 지질을 많이 함유한 식품이 빛, 열, 산소 등과 접촉하여 산패를 일으키는 것을 막기 위하여 사용하는 첨가물은?

① 보존료
② 살균제
③ 산미료
④ 산화방지제

해설

① 보존료 : 미생물의 생육을 억제하여 식품의 변질·부패를 막고 신선도를 유지시키기 위해 사용하는 첨가물
② 살균제 : 식품의 부패 원인균 또는 감염병 등의 병원균을 사멸시키기 위하여 사용하는 첨가물
③ 신미료 : 식품에 적합한 신맛을 부여하고 미각에 청량감과 상쾌한 자극을 주기 위하여 사용되는 첨가물

정답 ④

06

☑ 확인 Check!
○ □
△ □
✕ □

다음 빈칸에 들어갈 말로 알맞은 것은?

수분함량이 많은 식품에는 (㉠)이/가 우선 증식하며, 건조식품에는 (㉡)이/가 우선 증식한다.

① ㉠ 세균, ㉡ 곰팡이
② ㉠ 곰팡이, ㉡ 세균
③ ㉠ 효모, ㉡ 곰팡이
④ ㉠ 효모, ㉡ 방선균

해설

수분함량이 높은 식품에서는 세균이 우선적으로 증식하고, 수분함량이 낮은 건조식품이나 과일류에서는 곰팡이가 우선적으로 증식한다.

정답 ①

07

☑ 확인 Check!
○ □
△ □
✕ □

교차오염의 개선방법으로 옳지 않은 것은?

① 칼, 도마 등 조리기구는 용도별로 구분하여 사용한다.
② 청결도가 다른 것들이 교차되지 않도록 관리한다.
③ 식품 취급 등의 작업은 바닥으로부터 60cm 이상 높이에서 실시한다.
④ 용기를 충분히 세척한 후에는 건조시킬 필요가 없다.

해설

④ 용기는 세척 후 반드시 건조시켜 사용한다.

정답 ④

08

☑ 확인 Check!
○ □
△ □
✕ □

감염형 식중독의 원인균이 아닌 것은?

① 살모넬라균
② 장염 비브리오균
③ 병원성 대장균
④ 보툴리누스균

해설

세균성 식중독
• 감염형 : 살모넬라균, 장염 비브리오균, 병원성 대장균
• 독소형 : 포도상구균, 보툴리누스균

정답 ④

09 ☑ 확인 Check! ○ □ △ □ ✕ □

손에 상처가 있는 사람이 만든 크림빵을 먹은 후 식중독 증상이 나타났을 경우, 가장 의심되는 식중독균은?

① 포도상구균
② 클로스트리듐 보툴리눔
③ 병원성 대장균
④ 살모넬라균

(해설)
화농성 질환을 가지고 있는 사람이 식품을 취급하는 경우 포도상구균 식중독을 유발할 수 있다. 손이나 몸에 화농이 있는 사람은 식품 취급을 금해야 한다.

정답 ①

10 ☑ 확인 Check! ○ □ △ □ ✕ □

복어독에 관한 설명으로 잘못된 것은?

① 복어독은 햇볕에 약하다.
② 난소, 간, 내장 등에 독이 많다.
③ 복어독은 테트로도톡신이다.
④ 복어독에 중독되었을 때에는 신속하게 위장 내의 독소를 제거하여야 한다.

(해설)
복어독은 테트로도톡신이라는 맹독성을 가진 동물성 자연독으로, 독성이 강하고, 물에 녹지 않으며, 높은 열에 끓여도 파괴되지 않는다.

정답 ①

11 ☑ 확인 Check! ○ □ △ □ ✕ □

맥각 중독을 일으키는 원인 물질은?

① 루브라톡신
② 파튤린
③ 에르고톡신
④ 오크라톡신

(해설)
맥각 중독을 일으키는 원인 물질은 보리, 밀, 호밀에 기생하는 독소로 에르고톡신, 에르고타민 등이 있다.

정답 ③

12 ☑ 확인 Check! ○ □ △ □ ✕ □

식품 등을 제조·가공하는 영업자가 식품 등이 기준과 규격에 맞는지 자체적으로 검사하는 것을 일컫는 식품위생법상의 용어는?

① 제품검사
② 자가품질검사
③ 수거검사
④ 정밀검사

(해설)
자가품질검사 의무(법 제31조 제1항)
식품 등을 제조·가공하는 영업자는 총리령으로 정하는 바에 따라 제조·가공하는 식품 등이 기준과 규격에 맞는지를 검사하여야 한다.

정답 ②

13

☑ 확인
Check!

○ □
△ □
✕ □

보기는 식품 등의 표시기준상 통조림제품의 제조 연월일 표시방법이다. ( ) 안에 들어갈 내용을 순서대로 나열한 것은?

┌보기┐

통조림제품에 있어서 연도의 표시는 ( )만을, 10월·11월·12월의 월 표시는 각각 ( )로, 1일부터 9일까지의 표시는 그 숫자의 앞에 ○을 표시할 수 있다.

① 끝 숫자, O.N.D   ② 끝 숫자, M.N.D
③ 앞 숫자, O.N.D   ④ 앞 숫자, F.N.D

해설

통조림제품에 있어서 연도의 표시는 끝 숫자만을, 10월·11월·12월의 월 표시는 각각 O.N.D로, 1일부터 9일까지의 표시는 그 숫자의 앞에 ○을 표시할 수 있다(식품 등의 표시기준).

정답 ①

14

☑ 확인
Check!

○ □
△ □
✕ □

보기는 식품위생법상 교육에 관한 내용이다. ( ) 안에 들어갈 내용을 순서대로 나열한 것은?

┌보기┐

( )은 식품위생 수준 및 자질의 향상을 위하여 필요한 경우 조리사와 영양사에게 교육을 받을 것을 명할 수 있다. 다만, 집단급식소에 종사하는 조리사와 영양사는 ( )마다 교육을 받아야 한다.

① 식품의약품안전처장, 1년
② 식품의약품안전처장, 2년
③ 보건복지부장관, 1년
④ 보건복지부장관, 2년

해설

교육(법 제56조 제1항)
식품의약품안전처장은 식품위생 수준 및 자질의 향상을 위하여 필요한 경우 조리사와 영양사에게 교육(조리사의 경우 보수교육을 포함)을 받을 것을 명할 수 있다. 다만, 집단급식소에 종사하는 조리사와 영양사는 1년마다 교육을 받아야 한다.

정답 ①

15

☑ 확인
Check!

○ □
△ □
✕ □

식품 등의 표시·광고에 관한 법률상 금지된 광고 행위에 해당되지 않는 것은? ✔신유형

① 식품 등을 의약품으로 인식할 우려가 있는 광고
② 다른 업체의 제품을 비방하는 내용의 광고
③ 질병의 치료에 효능이 있다는 내용의 광고
④ 식품첨가물 사용 용도에 대한 내용의 광고

해설

부당한 표시 또는 광고의 내용(법 제8조 제1항)
• 질병의 예방·치료에 효능이 있는 것으로 인식할 우려가 있는 표시 또는 광고
• 식품 등을 의약품으로 인식할 우려가 있는 표시 또는 광고
• 건강기능식품이 아닌 것을 건강기능식품으로 인식할 우려가 있는 표시 또는 광고
• 거짓·과장된 표시 또는 광고
• 소비자를 기만하는 표시 또는 광고
• 다른 업체나 다른 업체의 제품을 비방하는 표시 또는 광고
• 객관적인 근거 없이 자기 또는 자기의 식품 등을 다른 영업자나 다른 영업자의 식품 등과 부당하게 비교하는 표시 또는 광고
• 사행심을 조장하거나 음란한 표현을 사용하여 공중도덕이나 사회윤리를 현저하게 침해하는 표시 또는 광고
• 총리령으로 정하는 식품 등이 아닌 물품의 상호, 상표 또는 용기·포장 등과 동일하거나 유사한 것을 사용하여 해당 물품으로 오인·혼동할 수 있는 표시 또는 광고
• 심의를 받지 아니하거나 심의 결과에 따르지 아니한 표시 또는 광고

정답 ④

16

☑ 확인
Check!

○ ☐
△ ☐
✕ ☐

식품위생법상 모범업소 중 집단급식소의 지정기준이 아닌 것은?

① 식품안전관리인증기준(HACCP) 적용업소 지정 여부

② 최근 3년간 식중독 발생 여부

③ 1회 100인 이상 급식 가능 여부

④ 조리사 및 영양사 근무 여부

해설

집단급식소의 모범업소 지정기준(규칙 [별표 19])
• 식품안전관리인증기준(HACCP) 적용업소로 인증 받아야 한다.
• 최근 3년간 식중독 발생하지 아니하여야 한다.
• 조리사 및 영양사를 두어야 한다.
• 그 밖에 일반음식점이 갖추어야 하는 기준을 모두 갖추어야 한다.

정답 ③

17

☑ 확인
Check!

○ ☐
△ ☐
✕ ☐

보기에서 설명하고 있는 것은?

┌─보기─────────────────┐

산업 안전 및 보건에 관한 기준을 확립하고 그 책임의 소재를 명확하게 하여 산업재해를 예방하고 쾌적한 작업환경을 조성함으로써 노무를 제공하는 사람의 안전 및 보건을 유지·증진함을 목적으로 한다.

└──────────────────────┘

① 산업안전보건법

② 식품위생법

③ 식품 등의 표시기준

④ 중대재해 처벌 등에 관한 법률

해설

산업안전보건법의 목적(법 제1조)에 대한 설명이다.

정답 ①

18

☑ 확인
Check!

○ ☐
△ ☐
✕ ☐

조명이 불충분할 때는 시력저하, 눈의 피로를 일으키고 지나치게 강렬할 때는 어두운 곳에서 암순응 능력을 저하시키는 태양광선은?

① 전자파

② 자외선

③ 적외선

④ 가시광선

해설

암순응이란 밝은 곳에서 어두운 곳으로 들어갔을 때 처음에는 사물이 보이지 않다가 차츰 사물이 보이기 시작하는 현상이다. 빛은 여러 가지 파장의 혼합체이며, 이 가운데서 우리가 볼 수 있는 부분을 가시광선이라고 한다.

정답 ④

19

☑ 확인
Check!

○ ☐
△ ☐
✕ ☐

공기의 자정작용에 속하지 않는 것은?

① 살균작용

② 희석작용

③ 세정작용

④ 여과작용

해설

공기의 자정작용
• 산화작용 : 산소(O_2), 오존(O_3), 과산화수소(H_2O_2) 등의 산화작용
• 희석작용 : 공기 자체의 확산과 이동에 의한 희석작용
• 세정작용 : 눈, 비에 의해 공기 중의 가스나 부유분진 제거
• 살균작용 : 자외선에 의한 살균작용
• 교환작용 : 식물의 탄소동화 작용에 의한 CO_2와 O_2의 교환작용

정답 ④

20 ☑ 확인 Check! ○ △ ✕

급속사여과법과 비교하여 완속사여과법이 갖는 특징으로 맞는 것은?

① 역류세척
② 많은 운영비
③ 약품침전법
④ 넓은 면적 필요

해설

완속사여과법과 급속사여과법의 특징

구분	완속사여과법	급속사여과법
여과 속도	3~5m/day	120~150m/day
예비 처리	보통침전법 (중력침전)	약품침전
제거율	98~99%	95~98%
무유물질 제거	모래층 표면	–
경상비	적음	많음
건설비	많음	적음
모래층 청소	사면대치	역류세척
면적	광대한 면적 필요	좁은 면적도 가능
특징	세균제거율이 높음	탁도, 색도가 높은 물이 좋고 수면동결이 쉬워야 함

정답 ④

21 ☑ 확인 Check! ○ △ ✕

병원체가 생활, 증식, 생존을 계속하여 인간에게 전파될 수 있는 상태로 저장되는 곳은?

① 숙주
② 보균자
③ 환경
④ 병원소

해설

감염원(병원소)
• 종국적인 감염원으로 병원체가 생활·증식하면서 다른 숙주에 전파될 수 있는 상태로 저장되는 장소
• 환자, 보균자, 접촉자, 매개동물이나 곤충, 토양, 오염식품, 오염 식기구, 생활용구 등

정답 ④

22 ☑ 확인 Check! ○ △ ✕

디피티(DPT) 접종과 관계없는 질병은?

① 디프테리아
② 파상풍
③ 콜레라
④ 백일해

해설

DPT는 디프테리아, 백일해, 파상풍을 예방하기 위한 백신이다.

정답 ③

23 ☑ 확인 Check! ○ △ ✕

나음 중 안전사고 예방 내용으로 옳지 않은 것은?

✔신유형

① 위험요인 제거
② 품질 향상
③ 위험발생 경감
④ 사고피해 경감

해설

품질 향상은 개인 안전사고 예방과 거리가 멀다.

정답 ②

24 ☑ 확인 Check! ○ △ ✕

작업장 안전관리에 대한 설명으로 적절하지 않은 것은?

✔신유형

① 작업자의 손을 보호하고 조리위생을 개선하기 위해 위생장갑을 착용한다.
② 안전보호구를 공용으로 비치해 놓고 사용한다.
③ 화재의 원인이 될 수 있는 곳을 점검하고 화재진압기를 배치, 사용한다.
④ 유해, 위험, 화학물질은 유해물질안전보건자료를 비치하고 취급 방법에 대하여 교육한다.

해설

안전보호구는 개인 전용으로 사용해야 한다. 또 사용 목적에 맞는 보호구를 갖추고 작업 시 반드시 착용해야 하며, 청결하게 보존해야 한다.

정답 ②

25 다음 당류 중 단맛이 가장 약한 것은?

☑ 확인
Check!
○ □
△ □
X □

① 포도당　　　② 과당
③ 맥아당　　　④ 설탕

해설
당류의 감미도 : 과당 > 자당(설탕) > 포도당 > 자일로스 > 맥아당 > 젖당

정답 ③

26 지방에 대한 설명으로 틀린 것은?

☑ 확인
Check!
○ □
△ □
X □

① 동식물에 널리 분포되어 있으며 일반적으로 물에 잘 녹지 않고 유기용매에 녹는다.
② 에너지원으로 1g당 9kcal의 열량을 공급한다.
③ 포화지방산은 이중결합을 가지고 있는 지방산이다.
④ 포화 정도에 따라 융점이 달라진다.

해설
포화지방산은 이중결합이 없고 상온에서 고체로 존재한다.

정답 ③

27 단백질에 관한 설명 중 옳은 것은?

☑ 확인
Check!
○ □
△ □
X □

① 인단백질은 단순단백질에 인산이 결합한 단백질이다.
② 지단백질은 단순단백질에 당이 결합한 단백질이다.
③ 당단백질은 단순단백질에 지방이 결합한 단백질이다.
④ 핵단백질은 단순단백질 또는 복합단백질이 화학적 또는 산소에 의해 변화된 단백질이다.

해설
복합단백질
• 지단백질 : 지질과 단백질이 결합한 단백질이다.
• 당단백질 : 단백질과 탄수화물이 공유 결합한 복합단백질이다.
• 핵단백질 : 핵산과 단백질이 결합한 단백질이다.

정답 ①

28 쌀에서 섭취한 전분이 체내에서 에너지를 발생하기 위해 반드시 필요한 것은?

☑ 확인
Check!
○ □
△ □
X □

① 비타민 A　　　② 비타민 B_1
③ 비타민 C　　　④ 비타민 D

해설
비타민 B_1은 탄수화물의 대사를 촉진한다.

정답 ②

29 사과, 가지, 포도에 함유된 색소는?

☑ 확인
Check!
○ □
△ □
X □

① 클로로필　　　② 안토시안
③ 카로틴　　　　④ 플라보노이드

해설
안토시안은 딸기, 포도, 가지, 검정콩, 사과 등의 자색색소이다.

정답 ②

30 ☑ 확인 Check! ○ □ △ □ X □

닭튀김을 하였을 때 살코기 색이 분홍색을 나타내는 것은?

① 변질된 닭이므로 먹지 못한다.

② 병에 걸린 닭이므로 먹어서는 안 된다.

③ 근육성분의 화학적 반응이므로 먹어도 된다.

④ 닭의 크기가 클수록 분홍색이 더 선명하게 나타난다.

(해설)
닭고기의 마이오글로빈이 열과 산소와 만나 결합하면서 혈색소(Fe)가 산화되어 분홍빛을 띠게 되는데, 이를 '핑킹현상'이라 한다.

정답 ③

31 ☑ 확인 Check! ○ □ △ □ X □

매운맛을 가장 잘 느끼는 온도는?

① 5~25℃

② 20~30℃

③ 30~40℃

④ 50~60℃

(해설)
일반적으로 혀의 미각은 10~40℃에서 잘 느낀다. 특히 30℃에서 가장 예민하게 느끼는데, 온도가 낮아질수록 둔해진다. 온도가 상승함에 따라서 단맛은 증가하고 짠맛과 신맛은 감소한다.
맛을 느끼는 최적온도 : 40~50℃(쓴맛), 30~40℃(짠맛), 50~60℃(매운맛), 20~50℃(단맛), 5~25℃(신맛)

정답 ④

32 ☑ 확인 Check! ○ □ △ □ X □

식품의 성분을 일반성분과 특수성분으로 나눌 때 특수성분에 해당하는 것은?

① 탄수화물　　　② 향기성분

③ 단백질　　　　④ 무기질

(해설)
식품의 성분

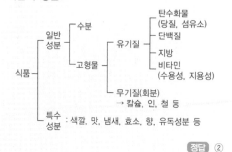

정답 ②

33 ☑ 확인 Check! ○ □ △ □ X □

육류, 생선류, 알류 및 콩류에 함유된 주된 영양소는?

① 단백질　　　　② 탄수화물

③ 지방　　　　　④ 비타민

(해설)
단백질은 근육이나 내장, 혈액, 머리카락, 손톱 등을 구성하는 성분으로 육류, 생선류, 알류 및 콩류에 많이 들어 있다.

정답 ①

34 ☑ 확인 Check! ○ □ △ □ X □

쌀의 품질과 관련하여 옳지 않은 것은?

① 쌀 낱알은 윤기가 나고 입자가 고른 것이 좋다.

② 쌀의 수분함량은 16% 이하여야 한다.

③ 주식용 쌀의 도정도는 10~11분 도미된 것이 좋다.

④ 쌀알에 싸라기가 많은 것이 좋다.

(해설)
싸라기가 적고 돌, 뉘 등이 없어야 한다.

정답 ④

35 원가의 종류가 바르게 설명된 것은?

☑ 확인 Check!
○ □
△ □
✕ □

① 직접원가 = 직접재료비 + 직접노무비 + 직접경비 + 일반관리비
② 총원가 = 제조원가 + 지급이자
③ 제조원가 = 직접원가 + 제조간접비
④ 판매가격 = 총원가 + 직접원가

해설
원가의 종류
• 직접원가 = 직접재료비 + 직접노무비 + 직접경비
• 간접원가 = 간접재료비 + 간접노무비 + 간접경비
• 제조원가 = 직접원가 + 제조간접비
• 총원가 = 제조원가 + 판매관리비
• 판매가격 = 총원가 + 이익

 정답 ③

---

36 푸른색 채소의 색과 질감을 고려할 때 데치기의 가장 좋은 방법은?

☑ 확인 Check!
○ □
△ □
✕ □

① 식소다를 넣어 오랫동안 데친 후 얼음물에 식힌다.
② 공기와의 접촉으로 산화되어 색이 변하는 것을 막기 위해 뚜껑을 닫고 데친다.
③ 물을 적게 하여 데치는 시간을 단축시킨 후 얼음물에 식힌다.
④ 많은 양의 물에 소금을 약간 넣고 데친 후 얼음물에 식힌다.

해설
① 푸른색 채소는 오랜 시간 조리 시 녹갈색으로 변하며 식소다를 넣으면 선명한 푸른색을 띠지만 영양소 파괴가 크다.
② 뚜껑을 닫고 데치면 휘발성 유기산이 방출되지 못하여 녹갈색이 된다.
③ 재료의 5배 양의 끓는 물에 단시간 데친 다음 찬물에 식히는 것이 좋다.

 정답 ④

---

37 다음 중 지방의 하수관 유입을 막는 데 사용되는 트랩은?

☑ 확인 Check!
○ □
△ □
✕ □

① S 트랩
② U 트랩
③ 그리스 트랩
④ P 트랩

해설
그리스(grease) 트랩은 지방의 하수관 유입을 방지한다.

정답 ③

---

38 전분에 물을 가하지 않고 160℃ 이상으로 가열하면 가용성 전분을 거쳐 덱스트린으로 분해되는 반응은 무엇이며, 그 예를 바르게 짝지은 것은?

☑ 확인 Check!
○ □
△ □
✕ □

① 호정화 – 식혜
② 호화 – 미숫가루
③ 호화 – 약밥
④ 호정화 – 뻥튀기

해설
전분에 물을 가하지 않고 160~180℃ 이상으로 가열하면 가용성 전분을 거쳐 다양한 길이의 덱스트린이 되는데, 이러한 변화를 호정화라고 한다. 호정화된 전분으로는 쌀이나 옥수수를 튀겨 만든 뻥튀기, 곡류를 볶아 만든 미숫가루 등이 있다.

정답 ④

---

39 박력분에 대한 설명으로 맞는 것은?

☑ 확인 Check!
○ □
△ □
✕ □

① 케이크, 튀김옷을 만들 때 사용한다.
② 스파게티를 만들 때 사용한다.
③ 단백질 함량이 10% 이상이다.
④ 글루텐의 탄력성과 점성이 강하다.

해설
밀가루의 종류와 용도
• 강력분(글루텐 13% 이상) : 식빵, 마카로니, 스파게티 등
• 중력분(글루텐 10~13%) : 면류, 만두 등
• 박력분(글루텐 10% 이하) : 케이크, 쿠키, 튀김옷 등

 정답 ①

40

☑ 확인
Check!

○ ☐
△ ☐
✕ ☐

보리에는 색소, 섬유, 고랑이 존재하므로 빛깔과 맛이 좋지 않다. 이를 개선하는 방법으로서 가장 실질적인 것은?

① 팽화가공
② 압맥가공
③ 절단맥가공
④ 혼수가공

(해설)
보리는 쌀에 비해 조직이 치밀하고 낱알이 두껍다. 이런 특성을 개선하기 위하여 보리쌀을 가열한 후 압편 롤러로 누른 것이 압맥이다. 압맥 처리하면 조직이 파괴되어 취반이 용이하고 소화율이 향상된다.

(정답) ②

41

☑ 확인
Check!

○ ☐
△ ☐
✕ ☐

흰색 채소의 흰색을 그대로 유지할 수 있는 방법으로 옳은 것은?

① 알코올이나 우유를 넣어 삶는다.
② 채소를 물에 담가 두었다가 삶는다.
③ 약간의 식초를 넣어 삶는다.
④ 약간의 탄산수소나트륨을 넣어 삶는다.

(해설)
흰색 채소를 데칠 때 식초나 밀가루를 조금 넣으면 색을 하얗게 유지할 수 있다.

(정답) ③

42

☑ 확인
Check!

○ ☐
△ ☐
✕ ☐

채소류를 취급하는 방법으로 옳지 않은 것은?

① 샐러드용 채소는 냉수에 담갔다가 사용한다.
② 쑥은 소금에 절여 물기를 꼭 짜낸 후 냉장 보관한다.
③ 도라지의 쓴맛을 빼내기 위해 소금물에 주물러 절인다.
④ 배추나 셀러리, 파 등은 세워서 밑동이 아래로 가도록 보관한다.

(해설)
쑥은 소금에 절이지 않고, 소금물에 데친다.

(정답) ②

43

☑ 확인
Check!

○ ☐
△ ☐
✕ ☐

육류 조리에 대한 설명으로 옳은 것은?

① 목심, 양지, 사태 등은 건열 조리에 적당하다.
② 안심, 등심, 염통, 콩팥 등은 습열 조리에 적당하다.
③ 편육은 고기를 냉수에서 끓이기 시작한다.
④ 탕류는 고기를 찬물에 넣고 끓이며, 끓기 시작하면 약한 불에서 끓인다.

(해설)
육류의 조리법
• 습열 조리법 : 물과 함께 조리하는 방법으로 결합조직이 많은 양지, 사태 등을 이용한다. 편육은 끓는 물에 넣어 근육 표면의 단백질이 빨리 응고되게 하여야 육즙이 빠지지 않는다.
• 건열 조리법 : 물 없이 조리하는 방법으로 결합조직이 적은 등심, 안심, 채끝 등을 이용한다.

(정답) ④

44

☑ 확인
Check!

○ ☐
△ ☐
✕ ☐

나무 등을 태운 연기에 훈제한 육가공품이 아닌 것은?

① 햄
② 베이컨
③ 육포
④ 소시지

(해설)
육포는 고기의 부위를 섬유결로 떠서 양념을 바르고 말린 것으로, 훈연하여 만든 육가공품이 아니다.

(정답) ③

45

☑ 확인
Check!

○ ☐
△ ☐
✕ ☐

다음 중 마요네즈의 재료는? ✔신유형

① 밀가루, 버터, 우유
② 식물성 기름, 식초, 소금, 레몬즙
③ 달걀흰자, 식물성 기름, 식초, 소금
④ 달걀노른자, 식물성 기름, 식초, 소금

해설
마요네즈는 난황의 유화성을 이용한 대표적인 가공품으로, 난황에 식물성 기름, 식초, 소금, 여러 가지 조미료 등을 혼합하여 만든다.

정답 ④

46

☑ 확인
Check!

○ ☐
△ ☐
✕ ☐

완숙한 달걀의 난황 주위가 변색하는 경우를 잘못 설명한 것은?

① 난백의 유황과 난황의 철분이 결합하여 황화철(FeS)을 형성하기 때문이다.
② pH가 산성일 때 더 신속히 일어난다.
③ 오랫동안 가열하여 그대로 두었을 때 많이 일어난다.
④ 신선한 달걀에서는 변색이 거의 일어나지 않는다.

해설
달걀을 가열하면 난백과 난황 사이에 검푸른 색이 생기는 것을 녹변현상이라고 하는데, 알칼리성일 때 잘 일어난다.

정답 ②

47

☑ 확인
Check!

○ ☐
△ ☐
✕ ☐

생선을 조릴 때 어취를 제거하기 위하여 생강을 넣는다. 이때 생선을 미리 가열하여 열 변성시킨 후에 생강을 넣는 주된 이유는?

① 생강을 미리 넣으면 다른 조미료가 침투되는 것을 방해하기 때문에
② 열변성이 되지 않은 어육단백질이 생강의 탈취작용을 방해하기 때문에
③ 생선의 비린내 성분이 지용성이기 때문에
④ 생강이 어육단백질의 응고를 방해하기 때문에

해설
열변성이 되지 않은 어육단백질은 생강의 탈취작용을 방해하기 때문에 가열하여 단백질을 변성시킨 후 생강을 넣어야 어취가 잘 제거된다.

정답 ②

48

☑ 확인
Check!

○ ☐
△ ☐
✕ ☐

어묵 제조에 대한 내용으로 맞는 것은?

① 생선의 지방을 분리한다.
② 생선에 젤라틴을 첨가한다.
③ 생선에 소금을 넣어 익힌다.
④ 생선에 설탕을 넣어 익힌다.

해설
어묵은 생선의 살을 으깨어 소금 등을 넣고 반죽하여 응고시킨 식품으로, 단백질 마이오신이 소금에 녹는 성질을 이용한 것이다.

정답 ③

49 ☑ 확인 Check!

트랜스지방은 식물성 기름에 어떤 원소를 첨가하는 과정에서 발생하는가?

① 수소 ② 질소
③ 산소 ④ 탄소

(해설)
트랜스지방은 액체 상태인 식물성 유지에 수소를 첨가하고 니켈을 촉매제로 사용하여 고체 상태로 만들 때 생겨나는 지방이다. 동맥경화를 일으키는 콜레스테롤의 혈중 농도를 높여 동맥 질환을 악화시킬 수 있다.

정답 ①

50 ☑ 확인 Check!

다음 중 상온에서 가장 변질되기 쉬운 식품은?
✓신유형

① 김 ② 달걀
③ 사탕 ④ 소주

(해설)
달걀은 상온에서 변질되기 쉽기 때문에 0~4℃ 정도로 냉장 보관한다.

정답 ②

51 ☑ 확인 Check!

냉동어의 해동법으로 가장 좋은 방법은?

① 저온에서 서서히 해동시킨다.
② 얼린 상태로 조리한다.
③ 실온에서 해동시킨다.
④ 뜨거운 물속에 담가 빨리 해동시킨다.

(해설)
냉동어를 높은 온도에서 해동하면 조직이 상해서 식품의 액즙이 유출되는 드립 현상이 일어나므로 냉장고에서 서서히 해동하거나 포장된 상태로 흐르는 물에 해동하는 것이 좋다.

정답 ①

52 ☑ 확인 Check!

보기에서 설명하는 조미료는?

┤보기├
• 수란을 뜰 때 끓는 물에 이것을 넣고 달걀을 넣으면 난백의 응고를 돕는다.
• 생선을 조릴 때 이것을 가하면 뼈가 부드러워진다.
• 기름기 많은 재료에 이것을 사용하면 맛이 부드럽고 산뜻해진다.

① 설탕 ② 후추
③ 식초 ④ 소금

(해설)
식초는 난백의 응고를 돕고 생선의 비린내를 없애주기도 하며 뼈까지 부드럽게 한다. 또한 채소의 엽록소는 황갈색으로, 안토시아닌 색소는 붉은색으로 변하게 한다.

정답 ③

53

☑ 확인
Check!

○ □
△ □
✕ □

보기는 5첩 반상의 예를 든 것이다. 어느 계절에
적절한 상차림인가?　✔신유형

┌─보기─────────────────────┐

진지, 아욱국, 조기찌개, 돌미나리 무침, 두릅산적,
나박김치, 통마늘 장아찌, 닭고기조림, 대합구이

└──────────────────────────┘

① 봄　　　　　② 여름
③ 가을　　　　④ 겨울

해설
아욱과 돌미나리는 3월경, 두릅은 4월경 재배되는
작물이다.

정답 ①

55

☑ 확인
Check!

○ □
△ □
✕ □

죽을 담아내는 과정에 대한 설명으로 가장 적절한
것은?

① 죽상에는 개운하게 매운 반찬을 올린다.
② 죽 그릇을 중앙에 놓고 오른편에는 덜어 먹는
　공기를 둔다.
③ 찌개는 함께 올리지 않는다.
④ 잣죽에 올릴 잣은 고깔채로 올린다.

해설
① 죽상에 짜고 매운 찬은 어울리지 않는다.
③ 죽상에 젓국이나 소금으로 간을 한 맑은 찌개는
　올릴 수 있다.
④ 잣죽에 고명으로 올리는 잣은 고깔을 떼어 내고
　올려 장식한다.

정답 ②

54

☑ 확인
Check!

○ □
△ □
✕ □

쌀 침지 시 수분의 흡수속도에 영향을 주는 인자가
아닌 것은?　✔신유형

① 침지시간
② 품종
③ 쌀의 열전도
④ 침지온도

해설
쌀을 침지할 때의 수분 흡수속도는 품종, 저장시간,
침지온도와 시간, 쌀알의 길이와 폭의 비등과 관계가
있다.

정답 ③

56

☑ 확인
Check!

○ □
△ □
✕ □

편육을 할 때 가장 적합한 삶기 방법은?

① 끓는 물에 고기를 덩어리째 넣고 삶는다.
② 끓는 물에 고기를 잘게 썰어 넣고 삶는다.
③ 찬물에서부터 고기를 넣고 삶는다.
④ 찬물에서부터 고기와 생강을 넣고 삶는다.

해설
편육을 할 때는 끓는 물에 고기를 덩어리째 넣어 근
육 표면의 단백질을 빨리 응고시켜야 육즙이 빠지지
않아 좋다. 반면 탕을 할 때는 냉수에 고기를 넣어
조리한다.

정답 ①

57

☑ 확인
Check!

○ □
△ □
✕ □

오이를 막대 모양으로 썰어 소금에 절인 후 소고기와 표고버섯을 함께 볶아 익힌 음식은?

✓신유형

① 오이선
② 오이감정
③ 오이생채
④ 오이갑장과

해설

① 오이선 : 오이에 고기소를 넣어서 삶은 후 식은 장국을 부어 만드는 음식
② 오이감정 : 오이를 어슷하게 썰어 쇠고기를 넣고 끓이는 고추장찌개
③ 오이생채 : 오이를 얇게 썰어 식초와 고춧가루를 넣어 만든 생채

정답 ④

58

☑ 확인
Check!

○ □
△ □
✕ □

재료에 따른 볶음 조리법으로 옳지 않은 것은?

① 채소는 기름을 많이 넣고 오래 볶으면 색이 누렇게 된다.
② 버섯은 물기가 많이 나오므로 센 불에 재빨리 볶는다.
③ 수산물은 중간 불에서 오래 익힐수록 식감이 좋아진다.
④ 육류는 낮은 온도에서 조리하면 육즙이 유출되어 퍽퍽하고 질겨진다.

해설

오징어나 낙지 등은 오래 익히면 질겨지므로 단시간에 익혀야 한다.

정답 ③

59

☑ 확인
Check!

○ □
△ □
✕ □

가열 조리되는 식품의 조리 열전달 매체가 아닌 것은?

① 공기
② 증기
③ 물
④ 압력

해설

물, 기름, 공기, 증기 등은 열의 전달매체이다.

정답 ④

60

☑ 확인
Check!

○ □
△ □
✕ □

김치의 저장과 관련한 내용으로 맞지 않는 것은?

① 김치의 소금 농도가 높으면 세균이 잘 번식하지 않는다.
② 김치 발효 초기 온도가 높으면 유산균이 생성되어 맛있게 숙성된다.
③ 김치 숙성이 오래 이어지면 김치 pH가 산성이 된다.
④ 김치를 보관할 때에는 잘 밀봉하고 뚜껑을 자주 열지 않는다.

해설

김치 숙성 중에는 수많은 미생물이 번식하는데 초기 발효 온도가 높거나 소금 농도가 낮으면 유산균보다 성장 속도가 빠른 호기성 균주가 성장하여 김치를 부패시킨다.

정답 ②

얼마나 많은 사람들이 책 한권을 읽음으로써

인생에 새로운 전기를 맞이했던가.

– 헨리 데이비드 소로 –

교육은 우리 자신의 무지를 점차 발견해 가는 과정이다.

– 윌 듀란트 –

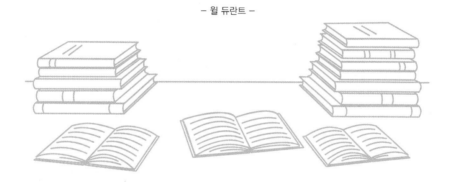

참 / 고 / 문 / 헌

• 교육부(2018). NCS 학습모듈(한식조리). 한국직업능력개발원.

• 농림수산식품부, 한식재단(2010). 한식 상차림 가이드. 농림수산식품부.

• 배은자 · 이서영 · 김아현(2024). 조리기능사 필기 초단기합격. 시대고시기획.

• 보건복지부 · 한국영양학회(2021). 2020 한국인 영양소 섭취기준 활용 연구. 보건복지부.

• 정상열 · 김옥선(2025). 한식조리산업기사 · 조리기능장 필기 한권으로 끝내기. 시대고시기획.

• 한은숙(2025). 답만 외우는 한식조리기능사 필기 기출문제 + 모의고사 14회. 시대고시기획.

좋은 책을 만드는 길, 독자님과 함께하겠습니다.

한식조리기능사 CBT 필기 가장 빠른 합격

개정2판1쇄 발행	2025년 01월 10일 (인쇄 2024년 09월 19일)
초 판 발 행	2023년 06월 15일 (인쇄 2023년 04월 26일)
발 행 인	박영일
책 임 편 집	이해욱
편 저	SD상시시험연구소
편 집 진 행	윤진영·김미애
표지디자인	권은경·길전홍선
편집디자인	정경일·박동진
발 행 처	(주)시대고시기획
출 판 등 록	제10-1521호
주 소	서울시 마포구 큰우물로 75 [도화동 538 성지 B/D] 9F
전 화	1600-3600
팩 스	02-701-8823
홈 페 이 지	www.sdedu.co.kr
I S B N	979-11-383-7886-4(13590)
정 가	20,000원

Craftsman COOK

조리기능사
합격은
시대에듀가
답이다!

한식조리기능사 실기
한권합격

▶ 조리기능장의 합격 팁 수록
▶ 생생한 컬러화보로 담은 상세한 조리과정
▶ 저자 직강 무료 동영상 강의
▶ 210×260 / 20,000원

'답'만 외우는
양식조리기능사 필기
기출문제+모의고사 14회

▶ 핵심요약집 빨리보는 간단한 키워드 수록
▶ 정답이 한눈에 보이는 기출복원문제 7회
▶ 실전처럼 풀어보는 모의고사 7회
▶ 190×260 / 15,000원

조리기능사 필기
초단기합격
(한식 · 양식 · 중식 · 일식 통합서)

▶ NCS 기반 최신 출제기준 반영
▶ 시험에 꼭 나오는 핵심이론+빈출예제
▶ 4종목 최근 기출복원문제 수록
▶ 190×260 / 20,000원

'답'만 외우는
한식조리기능사 필기
기출문제+모의고사 14회

▶ 핵심요약집 빨리보는 간단한 키워드 수록
▶ 정답이 한눈에 보이는 기출복원문제 7회
▶ 실전처럼 풀어보는 모의고사 7회
▶ 190×260 / 17,000원

한식조리기능사 CBT 필기
가장 빠른 합격

▶ NCS 기반 최신 출제기준 반영
▶ 진통제(진짜 통째로 외워온 문제) 수록
▶ 상시복원문제 10회 수록
▶ 210×260 / 20,000원

도서의 구성 및 이미지와
가격은 변경될 수 있습니다.